一体化算力网络：
基础研究与科技创新

主　编　赵淦森
副主编　王峻岭　王玉波　张华宝　杨　涛

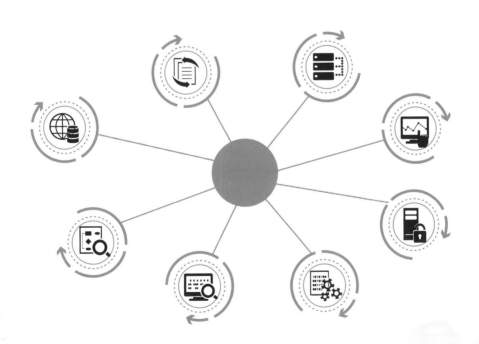

知识产权出版社
全国百佳图书出版单位
—北京—

图书在版编目（CIP）数据

一体化算力网络：基础研究与科技创新/赵淦森主编；王峻岭等副主编. —北京：知识产权出版社，2024.1

ISBN 978 - 7 - 5130 - 8941 - 8

Ⅰ.①一… Ⅱ.①赵… ②王… Ⅲ.①云计算—技术革新—研究 Ⅳ.①TP393.027

中国国家版本馆 CIP 数据核字（2023）第 192143 号

内容提要

本书对一体化算力网络的基础研究和科技创新进行了系统梳理和精准分析，以一体化算力网络相关的国内外政策为基础，结合全球和我国在一体化算力网络基础研究的整体情况，基于知识产权介绍了我国一体化算力网络各产业的科技创新能力和发展现状，揭示了一体化算力网络在各产业的重要技术和研究热点。本书可以为相关从业人员的日常工作和学习提供理论和实践支持。

责任编辑：卢海鹰 章鹿野　　　　　　责任校对：潘凤越
封面设计：任志霞　　　　　　　　　　责任印制：刘译文

一体化算力网络：基础研究与科技创新

主　编　赵淦森

副主编　王峻岭　王玉波　张华宝　杨　涛

出版发行：知识产权出版社 有限责任公司　　网　　址：http://www.ipph.cn
社　　址：北京市海淀区气象路 50 号院　　　邮　　编：100081
责编电话：010 - 82000860 转 8338　　　　　　责编邮箱：zhluye@126.com
发行电话：010 - 82000860 转 8101/8102　　　发行传真：010 - 82000893/82005070/82000270
印　　刷：三河市国英印务有限公司　　　　　经　　销：新华书店、各大网上书店及相关专业书店
开　　本：787mm×1092mm　1/16　　　　　印　　张：18.5
版　　次：2024 年 1 月第 1 版　　　　　　　印　　次：2024 年 1 月第 1 次印刷
字　　数：418 千字　　　　　　　　　　　　定　　价：128.00 元
ISBN 978 - 7 - 5130 - 8941 - 8

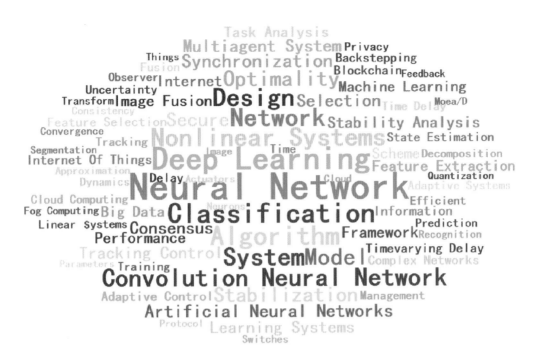

图4-2-4　2017~2021年理论与方法领域高被引论文关键词词云图

（正文说明见第43页）

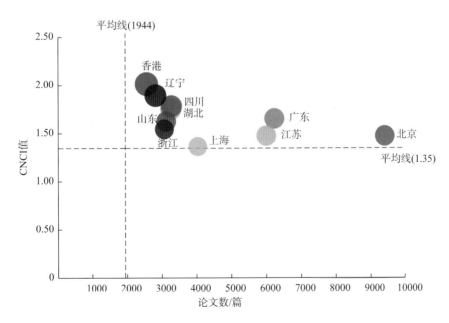

图5-2-18　2017～2021年我国人工智能领域论文数排名前十位的地区的引文影响力分布情况

（正文说明见第137页）

注：图中气泡大小表示引文影响力高低。

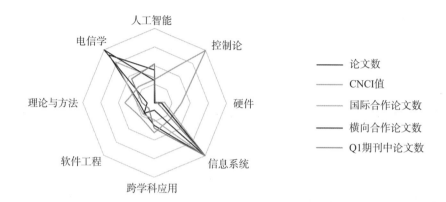

图5-3-13　2017~2021年内蒙古枢纽在各研究领域的论文分布情况

（正文说明见第157页）

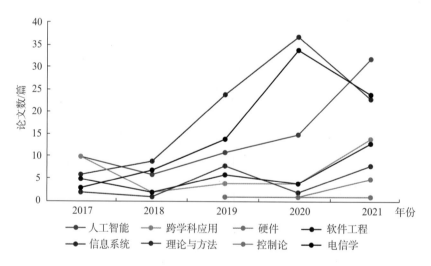

图5-3-18　2017~2021年宁夏枢纽在各研究领域的发文趋势

（正文说明见第162页）

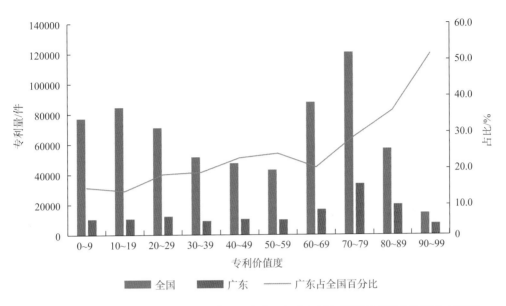

图6-7-1　2017~2021年全国一体化算力网络产业与广东授权发明专利的价值度分布情况

（正文说明见第177页）

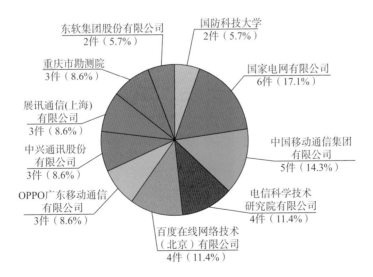

图7-1-3　2017~2021年我国下一代信息网络产业专利获奖排名前十位的申请人

（正文说明见第193页）

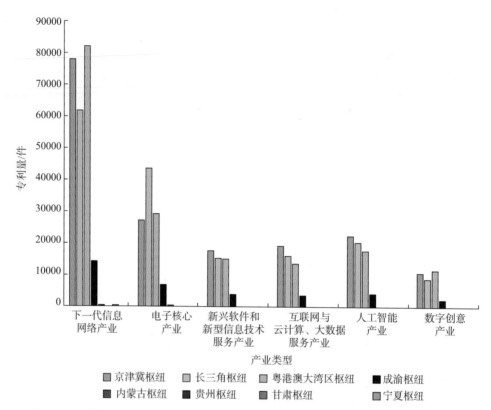

图8-1-1　2017~2021年八大枢纽节点在一体化算力网络领域中授权发明专利的产业分布

（正文说明见第250页）

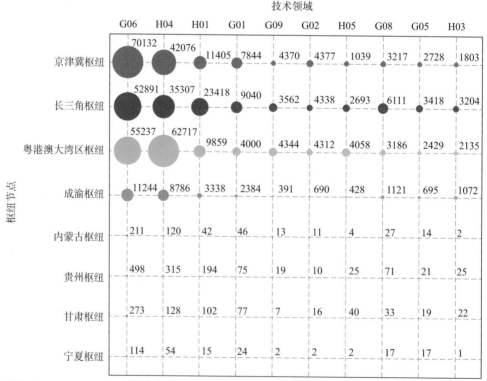

图8-2-1　2017~2021年八大枢纽节点在一体化算力网络领域中授权发明专利的技术领域分布

（正文说明见第251页）

注：图中数字表示专利量，单位为件。

编 委 会

主　编：赵淦森

副主编：王峻岭　　王玉波　　张华宝　　杨　涛

编　委：李　红　　龙雪梅　　熊呈润　　朱海燕

　　　　胡　岷　　叶曾瑜　　张益嘉　　孙林颖

　　　　谢　静　　金子杨　　喻楠清　　马晶晶

　　　　郑　淳　　李　源　　梁　盼　　张　斌

　　　　梁晶晶

编者简介

赵淦森，计算机安全博士，教授，博士生导师。华南师范大学图书馆馆长，高校国家知识产权信息服务中心常务副主任，广州市云计算安全与测评技术重点实验室主任，广东省数据科学工程中心副主任。曾获广东省科学技术奖 3 项，以及全国五一劳动奖章、全国归侨侨眷先进个人、广东青年五四奖章、世界广府人"十大杰出青年"等荣誉。目前为中国人民政治协商会议广东省委员会常务委员，中国民主促进会中央委员，中国民主促进会广东省委员会副主委。主要研究方向为人工智能、数字经济和信息安全。主持和承担了国家级和省部级重大科研项目等 30 余项，发表学术论文 100 多篇，申请专利 90 多项。

王峻岭，正高级工程师。广州奥凯信息咨询有限公司创始人、董事长。广东省专利信息协会会长，九三学社广州市委员会促进技术创新工作委员会副主任，全国专利信息师资人才。"中国创新与知识产权保护 2.0"理论提出与践行者，专注于知识产权信息情报与信息化工具的研究与实现。在国家重点实验室或重大科研项目的高价值专利培育及保护体系建设、高校及科研院所的知识产权管理与转移转化路径、专利价值评估及分级分类管理、知识产权大数据开发及应用方面有丰富的专业经验。基于国家科技安全发展，带领团队研发了"壹专利"等知识产权大数据分析与管理服务系统。

王玉波，研究馆员，情报学硕士。广东省专利信息协会理事，广东图书馆学会理事，华南师范大学图书馆副馆长、图书馆学术分委员会主任。主要研究方向为知识产权信息服务、图书馆文化推广、图书馆资源建设等。主持和参与科研课题多项，发表学术论文 20 余篇。

张华宝，副研究馆员，教育学硕士。华南师范大学图书馆学科与决策服务部主任、图书馆学术分委员会委员、知识产权信息服务中心执行组长。主要研究方向为图书馆学科服务与知识产权信息服务。主持和参与科研课题多项，发表学术论文 10 余篇。

杨　涛，研究馆员，管理学博士。华南师范大学学术委员会委员、图书馆学术分委员会副主任、图书馆发展研究部主任。主要研究方向为图书馆用户行为、图书馆资源建设、图书馆管理等。主持和参与科研课题多项，发表学术论文 30 余篇。

序　言

习近平同志指出："数字技术正以新理念、新业态、新模式全面融入人类经济、政治、文化、社会、生态文明建设各领域和全过程，给人类生产生活带来广泛而深刻的影响。"因此，拥抱数字时代，推动转型升级，将为高质量发展赋能赋智，为中国经济全面注入新的动能和活力。

随着数字时代的到来，算力作为重要生产力，成为支撑数字经济、数字社会和数字政府发展的核心基础。在算力发展中，建设算力网络至关重要。算力网络依托高速、移动、安全、泛在的网络连接，整合云、边、端等多层次算力资源，提供数据感知、传输、存储、运算等一体化服务，将推动算力像水、电一样"一点接入、即取即用"。2021 年 5 月 24 日，国家发展和改革委员会、中央网络安全和信息化委员会办公室、工业和信息化部、国家能源局联合印发了《全国一体化大数据中心协同创新体系算力枢纽实施方案》。该方案提出，要加快实施"东数西算"工程，围绕国家重大区域发展战略，根据能源结构、产业布局、市场发展、气候环境等，在京津冀地区、长三角地区、粤港澳大湾区、成渝地区，以及内蒙古、贵州、甘肃、宁夏布局建设全国一体化算力网络国家枢纽节点，发展数据中心集群，引导数据中心集约化、规模化、绿色化发展。全国一体化算力网络国家枢纽节点建设，将助力全国全面推进算力基础设施化，打通全国东西部数字产业的大动脉，实现数字资源、数字计算力、数字产业、数字服务等一系列生态的合理布局，为全国数字经济发展注入新动能。

本书详细分析了国内外相关政策，剖析了我国一体化算力网络基础研究的整体情况、8 个相关领域研究的具体情况和各地域一体化算力网络研究情况，内容广泛而深入，涵盖了多个关键领域的创新能力分析，可以帮助读者全面了解一体化算力网络的研究现状，把握未来发展趋势。

值得一提的是，本书特别强调了知识产权视角在一体化算力网络领域创新能力分析中的运用。知识产权的保护和运用不仅能够激励创新者，提高其创新积极性，而且能够促进技术转移和产业升级。在本书的统计分析中，专利布局、专利运营和高价值专利等方面得到了充分的关注，通过对发明专利布局、产业链创新资源分布、龙头企业研发情况、高校/科研机构分析、协同创新方向以及专利运用等多个方面的综合分析，为读者揭示一体化算力网络领域的重要技术和未来热点发展方向，并为下一代信息网络产业，电子核心产业，新兴软件和新型信息技术服务产业，互联网与云计算、大数据服务产业，人工智能产业，数字创意产业等算力相关领域的创新提供实践工作中的启示和借鉴。

本书的出版填补了国内一体化算力网络科技创新能力分析的空白，为我国在一体化算力网络领域的创新发展提供了有力的理论和实践支持，也为国际学术界和产业界提供了深入了解中国一体化算力网络领域发展的一个窗口，将对该领域国内外的交流与合作起到积极作用。

最后，我由衷地希望本书能够成为广大读者学习、研究和借鉴的重要资源，引导读者深入探索一体化算力网络的科技创新能力，推动我国在数字经济时代的创新发展。我相信，通过本书的阅读和研究，读者们将能够深入理解一体化算力网络的重要技术和未来发展方向，把握产业趋势，提升自身的创新能力，并为我国在数字经济时代的创新发展做出积极的贡献。

何志敏

2023 年 7 月 28 日

前　言

当前，新一轮科技革命和产业变革正在重塑全球经济结构。算力作为数字经济的核心生产力，成为全球战略竞争的新焦点。算力网络已经毫无争议地成为数字经济时代重要的基础设施之一。

2021 年至 2022 年 2 月，国家发展和改革委员会等部门联合印发通知，并复函同意在京津冀地区、长三角地区、粤港澳大湾区、成渝地区，以及内蒙古、贵州、甘肃、宁夏启动建设国家算力枢纽节点，并规划了 10 个国家数据中心集群。"东数西算"工程正式全面启动，全国一体化算力网络的总体布局基本形成。根据国家发展和改革委员会的统计数据，截至 2022 年 2 月，我国算力网络的规模已达 500 万标准机架，算力达到 130EFLOPS（每秒 13000 亿亿次浮点运算）。数字经济的快速发展，带来了强烈的算力需求，预计每年将以 20% 以上的速度快速增长。

如何加快推动算力网络创新发展和建设，在未来的一段时间将影响着数字产业化和产业数字化进程，支撑新技术、新产业、新业态、新模式，支撑经济高质量发展。

"东数西算"八大枢纽节点、十大集群，既有梯度也有各自基础和优势。各节点和集群如何按照国家的总体布局发挥各自的优势，完成适度差异化发展，也是近期社会和业内讨论的一个热点话题。

笔者长期从事云计算和大数据领域的研究，先后参与了国家和地方的多项数字经济有关的重大政策、重大工程的工作。2018 年起，笔者参与并重点跟踪粤港澳大湾区内数字经济发展及其基础设施的规划和建设，先后通过政协提案、调研报告、资政建议等方式向有关部门和领导提出发展建议，并得到了有关部门和领导的采纳。同时，笔者配合广东省政府，优化粤港澳大湾区新基建的规划布局，提前谋划新基建的建设。经过五年的努力，其中的一个重要进展是推动了广东省韶关市的大数据中心产业的突破性发展。其间，笔者每年往返广州和韶关数次，坚持走在一线调研、讨论和建议，支撑有关工作。

在全国高度关注一体化算力网络的建设以及算力产业发展的形势下，本书旨在通过对一体化算力网络相关领域的深入研究，探索其重要技术和未来发展的热点方向，为读者提供有关下一代信息网络产业，电子核心产业，新兴软件和新型信息技术服务产业，互联网与云计算、大数据服务产业，人工智能产业，数字创意产业等六个算力相关领域的启示和借鉴。

结合笔者在专业领域长期积累的知识和经验，以及在调研过程中得到该领域最新进展和前沿技术，本书重点融合各类官方内容，充分利用大数据技术对上述内容进行了精准的分析挖掘和研判，对我国的一体化算力网络有关的领域、机构、区域进行了对比分析，形成了一个客观、全面、量化和精准的分析、画像和研判，包括但不限于发明专利布局分析、产业链创新资源分布、龙头企业研发情况分析、著名科研机构分析、协同创新方向分析以及专利运用分析等多个维度，全面呈现了这一领域的重要技术和未来发展的热点方向。本书还对八大枢纽创新能力进行单独的统计分析，从产业、技术、创新主体、专利运营和专利奖五个角度，为读者提供了全面的数据和信息，希望能够对八大枢纽的建设和发展提供决策参考和依据。

在撰写本书的过程中，编写团队深入研究了大量的文献和数据，与众多行业专家进行了广泛的交流和讨论。通过这些努力，希望能够为读者提供一本既具有理论深度，又具有实践指导意义的著作。

本书的编写和数据分析挖掘，前后历时近一年半。其间离不开本书编写团队的努力和付出、众多专家的支持和鼓励，以及领导们的关心。本书在专利数据收集方面，得到了"壹专利"数据库的大力支持。衷心希望本书能够为我国一体化算力网络的规划、建设、管理、运营、应用、创新等工作提供有力支撑，为大家的研究、创新、应用和决策工作提供启示和借鉴。也衷心希望本书能够促进一体化算力网络相关领域的发展，推动我国一体化算力网络及其相关技术的创新和进步。

再次感谢大家的支持和关注，希望大家能够喜欢本书，也欢迎大家提出宝贵的意见和建议。

赵淦森

2023 年 7 月

目　录

第1章 绪 论

1.1 研究背景

党的十八大以来，习近平同志多次强调要发展数字经济。2016年在十八届中共中央政治局第三十六次集体学习时强调要做大做强数字经济、拓展经济发展新空间，同年在二十国集团领导人杭州峰会上首次提出发展数字经济的倡议，得到各国领导人和企业家的普遍认同；2017年在十九届中共中央政治局第二次集体学习时强调要加快建设数字中国，构建以数据为关键要素的数字经济，推动实体经济和数字经济融合发展；2018年在中央经济工作会议上强调要加快第五代移动通信网络（5G）、人工智能、工业互联网等新型基础设施建设；2021年在致世界互联网大会乌镇峰会的贺信中指出，要激发数字经济活力，增强数字政府效能，优化数字社会环境，构建数字合作格局，筑牢数字安全屏障，让数字文明造福各国人民。❶

在"2022中国算力大会"上，工业和信息化部副部长张云明表示："算力是新型生产力，是支撑数字经济蓬勃发展的重要'底座'，是激活数据要素潜能、驱动经济社会数字化转型、推动数字政府建设的新引擎。"❷ 算力作为数字经济时代中最核心的生产力之一，在经济社会各领域和层面都得到广泛的应用，包括数字经济、数字社会和数字政府领域。❸ 算力相关产业已成为数字经济发展新引擎。国际数据公司（IDC）、浪潮信息、清华大学全球产业研究院联合发布的《2021—2022全球计算力指数评估报告》显示，15个重点国家算力指数提高会带动数字经济和地区生产总值增长。❹ 中国信息通信研究院2022年11月发布的《中国算力发展指数白皮书（2022年）》指出，2021年我国以计算机为代表的算力产业规模达到2.6万亿元，直接和间接分别带动经济总产出2.2万亿元和8.2万亿元。❺ 算力产业不仅规模快速扩大，而且增长迅速。算力产业规模比2020年增长30%，直接带动经济总产出比2020年增长29%，间接带动经济总产出比2020年增长30%。

---

❶ 习近平. 习近平谈治国理政［M］. 4卷. 北京：外文出版社，2022.

❷ 王群. 我国算力规模全球第二［EB/OL］. （2022 – 08 – 02）［2022 – 11 – 12］. https：//www. workercn. cn/c/2022 – 08 – 02/7121103. shtml.

❸ 方正梁. 算力：数字经济的核心生产力［EB/OL］. （2022 – 06 – 29）［2022 – 11 – 12］. http：//www. cbdio. com/BigData/2022 – 06/29/content_6169395. htm.

❹ IDC，浪潮集团，清华大学全球产业研究院. 2021年全球计算力指数评估分析［J］. 软件和集成电路，2022（4）：79 – 90.

❺ 中国信息通信研究院. 中国算力发展指数白皮书（2022年）［EB/OL］. （2022 – 11 – 05）［2022 – 11 – 12］. http：//www. caict. ac. cn/kxyj/qwfb/bps/202211/P020221105727522653499. pdf.

当前，新一轮科技革命和产业变革加速演进，经济社会加速数字化转型对算力提出了强大需求。算力要想做到像电力一样随取随用目前还存在诸多障碍。其一，我国的算力资源分布不均。作为算力的主要承载，数据中心的成本可以分为建设成本和运营成本。在我国四大地区❶中，西部地区人力成本、土地成本等建设成本较低，相比东部地区有优势；运营成本包括运行维护费、管理费用、电费等，电费可以占据运营成本的一半甚至更多，因为西部地区的电费较低，所以优质的算力资源较为集中在西部地区。其二，与西部地区具备优质的算力资源形成鲜明对比，全国80%的算力需求都集中在东部地区。这就造成了西部地区拥有丰富的算力资源，但是缺乏需求；而东部地区的需求较多，但缺乏优质普惠的算力资源。其三，算力类型多元化。按照规模，算力可分为基础算力［基于中央处理器（CPU）芯片］、智能算力［基于GPU和嵌入式神经网络处理器（NPU）芯片］和超算算力。复杂的任务需要更高的CPU算力，自动驾驶、数据分析需要更简单高效的GPU算力；在算力应用上，互联网、制造、科研、农业、天文、金融等不同行业需要不同的算力。❷

如何做好需求与算力的连接，同时满足巨量、多元、专用的算力需求，一体化算力网络是解决之道。一体化算力网络将算力资源用高速网络连接，通过统一的算网中枢，智能判断不同任务需要哪些不同的算力，为身处任何位置、任何行业的用户，提供最合适的资源。根据科学计算、工程计算、智能计算等不同的任务需求，提供多元、巨量且专用的服务。

2022年2月，国家发展和改革委员会会同中央网络安全和信息化委员会办公室、工业和信息化部、国家能源局等有关部门，正式批复8个地区启动建设国家算力枢纽节点，规划10个地区建设国家数据中心集群，这标志着"东数西算"工程的全面正式启动。该工程开启算力相关产业新时代，首次将算力资源提升到水、电、燃气等基础资源的高度，统筹布局建设全国一体化算力网络国家枢纽节点，助力全国全面推进算力基础设施化。"东数西算"工程，将打通全国东西部数字产业的大动脉，实现数字资源、数字计算力、数字产业、数字服务等一系列生态的合理布局，为全国数字经济发展注入新动能。

1.2 研究意义

数字经济时代，算力已成为新的生产力。算力是数字经济发展的基础，能高效推动科技进步，促进各行各业转型以及公共智慧生活升级。2021年5月，国家发展和改

---

❶ 根据国家统计局2011年刊发的《东西中部和东北地区划分办法》，将我国经济区域划分为东部、中部、西部和东北四大地区。东部地区包括北京、天津、河北、上海、江苏、浙江、福建、山东、广东和海南；中部地区包括山西、安徽、江西、河南、湖北和湖南；西部地区包括内蒙古、广西、重庆、四川、贵州、云南、西藏、陕西、甘肃、青海、宁夏和新疆；东北包括辽宁、吉林和黑龙江。

❷ 远川科技评论. 算力成为电力，还要多远 [EB/OL]. [2022 – 11 – 13]. https：//baijiahao. baidu. com/s? id = 1740330810425881161&wfr = spider&for = pc.

革委员会、中央网络安全和信息化委员会办公室、工业和信息化部、国家能源局联合发布《全国一体化大数据中心协同创新体系算力枢纽实施方案》，提出布局全国算力网络国家枢纽节点，启动"东数西算"工程，构建国家算力网络体系。"东数西算"的正式启动意味着我国进入算力新时代。

在建设创新型国家战略的大背景下，分析一体化算力网络相关领域论文及相关产业专利的创新现状，对产出高质量、高水平的论文、专利相关信息进行归纳总结，以供参考，从而对相关人员、相关机构、相关地区提供因地制宜、因势利导的资源、政策等支持，对推动一体化算力网络领域的创新能力高速度、高质量发展具有重大意义。

1.3 相关概念界定

本研究涉及概念包括一体化算力网络、科技创新能力和"东数西算"工程等，本节将对这些概念进行界定。

1.3.1 一体化算力网络

算力网络包括算力、运力和存力，三者协同作用，实现最优调度，是共同构建算力网络的基石，是建设全国一体化大数据中心的前提。❶

孙凝晖等认为，算力的狭义定义是一台计算机具备的理论上最大的每秒浮点运算次数（FLOPS）。广义上，算力是计算机设备或计算/数据中心处理信息的能力，是计算机硬件和软件配合共同执行某种计算需求的能力。算力的度量和其处理的信息类型有关，如在人工智能场景中用单精度、半精度或整数来度量，在高性能计算中用每秒双精度浮点度量，在比特币中用挖矿机每秒钟能做多少次哈希（hash）碰撞来度量。❷狭义上，算力又称计算力（computing power）、哈希率（hash rate），是指设备处理信息数据，输出目标结果的计算能力。❸在数字经济时代，算力有了更广泛的定义，演变成以算力规模为核心，包含数据中心的绿色低碳水平、经济效益和供需情况在内的综合能力。❹

（1）算力

算力包括通用计算能力、科学计算能力（超算计算能力）、智能计算能力、终端计算能力和边缘计算能力。其中，通用计算能力是指以 CPU 芯片、服务器输出的计算能力为主；科学计算能力是指以超级计算机输出的计算能力为主；智能计算能力是指以GPU、现场可编程门阵列（FPGA）和 AI 芯片等输出的人工智能计算能力为主；终端

❶ 中国信息通信研究院. 中国算力发展指数白皮书［EB/OL］.（2021－09－18）［2022－11－05］. http：//www. caict. ac. cn/kxyj/qwfb/bps/202109/P020210918521091309950. pdf.

❷ 孙凝晖，张云泉，张福波. 算力的英文如何翻译？［J］. 中国计算机学会通讯，2022，18（8）：87.

❸ 中国信息通信研究院. 中国算力发展指数白皮书［EB/OL］.（2021－09－18）［2023－06－20］. http：//www. caict. ac. cn/kxgj/qwfl/bps/202109/p020210918521091309950. pdf.

❹ CAICT算力. 中国信通院院长余晓晖解读《中国综合算力指数（2022 年）》［EB/OL］.（2022－07－31）［2022－11－07］. https：//www. zsdh. org. cn/news/713559784397467648. html.

计算能力主要是指智能手机、个人计算机（PC）等设备的计算能力；边缘计算能力是指就近提供的实时计算能力。❶❷

（2）运力

运力以网络传输性能为核心，包含通信配套、传输质量、用户情况在内的综合能力，可分为网络运力质量和基础网络条件。在"东数西算"工程加速推进的背景下，运力成为赋能数字经济时代的关键力量。❸

（3）存力

存力作为数据采集、存储、传输、交易和服务等环节的起点和终点，是数字经济的关键枢纽，在国家大力推动数字经济发展的大战略背景下，其内涵在存储容量的基础上，涵盖了性能表现、安全可靠和绿色低碳等新特性。❹

（4）算力优先网络或计算优先网络

算力优先网络或计算优先网络（compute first networking，CFN）旨在通过对网络架构和协议的改进，打通分布式计算节点，统筹调度联接用户数据和算力，实现网络和计算资源的优化和高效利用。❺❻

1.3.2 科技创新能力

耿迪认为科技创新能力是指企业、学校、科研机构或自然人等在某一科学技术领域具备发明创新的综合实力，包括科研人员的专业知识水平、知识结构、研发经验、研发经历、科研设备、经济势力、创新精神七个因素，且缺一不可。❼王章豹等将高校科技创新能力定义为高校有效利用和优化配置各种科技创新资源（包括人才、机构、设备、场地、经费等有形资源和创新文化、政策机制、组织管理等无形资源），通过知识创新、技术创新、成果转化创新、管理创新等各种科技创新活动，产出高水平科技创新成果（包括论文、著作、专利等直接成果以及创新人才和成果转化所产生的经济、社会效益等间接成果），并形成具有竞争优势的科技领域与创新特色的综合能力。❽

---

❶ 中国信通院 CAICT. 中国信通院李洁："算力五力模型"全面评价数据中心算力 [EB/OL].（2022 – 08 – 02）[2022 – 11 – 07]. https：//www. zsdh. org. cn/news/714386564465291264. html.

❷ IDC，浪潮信息，清华全球产业研究院. 2020—2021 全球计算力指数评估报告 [EB/OL].（2022 – 07 – 06）[2022 – 11 – 14]. https：//app. ma. scrmtech. com/resources/resourceFront/resourceInfo? pf_uid = 10736_1438&sid = 30243&source = 1&pf_type = 3&channel_id = 23723&channel_name = article&tag_id = b77aba07c5d964a3&id = 30243&jump_register_type = &wx_open_off = .

❸ CAICT 算力. 中国信通院院长余晓晖解读《中国综合算力指数（2022 年）》[EB/OL].（2022 – 07 – 31）[2022 – 11 – 07]. https：//www. zsdh. org. cn/news/713559784397467648. html.

❹ 中国信通院 CAICT. 中国信通院郭亮：数据存力聚焦四大特性 [EB/OL].（2022 – 08 – 02）[2022 – 11 – 07]. https：//www. zsdh. org. cn/news/714390382422781952. html.

❺ 贾庆民，丁瑞，刘辉，等. 算力网络研究进展综述 [J]. 网络与信息安全学报，2021，7（5）：1 – 12.

❻ 中国联通研究院. 算力网络可编程服务白皮书 [EB/OL].（2022 – 09 – 23）[2022 – 11 – 14]. http：//221. 179. 172. 81/images/20220923/65201663912503176. pdf.

❼ 耿迪. 高校科技创新能力评价研究 [D]. 武汉：武汉理工大学，2013.

❽ 王章豹，徐枞巍. 高校科技创新能力综合评价：原则、指标、模型与方法 [J]. 中国科技论坛，2005（2）：56 – 60.

1.3.3 "东数西算"工程

"东数西算"工程是国家级算力资源跨域调配战略工程。针对我国算力资源"东部不足、西部过剩"的不平衡局面，引导中西部利用能源优势建设算力基础设施，最终形成"数据向西，算力向东"的态势，服务东部沿海等算力紧缺区域，解决我国东西部算力资源供需不均衡的现状。

1.4 研究方法

本研究主要通过文献计量法和专利分析法，从学术论文和专利两个维度对一体化算力网络科技创新能力进行全面的评估。

1.4.1 文献计量法

孙志茹等指出，文献计量法作为一种定量的文献统计分析方法，是战略情报研究方法体系中不可缺少的组成部分。[1] 文献计量法与文献计量学密切相关。文献计量学是以文献体系和文献计量特征为研究对象，采用数学、统计学等的计量方法，研究文献情报的分布结构、数量关系、变化规律和定量管理，进而探讨科学技术的某些结构、特征和规律的一门学科。它是情报学的一个重要理论分支学科。[2] 文献计量学涉及的文献的内涵，随着时代的发展而不断扩展，不仅包括图书、连续出版物、科技报告、会议文献、专利文献、标准文献、政府出版物、统计数据等传统类型，而且包括网络数据、引文与文摘数据库等新的类型。文献计量法主要是以出版物和出版物的引文、专利和专利的引文为计量对象，考察计量对象在国家、地区、机构、时间、语种、文献类型等不同属性上量的分布特征和规律，并以此为依据来评价各科研主体的科研水平、科研实力和科研能力，作为科研管理和决策、科研资源分配的基础。文献计量学采用的方法主要包括统计方法、数学模型方法、引文分析（包括耦合分析、同被引分析、引文的聚类分析）。使用的工具有专利地图、概念地图、引文网络图等。[3] 学术论文是基础研究最直接的产出形式，它能从一个侧面反映一个国家/地区的科研水平、学科的发展趋势、新兴领域的潜力及科研人员的专长、能力、分布等情况，论文计量指标也可以从侧面折射出一个机构科研能力的强弱。[4]

本研究将从研究论文数量排名、增长趋势、影响力及趋势、发文机构、分领域和分地域论文增长趋势、合作情况、研究热点、重点研究机构、重点研究人员等方面对

[1] 孙志茹，张志强. 文献计量法在战略情报研究中的应用分析 [J]. 情报理论与实践，2008 (5)：706 – 710.
[2] 邱均平. 文献计量学 [M]. 北京：科学技术文献出版社，1988：13.
[3] 李欣，黄鲁成. 战略性新兴产业研发竞争态势分析理论方法与应用 [M]. 北京：科学出版社，2016：57.
[4] 李玉凤，杨芳. 基于论文指标的宁夏科技创新主体创新能力评价研究 [J]. 科技管理研究，2016，36 (22)：72 –77.

一体化算力网络研究的情况进行深入挖掘。

1.4.2 专利分析法

专利是知识活动的成果之一，是衡量一个国家/地区科技创新能力的重要指标。专利的拥有量既能反映一个国家/地区对科技成果的原始创新能力，又能折射出这些成果的市场应用潜能，用于衡量一个国家/地区技术创新能力。[1] 专利分析法是指以专利文献资料为研究对象，利用文本挖掘、统计分析等方法，对专利文献资料进行分析、加工、挖掘，使之转化成可利用信息的方法。[2] 专利分析法可以分为定量分析和定性分析，其中定量分析又称为统计分析，定性分析又称为技术分析。定量分析主要通过专利文献的外部特征，如专利文献的申请日期、申请人、分类类别、申请国别等来识别有关文献，将这些专利文献按有关指标，如专利数量、同族专利数量、专利引文数量等来进行统计分析。定性分析是以专利的说明书、权利要求等技术内容或专利的内容特征来识别专利，并按技术特征来归并有关专利并使其有序化。[3]

兹维·格里利克斯（Zvi Griliches）认为专利统计为技术变革过程分析提供了唯一的源泉，就数据质量、可获取性及详细的产业、组织和技术细节而言，任何其他数据均无法与专利相媲美。[4] 专利分析法被广泛用于科技创新能力的研究。如陆勤虎通过从专利数量、专利权人、申请人和国际专利分类（IPC）号对 1985～2008 年天津市、北京市、上海市、重庆市的发明专利信息进行了对比，分析了 4 个城市专利量与国内生产总值（GDP）、研发（R&D）和人口的关系，认为天津市的知识创新与科技创新能力较强，但企业创新能力和创新环境相对较弱。[5] 周晓梅等立足于专利数量、质量和价值层面，构建专利视角下城市科技创新能力评价体系，运用因子分析法对全国 15 个城市的专利信息进行实证研究。结果表明，我国南方沿海地区的城市在创新活力、创新实力、创新存活力和创新贡献力等方面具有相对优势，而一些老工业基地城市在创新合力和创新潜力等方面具有相对优势。[6] 陶爱萍等分析安徽省高校的专利申请总量、专利结构以及专利生命周期系数，发现从总量来看，安徽省高校与企业相比，专利竞争力不足，增长率偏低，占比过小；从结构来看，化学、冶金、物理、电学等领域技术创新能力较强，纺织、造纸等领域创新能力较弱；高校之间的科研能力与实力也相差悬殊，中国科学技术大学和合肥工业大学占据绝对的优势；从专利生命周期来看，安徽省高校技术创新活动处于上升期，新旧技术更替比较频繁，新技术发展的空间和潜力

---

[1] VAN ZEEBROECK N, STEVNSBORG N, VAN POTTELSBERGHE DE LA POTTERIE B, et al. Patent inflation in Europe [J]. World Patent Information, 2008, 30 (1): 43 – 52.

[2] 李欣，黄鲁成. 战略性新兴产业研发竞争态势分析理论方法与应用 [M]. 北京：科学出版社，2016：58.

[3] 陈兰杰，崔国芳，李继存. 数字信息检索与数据分析 [M]. 保定：河北大学出版社，2016：212.

[4] GRILICHES Z. Patent statistics as economic indicators: a survey [J]. Journal of Economic Literature, 1990, 28 (4): 1661 – 1707.

[5] 陆勤虎. 基于专利分析方法的区域科技创新能力比较研究 [D]. 天津：天津大学，2009.

[6] 周晓梅，张岩，蔡晓卿，等. 基于专利视角的城市科技创新能力评价研究 [J]. 青岛科技大学学报（社会科学版），2012, 28 (3): 5 – 8.

较大。● 陈振英等从专利的数量、有效维持情况、专利的价值、专利保护范围、被引用情况等角度揭示高校国内专利和国际专利的核心竞争力表现，并与国外一流大学进行对比分析，发现"十一五"期间高校知识产权的创造非常活跃，但在庞大的数量背后隐藏了缺乏有效创新和高竞争力的核心专利，专利制度不健全和重量轻质的政策导向，对专利的管理和运用能力比较弱以及资金不足等问题。● 池敏青等以福建省农业科学院1985～2013年的全部专利为样本，从申请时期、申请主体、技术领域等角度，全面分析福建省农业科学院专利申请状况、特征和变化趋势。● 李建婷等从专利申请的年度趋势分析、专利技术类别分析、热门领域文本聚类分析、专利发明人分析和高强度专利分析等方面，研究了北京工业大学的专利申请情况。● 曾莉等运用因子分析法对重庆市的高校及国内部分知名高校2010～2015年的专利申请量、专利增长率、发明专利申请量、发明专利占比、专利合作量、专利合作占比、专利有效件数、发明授权专利件数、专利授权率等进行了统计分析，发现重庆市的高校的科技创新能力相比国内典型高校存在较大的差距。●

本研究将从发明专利布局、产业链创新资源分布、龙头企业研发情况、著名科研机构、协同创新产出、发明专利运用、高价值专利等方面对我国一体化算力网络创新能力总体情况进行分析；对下一代信息网络产业、电子核心产业、新兴软件和新型信息技术服务产业、互联网与云计算、大数据服务产业、人工智能产业等算力相关领域的授权发明专利进行统计分析；从产业、技术、创新主题、专利运营、专利奖等角度对东数西算八大枢纽创新能力进行统计分析。

● 陶爱萍，苏婷婷，汤成成. 基于专利分析的安徽省高校科技创新能力研究［J］. 合肥工业大学学报（社会科学版），2013，27（6）：15－20.

● 陈振英，陈国钢，殷之明. 专利视角下高校科技创新水平比较："十一五"期间我国C9大学的发明专利计量分析［J］. 情报杂志，2013，32（7）：143－147.

● 池敏青，曾玉荣，刘健宏. 基于专利信息分析的农业科研单位科技创新能力研究：以福建省农业科学院为例［J］. 福建农业学报，2014，29（12）：1251－1255.

● 李建婷，刘明丽，胡娟. 基于Innography的高校专利成果分析及科技创新能力研究：以北京工业大学为例［J］. 现代情报，2014，34（7）：104－110.

● 曾莉，王明. 基于专利视角的重庆高校科技创新能力评价研究［J］. 南昌航空大学学报（社会科学版），2016，18（3）：106－112.

第2章 国内外相关政策

2.1 国内政策

2017年12月，习近平同志在主持十九届中共中央政治局第二次集体学习时指出，要加快构建高速、移动、安全、泛在的新一代信息基础设施，统筹规划各类信息资源，完善重要领域信息资源建设，形成万物互联、人机交互、天地一体的网络空间。

2022年10月28日，第十三届全国人民代表大会常务委员会第三十七次会议审议了关于数字经济发展情况的报告，进一步提出要加强数字基础设施建设，完善数字经济治理体系，不断做强、做优、做大我国数字经济，为构建数字中国提供有力支撑。

2.1.1 国家层面的政策

2.1.1.1 大数据方面的政策

2015年7月，《国务院办公厅关于运用大数据加强对市场主体服务和监管的若干意见》发布，提出要将运用大数据作为提高政府治理能力的重要手段，不断提高政府服务和监管的针对性、有效性，降低服务和监管成本；通过政府监管和社会监督有机结合，政府信息公开和数据开放、社会信息资源开放共享，构建全方位的市场监管体系。

2015年9月，《国务院关于印发促进大数据发展行动纲要的通知》发布，提出要打造精准治理、多方协作的社会治理新模式，2017年年底前形成跨部门数据资源共享共用格局，推动产业创新发展，培育新兴业态，助力经济转型。

2016年6月，《国务院办公厅关于促进和规范健康医疗大数据应用发展的指导意见》发布，提出到2017年年底，实现国家和省级人口健康信息平台以及全国药品招标采购业务应用平台互联互通，基本形成跨部门健康医疗数据资源共享共用格局。到2020年，建成国家医疗卫生信息分级开放应用平台。

2016年10月，习近平同志在主持十八届中共中央政治局第三十六次集体学习时指出，要建设全国一体化的国家大数据中心，推进技术融合、业务融合、数据融合，实现跨层级、跨地域、跨系统、跨部门、跨业务的协同管理和服务。

2018年3月，李克强同志在第十三届全国人民代表大会第一次会议上提到，做大做强新兴产业集群，实施大数据发展行动。

2022年10月，《国务院办公厅关于印发全国一体化政务大数据体系建设指南的通知》发布，提出各地区各部门要深入贯彻落实党中央、国务院关于加强数字政府建设、加快推进全国一体化政务大数据体系建设的决策部署，加强数据汇聚融合、共享开放和开发利用，结合实际统筹推动本地区本部门政务数据平台建设，积极开展政务大数据体系相关体制机制和应用服务创新，不断提高政府管理水平和服务效能，为推进国家治理体系和治理能力现代化提供有力支撑。

2.1.1.2　云计算方面的政策

2015 年 1 月，《国务院关于促进云计算创新发展培育信息产业新业态的意见》发布，提出要增强云计算服务能力、自主创新能力；探索电子政务云计算发展新模式；加强大数据开发与利用；统筹布局云计算基础设施；提升安全保障能力，健全云计算信息安全监管体系和法规体系。

2.1.1.3　一体化算力网络方面的政策

2018 ~ 2019 年，国家发展和改革委员会创新和高技术发展技术司连续两年委托相关智库开展全国一体化大数据中心体系课题研究，要求课题紧密结合数字经济发展趋势和需求，围绕抓住产业数字化、数字产业化赋予的机遇，进一步发挥数据要素的创新引擎作用。研究内容包括全国一体化大数据中心体系总体架构、规划布局、实施路径等，形成了政企协同推进构建全国一体化大数据中心体系、国家算力网络布局方案、"东数西算"实施路径等系列研究成果。

国家发展和改革委员会、中央网络安全和信息化委员会办公室、工业和信息化部、国家能源局于 2020 年 12 月 23 日联合印发了《关于加快构建全国一体化大数据中心协同创新体系的指导意见》，于 2021 年 5 月 24 日联合印发了《全国一体化大数据中心协同创新体系算力枢纽实施方案》，均提出要加强全国一体化大数据中心顶层设计，实现数据中心集约化、规模化、绿色化发展，形成"数网""数纽"等体系。统筹围绕国家重大区域发展战略，根据能源结构、产业布局、市场发展、气候环境等，在京津冀地区、长三角地区、粤港澳大湾区、成渝地区等重点区域，以及部分能源丰富、气候适宜的地区布局大数据中心国家枢纽节点。节点之间建立高速数据传输网络，支持开展全国性算力资源调度，形成全国算力枢纽体系。到 2025 年，全国范围内数据中心形成布局合理、绿色集约的基础设施一体化格局，东西部数据中心实现结构性平衡。

2021 年 3 月 11 日，第十三届全国人民代表大会第四次会议表决通过《关于国民经济和社会发展第十四个五年规划和 2035 年远景目标纲要》的决议。同年 3 月 12 日，《中华人民共和国国民经济和社会发展第十四个五年规划和 2035 年远景目标纲要》发布，提出要加快构建全国一体化大数据中心体系，强化算力统筹智能调度，建设若干国家枢纽节点和大数据中心集群。

2022 年 1 月 12 日，《"十四五"数字经济发展规划》印发，提出要推进云网协同和算网融合发展。加快构建算力、算法、数据、应用资源协同的全国一体化大数据中心体系。在京津冀地区、长三角地区、粤港澳大湾区、成渝地区，以及贵州、内蒙古、甘肃、宁夏等地布局全国一体化算力网络枢纽节点，建设数据中心集群，结合应用、产业等发展需求优化数据中心建设布局。加快实施"东数西算"工程，推进云网协同发展，提升数据中心跨网络、跨地域数据交互能力，建设面向特定场景的边缘计算能力，强化算力统筹和智能调度。

2022 年 2 月 17 日，国家发展和改革委员会、中央网络安全和信息化委员会办公室、工业和信息化部、国家能源局等部门复函，同意京津冀地区、长三角地区、粤港澳大湾区、成渝地区启动建设全国一体化算力网络国家枢纽节点。加上此前已获批建设的贵州枢纽、内蒙古枢纽、甘肃枢纽和宁夏枢纽，至此，我国布局的八大算力网络国家枢纽节点全部"集结"完毕，"东数西算"工程正式全面启动。

京津冀枢纽：对应张家口数据中心集群，起步区边界为河北省张家口市怀来县、张北县、宣化区。本书分析对象主要包括北京市、天津市和河北省。

长三角枢纽：对应长三角生态绿色一体化发展示范区数据中心集群和芜湖数据中心集群，起步区边界分别为上海市青浦区、江苏省苏州市吴江区、浙江省嘉兴市嘉善县，以及安徽省芜湖市鸠江区、弋江区和无为市。本书分析对象主要包括上海市、江苏省、浙江省和安徽省。

粤港澳大湾区枢纽：对应韶关数据中心集群，起步区边界为广东省韶关高新技术产业开发区。本书分析对象主要包括广东省、香港特别行政区和澳门特别行政区。

成渝枢纽：对应天府数据中心集群和重庆数据中心集群，起步区边界分别为四川省成都市双流区、郫都区、简阳市，以及重庆市两江新区水土新城、西部（重庆）科学城璧山片区、重庆经济技术开发区。本书分析对象主要包括四川省和重庆市。

内蒙古枢纽：对应和林格尔数据中心集群，起步区边界为内蒙古自治区呼和浩特市和林格尔新区、内蒙古自治区乌兰察布市集宁大数据中心产业园。

贵州枢纽：对应贵安数据中心集群，起步区边界为贵州省贵安新区贵安电子信息产业园。

甘肃枢纽：对应庆阳数据中心集群，起步区边界为甘肃省庆阳西峰数据信息产业聚集区。

宁夏枢纽：对应中卫数据中心集群，起步区边界为宁夏回族自治区中卫工业园西部云基地。

2.1.2 地方层面的政策

随着"东数西算"工程的全面启动，八大枢纽所属地区积极行动，在要素供给、人才、资金、服务等方面纷纷出台相应政策，对全国一体化算力网络国家枢纽节点建设予以大力支持。

2.1.2.1 京津冀枢纽

根据《河北省卫生厅关于做好河北省 155 个县（市、区）卫生数据中心建设（一期）项目实施准备工作的通知》，2011 年河北省正式启动卫生数据中心建设项目。

为贯彻落实《河北省人民政府办公厅关于运用大数据加强对市场主体服务和监管的实施意见》，2015 年 12 月，《衡水市人民政府办公室关于运用大数据加强对市场主体服务和监管的实施意见》发布。2016 年 1 月，《石家庄市人民政府办公厅关于运用大数据加强对市场主体服务和监管的实施意见》发布，均提到要提高运用大数据服务市场主体水平，运用大数据加强对重点领域的市场监管、改进市场监管方式，加强推进政府和社会信息资源开放共享，提高政府运用大数据能力，着力保障大数据运用。

2016 年 8 月，《北京市大数据和云计算发展行动计划（2016—2020 年)》发布，提出要夯实大数据和云计算发展基础，包括建设高速宽带网络、城市物联传感"一张网"、北京市统一的基础公共云平台、大数据和云计算协同创新平台、大数据和云计算创新创业服务平台和大数据交易汇聚中心，推动公共大数据融合开放，深化大数据和云计算创新应用，强化大数据和云计算安全保障，支持大数据和云计算健康发展。

2016 年 11 月，《河北省人民政府办公厅关于促进和规范健康医疗大数据应用发展的实施意见》发布，提出要构建开放共享健康医疗大数据应用平台。推进健康医疗大数据深化应用。推动"互联网 + 健康医疗"服务。加强健康医疗大数据标准和安全体系建设。

2017 年 5 月，《天津市运用大数据加强对市场主体服务和监管的实施方案》发布，提出要以社会信用体系建设和政府信息公开、数据开放为抓手，充分运用大数据、云计算等现代信息技术，提高政府服务水平，加强事中事后监管，进一步优化投资服务和营商环境，促进"信用天津"建设，推动形成新时期天津诚信文化和诚实、自律、守信、互信的良好氛围。

2022 年 2 月，国家发展和改革委员会、中央网络安全和信息化委员会办公室、工业和信息化部、国家能源局复函同意在京津冀地区启动全国一体化算力网络国家枢纽节点，要求该枢纽围绕数据中心集群，抓紧优化算力布局，积极承接北京等地实时性算力需求，引导温冷业务向西部迁移，构建辐射华北、东北乃至全国的实时性算力中心。

2022 年 8 月，中共天津市委网络安全和信息化委员会办公室、天津市大数据管理中心印发《全市政务算力资源一体化调度工作实施方案（试行)》。该方案的实施，将推动全市政务算力向绿色低碳、集约节约转型，助力天津市"双碳"目标实现，构建全市政务算力资源一体化调度机制，结合区域算力需求、能源供给、网络基础设施建设等引导政务数据中心集聚发展，解决"重复建设、资源利用率低"等问题，促进政务数据中心规模化、集约化、绿色化发展。

2.1.2.2　长三角枢纽

2016 年 9 月，《上海市大数据发展实施意见》发布，提出要统筹大数据资源，推动共享开放和流通，全面推进全市大数据应用和产业发展，助力精准施策、供给侧结构性改革和经济发展方式转变，同时落实大数据法律监管，完善大数据安全评估机制。到 2020 年，基本形成数据观念意识强、数据采集汇聚能力大、共享开放程度高、分析挖掘应用广的大数据发展格局，大数据对创新社会治理、推动经济转型升级、提升科技创新能力作用显著。

2022 年 2 月，国家发展和改革委员会、中央网络安全和信息化委员会办公室、工业和信息化部、国家能源局复函同意在长三角地区启动全国一体化算力网络国家枢纽节点，提出长三角枢纽要规划设立长三角生态绿色一体化发展示范区数据中心集群和芜湖数据中心集群。围绕两个数据中心集群，积极承接长三角中心城市实时性算力需求，引导温冷业务向西部迁移，构建长三角地区算力资源"一体协同、辐射全域"的发展格局。

2.1.2.3 粤港澳大湾区枢纽

2014 年，国务院批复同意香港服务提供者和澳门服务提供者在广东省设立合资企业提供在线数据处理与交易处理业务（仅限于经营性电子商务网站）的持股比例上限扩大到 55%。❶

2016 年 4 月，《广东省促进大数据发展行动计划（2016—2020 年）》发布，除了《国务院关于印发促进大数据发展行动纲要的通知》（国发〔2015〕50 号）中提到的内容，还提出要运用大数据促进创业创新，完善大数据产业链，强化大数据产业支撑能力建设。

2021 年 4 月，《广东省能源局关于明确全省数据中心能耗保障相关要求的通知》发布，提出要优化数据中心总体布局，加强规划实施引导，利用市场和行政手段，推动绿色低碳发展。统筹考虑广东省数据中心规模和算力资源需求，结合全国一体化大数据中心国家枢纽节点建设，统筹集聚区数据中心集约化建设，合理控制数据中心总体规模，切实发挥集聚效应。

2022 年 2 月，国家发展和改革委员会、中央网络安全和信息化委员会办公室、工业和信息化部、国家能源局复函同意粤港澳大湾区启动建设全国一体化算力网络国家枢纽节点，提出广东省将建设形成布局韶关数据中心集群、重点区域城市中心和边缘数据中心、西部地区国家枢纽节点等省外数据中心三个层次的空间布局。

依据《全国一体化算力网络粤港澳大湾区国家枢纽节点建设方案》的建设定位与要求，广东省韶关市于 2022 年 7 月 28 日发布了《韶关数据中心集群起步区总体与控制性详细规划（草案)》，提出要韶关国家数据中心集群起步区致力于打造全国一体化算力网络重要战略节点，以及全国一体化大数据中心集群融合发展、绿色低碳的创新样板标杆，将在 2025 年年底建成 50 万标准机架，电源使用效率（PUE）及可再生能源使用率达到国家领先水平。

2.1.2.4 成渝枢纽

2016 年 12 月，《四川省人民政府办公厅关于促进和规范健康医疗大数据应用发展的实施意见》发布，提出要加强建设健康医疗大数据标准体系，省、市、县三级人口健康信息平台建设和健康医疗大数据安全管控，加快健康医疗大数据共享开放，促进健康医疗大数据深化应用，推进健康医疗大数据产业发展，开展互联网健康医疗惠民服务，推进"互联网＋健康医疗"服务，重点建设健康医疗业务云平台，居民健康卡，电子病历共享利用工程，智能辅助医疗工程，大数据监管工程，大数据"治未病"工程。

2016 年 12 月，《重庆市人民政府办公厅关于印发重庆市健康医疗大数据应用发展行动方案（2016—2020 年）的通知》发布，提出要建成健康医疗大数据基础体系，实现健康医疗数据资源的全面汇聚与标准化，形成健康医疗大数据共享开放工作机制与

---

❶ 国务院. 国务院关于香港和澳门服务提供者在广东省提供在线数据处理与交易处理业务有关问题的批复 [EB/OL]. (2021 – 10 – 14) [2022 – 11 – 15]. http：//www. gov. cn/zhengce/content/2014 – 10/14/content_9144. htm#.

支撑体系；建成健康医疗大数据应用体系；建成健康医疗大数据产业体系，打造 2～3 个健康医疗大数据产业示范园区，建成国内重要的健康医疗大数据产业基地；生物医学大数据中心建设工程；"互联网＋健康医疗"服务工程，发展远程医疗协同分级诊疗体系，发展智慧健康医疗便民惠民服务，发展远程医疗卫生教育培训体系。

2019 年 8 月，《四川省人民政府关于加快推进数字经济发展的指导意见》发布，提到要做大做强大数据产业，加快推进大数据产业集聚区和产业园建设，打造"成德绵眉泸雅"大数据产业集聚区，建设 3～5 个大数据产业基地；巩固发展电子信息基础产业；加快发展人工智能产业；积极建设创新平台，加强人工智能领域基础理论研究与关键共性技术攻关；促进第 5 代移动通信技术（5G）产业突破发展，大力建设"天府无线通信谷"、中国移动（成都）产业技术研究院、中国电信云锦天府 5G 应用产业园、中国联通 5G 创新中心等产业载体和创新平台；聚焦"一芯一屏"，着力推进"设计—制造—封装测试—材料设备—信息服务"产业链一体化发展。

2022 年 2 月，国家发展和改革委员会、中央网络安全和信息化委员会办公室、工业和信息化部、国家能源局复函同意在成渝地区建设全国一体化算力网络国家枢纽节点，提出成渝枢纽要优化东西部间互联网络和枢纽节点间直连网络，通过云网协同、云边协同等优化数据中心供给结构，扩展算力增长空间，实现大规模算力部署与土地、用能、水、电等资源的协调可持续。

2.1.2.5 内蒙古枢纽

2016 年 10 月，内蒙古自治区被正式确定为国家大数据综合试验区，为内蒙古自治区大数据和云计算发展提供了新机遇和新动力。2017 年 4 月，《包头市人民政府办公厅关于印发包头大数据产业发展规划（2017—2020 年）的通知》提出，到 2020 年，初步形成包头大数据产业集群，建成全市统一的大数据中心，全面推进大数据共享开放，大数据和云计算技术研发和应用不断深入，将其建设成为西部绿色云计算基地、大数据发展示范城市和内蒙古自治区大数据产业高地，完善通信网络建设，增强云服务能力，打造大数据信息通路。

2021 年 12 月，国家发展和改革委员会、中央网络安全和信息化委员会办公室、工业和信息化部、国家能源局复函同意在内蒙古自治区建设全国一体化算力网络国家枢纽节点，提出要通过云网协同、多云管理等技术构建低成本的一体化算力供给体系，重点提升算力服务品质和利用效率，打造面向全国的算力保障基地；充分发挥集群与京津冀毗邻的区位优势，为京津冀地区高实时性算力需求提供支援，为长三角地区等提供非实时算力保障。

2.1.2.6 贵州枢纽

2021 年 12 月，国家发展和改革委员会、中央网络安全和信息化委员会办公室、工业和信息化部、国家能源局复函同意在贵州省启动全国一体化算力网络国家枢纽节点，提出要通过云网协同、多云管理等技术构建低成本的一体化算力供给体系，重点提升算力服务品质和利用效率，打造面向全国的算力保障基地；要尊重市场规律、注重发展质量，打造以绿色、集约、安全为特色的数据中心集群，重点服务京津冀地区、长三角地区、粤港澳大湾区等区域的算力需求。

2022 年 7 月，《贵州省人民政府办公厅关于加快推进"东数西算"工程建设全国一体化算力网络国家（贵州）枢纽节点的实施意见》发布，提出要做大做强数据中心集群，推动数据中心向贵州省贵安新区集中；提升网络层级，鼓励运营商向集团总部争取更多支持，推动贵州省网络进入运营商网络架构核心层，有效降低与省外地区的传输时延；建设跨区域高速直连网络，优化完善省际干线，建设至粤港澳枢纽、长三角枢纽、成渝枢纽以及周边省份数据中心直连网络，力争单向时延在 20 毫秒以内，建设至京津冀枢纽、内蒙古枢纽、甘肃枢纽、宁夏枢纽直连网络，力争单向时延在 30 毫秒以内。

2.1.2.7　甘肃枢纽

2021 年 9 月，《甘肃省人民政府办公厅关于成立推进全国一体化算力网络国家枢纽节点（甘肃）建设工作领导小组的通知》发布，提出要成立相关领导小组，负责统筹指导和协调枢纽节点布局建设工作，推进网络、能源、算力、数据、应用等一体化实施，审定枢纽节点建设工作方案、布局规划、网络传输通道、重点项目、数据中心集群规模标准和政策保障措施等，研究解决枢纽节点建设全局性、方向性的重大问题和事项。

2022 年 1 月，国家发展和改革委员会、中央网络安全和信息化委员会办公室、工业和信息化部、国家能源局复函同意在甘肃省启动全国一体化算力网络国家枢纽节点。

2022 年 9 月，《甘肃省人民政府办公厅关于统筹推进全省算力资源统一调度的指导意见》发布，提出到 2023 年年底，要初步建成自主可控的算力调度服务平台，探索建立省内一体化算力供给体系和算力资源统一调配机制；到 2024 年，要形成"双核心 N 支点"的全省算力网布局。到 2025 年，数据资源高效配置，数据要素加速流通，数据价值全面释放，数据安全有效保障，全面融入全国算力网络体系，实现对算力需求的高效调度配给。

2022 年 9 月，《甘肃省人民政府办公厅印发关于支持全国一体化算力网络国家枢纽节点（甘肃）建设运营若干措施的通知》发布，提出在建设布局方面，要加强省内数据中心建设的统筹布局和审查管理，提高现有数据中心利用水平，引导数据中心绿色、集约、安全和规模化发展；汇聚可用的算力资源，建立统一的算力资源监测、调配、管理和运营机制，构建以庆阳集群为主体的甘肃省一体化算力供给体系，打造面向全国的算力保障基地；积极引导和支持在甘肃枢纽内围绕大数据中心形成覆盖核心技术研发、硬件设备制造、软件开发、数据开发应用、业务模式创新等产业链环节的生态体系，加快大数据中心上下游产业发展。另外，在资金支持方面，提出积极争取国家专项资金支持甘肃枢纽建设，优化税费服务，加强金融扶持等措施。

2.1.2.8　宁夏枢纽

2015 年 11 月，《自治区人民政府办公厅关于进一步加快云计算产业发展的若干意见》发布，提出宁夏回族自治区的云计算产业发展要按照"科学规划、集聚发展、园区管理"的原则，集中优势资源，形成集聚效应，避免各地分散建设数据中心；将云计算服务纳入政府购买服务范畴；宁夏回族自治区信息化建设专项资金要对云计算产业发展以及云计算产业园区、公共平台和相关项目建设给予支持；在税务上对符合要求的企业和个人提供相应优惠政策；鼓励和引导金融机构加大对云计算企业的信贷支持力度；经认定的云计算龙头企业，可采取"一企一策""一事一议"的方式，加大支持力度。

2021 年 12 月，国家发展和改革委员会、中央网络安全和信息化委员会办公室、工业和信息化部、国家能源局复函同意在宁夏回族自治区启动全国一体化算力网络国家枢纽节点，提出要充分发挥区域可再生能源富集的优势，积极承接东部算力需求，引导数据中心走高效、清洁、集约、循环的绿色发展道路。

2022 年 1 月，宁夏回族自治区人民政府办公厅印发《关于促进大数据产业发展应用的实施意见》，提出宁夏回族自治区要促进大数据产业集聚发展，包括科学规划产业布局，按照"因地制宜、错位发展、产业集聚"的原则，加快推进枢纽、数据中心集群建设，打造面向全国的算力保障基地；构建集聚发展生态，对入驻大数据产业集聚区的企业，同等条件下优先提供相关政策支持，研发场所和标准机房可享受租金优惠或减免；降低生产用电成本，大数据、云计算等企业享受宁夏回族自治区降低优势产业用电成本政策。

2022 年 8 月，宁夏回族自治区人民政府办公厅印发《关于促进全国一体化算力网络国家枢纽节点宁夏枢纽建设若干政策的意见》，提出宁夏回族自治区要加快推进全国一体化算力网络国家枢纽节点宁夏枢纽、国家（中卫）新型互联网交换中心建设，建成国家"东数西算"示范、信息技术应用创新、国家级数据供应链培育"三大基地"，全力打造"西部数谷"。在之前政策的基础上，提出要强化标准引领，鼓励企业、产业联盟、行业协会等单位积极参与算力服务、数字经济等领域的标准制定，对主导制定不同层次标准的一次性给予相应的经费补助。另外，《自治区人民政府办公厅关于印发全国一体化算力网络国家枢纽节点宁夏枢纽建设 2022 年推进方案的通知》再次强调以东西合作为纽带，以项目建设为抓手，以起步区建设为突破，加快实施宁夏枢纽建设 2022 年 40 项工作要点任务，推进建设"一个集群""三大基地""五数体系""七项工程"，推动宁夏枢纽高起点谋划、高水平布局、高标准建设，打造高可靠、高能效、低碳环保的数据中心，加大推进力度，引领宁夏回族自治区数字产业集群发展、集约发展、集聚发展，高质量建设面向全国的算力保障基地。

2.2　国外政策

2.2.1　日本政策

2000 年，日本制定了高速信息通信网络社会形成基本法（以下简称"互联网技术基本法"），以此为基础，日本高级信息通信技术社会发展战略本部（以下简称"IT 综合战略本部"）发表了"e-Japan 战略"以及《打造世界最先进的数字国家宣言/基本计划》（以下简称"新 IT 战略"），指出要以基础设施建设和 IT 利用、"数据活用"和

"数字治理"作为战略支柱推进，同时推动面向公众的公共数据开放。❶

受新冠疫情影响，日本为确保应对未来可能发生的大规模灾害和传染病的恢复能力，以及人口老龄化等社会问题，于 2020 年 12 月 25 日发布"实现数字社会改革基本方针"，提出以设立数字厅为中心的数字改革方针。该方针于 2021 年 2 月 9 日由日本内阁会议决议，于 2021 年 5 月 12 日由日本国会审议通过。

2021 年 6 月 18 日，日本发布《实现数字社会优先计划》，指出了"构建智能社会的优先计划"等事项。日本在 2021 年 9 月成立数字厅，基于该计划和"数字社会建设基本法"，制订《建设数字社会优先计划》。

2.2.1.1　数字战略

（1）数字行政相关战略

2012 年 7 月，日本 IT 综合战略本部发布《数字行政开放数据战略》，旨在提高该国行政透明性和公民对行政的信赖性；推进该国公民参与、官民合作；促进经济活性化、行政效率化。基本原则包括日本政府主动公开公共数据，将数据以机器可读、容易二次利用的形式公开；促进数据利用，不论营利目的、非营利目的；从可采取的公共数据中迅速着手公开，切实地积累成果。

2016 年 5 月，日本 IT 综合战略本部提出"开放数据 2.0"计划，提出以数据公开为中心、以数据利用为前提、以解决实际问题为目标的政府数据开放。2016 年 12 月，日本公布"官民数据活用推进基本法"，意在通过推进官民数据的利用，帮助构建该国公民能够安全安心生活的社会，其对国家、地方公共团体、经营者所拥有的官民数据的利用等进行了规定。2017 年 5 月 30 日，日本 IT 综合战略本部及官民数据利用发展战略合作机关共同决定通过《开放数据基本指南》，并于 2021 年 6 月 15 日修订，基于"开放数据 2.0"计划，总结了该国与地方政府和企业家在公共数据的公开及利用的基本方针。2019 年 12 月，日本内阁会议决定通过"数字政府实施计划"，提出要建设一个使该国、地方政府、民间企业家、该国公民及其他人在所有活动中享受数字技术的便利，以符合每个人所需要的形式解决社会问题，同时感受安全安心的数字化社会。

（2）综合数据战略

2021 年 6 月 18 日，日本政府设立的"数据战略特别工作组"制订《综合数据战略》，旨在将日本打造为世界先进数字国家所需的数字基础，同时明确了数据战略的基本思路，制订了社会愿景以及实现该愿景的基本行动指南。

（3）综合创新战略

科技创新是日本增长战略的重要支柱，从 2018 年开始，日本每一年度发布一版《综合创新战略》。

① 2018 年提出通过政策的整合，在改革和强化知识、制度、财政基础三大支柱的同时，灵活地"整体优化"日本国内的制度和习惯，成为"世界上最适合创新的国家"。

---

❶ 黄雨婷，傅文奇. 日本政府数据开放的政策保障及其启示 [J]. 数字图书馆论坛，2020（9）：9-17.

② 2019 年提出相比其他国家围绕科技创新的显著进展、变化，包括下一代的数字化、前沿领域的人工智能（AI）技术、生物技术、量子技术等，日本论文的质量和数量在国际地位上大幅下降，创业方面的社会力量较为薄弱，需要在大学改革、战略研究开发、政府事业创新化等方面取得进展。在这样的情况下，将"社会 5.0"（Society 5.0）的社会实施、推进创业·政府事业的创新化、强化研究能力、强化国际合作、构筑前沿（重要）领域的重点战略作为日本科技创新发展的四大支柱。

③ 2020 年提出在新冠疫情或其他大规模灾害的影响下，暴露日本数字化的滞后，在国家之间竞争核心向新兴技术创新转移的情况下，提高日本科技创新能力迫在眉睫，实现真正的"社会 5.0"，需要发展、制定战略性的科学技术、创新政策。

④ 2021 年提出为了更好地实现"社会 5.0"，在未来一年中会将推动日本科学技术和创新政策的具体化，包括网络空间与物理空间融合创造新价值，包括创建日本数字厅和综合数据战略；积极推动"超越 5G"（Beyond 5G），尖端半导体技术的开发、制造、布局，以及构建最佳配置的下一代数据中心。

⑤ 2022 年，在深度科技（deep technology）和其他数字创业公司正在兴起和成长的基础生态系统，充分利用政策工具吸引私人资金，扩大公共和私人对研发的投资，以及加快日本的数字田园城市国家构想，包括创建和发展智能区域、城市的典型代表；在各领域间建立合作，开发区域人力资源并提供解决方案。

2.2.1.2　数字制度

（1）数字化转型（digital transformation，DX）

2018 年 12 月，日本经济产业省发布《推进数字化转型指南》，明确经营者为实现 DX 应采取的措施。2019 年 7 月，日本发布《DX 提升指数》，提供了 DX 评价指标。2020 年 12 月，日本总务省发布《地方政府数字化转型（DX）推进计划》，针对《数字政府行动计划》中涉及地方自治体的各项措施，日本总务省会同日本相关省厅明确了地方自治体应关注的事项和内容、支援措施等政策。

（2）数据建设、管理和流通政策

2020 年 1 月，日本总务省设立了"Beyond 5G 推进战略恳谈会"，2020 年 6 月，对于概念性无线网络移动通信技术（6G），日本总务省发布《Beyond 5G 推进战略——迈向 6G 的路线图》，展示了将举办 2025 年日本国际博览会（大阪·关西世博会）作为里程碑的战略和路线图。2020 年 12 月，根据该路线图，日本成立了"Beyond 5G 推进联盟"和"Beyond 5G 新经营战略中心"。

2021 年，日本制定数字社会形成整备法，把日本的个人信息保护法、行政机关个人信息保护法、独立行政法人等个人信息保护法三部法律合并为一部。

2021 年 3 月 12 日，日本数字市场竞争总部发布《可信网络（Trusted Wcb）白皮书 ver 1.0》，阐述了 Trusted Web 技术与体制的研究框架。报告提到日本在数据交换中能够确认、验证的领域很窄；未来有必要不依赖特定的服务，采用数据控制和达成协议的机制，扩大可验证的领域。进一步提出构成 Trusted Web 体系结构的四个主要功能，包括标识符管理功能、可靠的通信功能、动态共识功能和跟踪功能。该报告强调，可靠的信息能保证陌生人之间的数据共享，能创造新的经济价值。2022 年 8 月 15 日，日本发布《可信网络白皮书 ver 2.0》，将 ver 1.0 中的四个功能重组为六个：以数据为中心的四个功能，即可验证数据、身份、消息和事务，与从计算资源、通信的角度两个功能包括节点和传输。

此外，日本提出了企业支援政策（税制等），设立了各种税制优惠制度，作为日本政府对 IT 企业的支援形式。

2.2.1.3　相关技术的战略及其制度

（1）人工智能

法律方面：日本在 2018 年 5 月修订、2019 年 7 月正式实施的不正当竞争防止法，强化了对数据的保护。2018 年 6 月，日本经济产业省发布了《关于利用 AI 和数据的合同指南（AI 篇）》，提出了对 AI 技术的软件开发、利用的合同的基本想法。2019 年 12 月，日本发布了《关于利用 AI 和数据的合同指南 1.1 版（数据篇）》，该修订版补充了以数据流通和利用为对象的合同的基本想法。

战略方面：2019 年 6 月，日本综合创新战略推进会议发布《人工智能战略 2019》，提出未来 AI 利用的环境改善方案，为了提高日本的产业竞争力，制订包括 AI、教育改革、研究开发、社会实施等在内的综合性政策。这是日本首个专门针对技术领域的战略文件，根据该战略，为了振兴 AI 技术的研发，2019 年 12 月日本设立了人工智能研究开发网络（AI Japan R&D Network）。2021 年 6 月，日本发布《AI 战略 2021》，该战略意在解决由于新冠疫情的蔓延暴露的日本数字化的滞后、紧急情况下应对体制相关的数据协作、数据访问制度不完善、统治功能不健全等问题，提出：①构筑能够迅速应对包括大规模灾害在内的紧急事态的体制和系统；②鼓励民营企业完善基础（人才的培养和引进、促进研究开发、产业基础的完善、事业化支援）、构建引进新技术的制度，同时消除阻碍因素、构筑多边框架；③构建 AI 系统的安装所需的收集、积累、访问大规模数据的基础、超高速通信网、传感器群、机器人等；④提升民众对 AI 的社会接受程度。

（2）量子计算机

2020 年 1 月，日本综合创新战略推进会议发布《量子技术创新战略》，提出实现量子技术创新的五大战略，包括技术发展战略、国际战略、产业/创新战略、知识产权/国际标准化战略，以及人力资源战略，同时公布了量子相关技术到 2039 年度为止的技术进展和对经济社会影响的路线图。

2021 年 4 月 15 日，日本综合创新战略推进会议发布《量子技术创新战略跟踪2020》。2022 年 4 月 22 日，日本综合创新战略推进会议发布《量子技术创新战略跟踪（修订版）》。

2.2.2　美国政策

美国是全球范围内最早关注数字战略的国家之一，也是全球最早开启数字战略布局的国家，在经济不断发展和技术持续变革的过程中，美国出台了一系列计划和战略，旨在能够最大限度地激发数字技术对经济发展和社会进步的积极作用，为美国占领全球技术领先地位、增强国家竞争力提供了技术保证。美国对数字战略政策的发展大致经历了大力推进基础设施建设和技术创新、聚焦多领域发展大数据、构建国家级数字生态系统三个阶段。

（1）大力推进基础设施建设和技术创新阶段

20 世纪 90 年代，信息技术在全球范围内兴起并逐渐深入发展，计算机和互联网技术日新月异，美国政府敏锐地捕捉到这一发展趋势，并开启了美国数字战略进程。1991 年，美国国会通过"高性能计算法案"，成为美国政府出台的第一部关于计算机与互联网建设的综合性国家战略，它阐明了计算机科学与技术对国家安全、经济繁荣和科学进步的重要意义，明确了美国高性能计算项目的建设目标、任务以及政府机构的职责和分工，以确保美国在高性能计算及其应用方面保持领导地位，并促成了高性能计算和通信计划的推出。❶ 之后，时任美国总统克林顿为大力推动建设先进信息基础设施和数字技术发展，率先提出"信息高速公路"和"数字地球"的概念，美国政府于 1993 年 9 月正式公布美国《国家信息基础设施行动计划》来促进信息高速公路战略的落地，并计划投资 4000 亿美元，在 20 年内实现家庭信息光缆的全覆盖。❷ 该计划的提出成为引领世界进入数字时代的重要标志。此后，美国政府为推进各领域基础设施建设，还发布了《先进制造业发展计划》《国家人工智能研发与发展策略计划》，以及鼓励和支持数字经济发展的《浮现中的数字经济》《新兴的数字经济》《数字经济2000》《数字经济 2002》《数字经济 2003》等报告。

（2）聚焦多领域发展大数据阶段

自奥巴马继任美国总统后，美国政府加大了推进数字战略的力度，推行了一系列大数据发展举措，并投入了大量的人力和资金，促使美国成为位居世界前列的大数据发展国家，从政策内容涉及的领域看，可分为涉及多领域的政策和针对具体问题实施的政策。

2011 年，因美国总统科技顾问委员会认为大数据具有重要的战略价值，而美国政府在大数据相关技术方面的投入不足。作为回应，2012 年 3 月，美国白宫科技政策办公室正式发布《大数据研究与发展计划》，涉及美国国家科学基金会、美国国立卫生研究院、美国能源部、美国国防部、美国国防部高级研究计划局、美国地质勘探局六个部门，承诺提供 2 亿多美元用于开展大数据相关项目，旨在提升美国利用大量复杂数据集合获取知识和洞见的能力。❸❹ 该政策的提出，标志着美国率先将大数据上升为国家战略。2016 年 5 月，美国又发布了一项国家大数据战略性文件《联邦大数据研发战

❶ 胡微微，周环珠，曹堂哲. 美国数字战略的演进与发展 [J]. 中国电子科学研究院学报，2022，17（1）：12 - 18.

❷ 王春宇. 美国和欧盟的数字经济政策 [J]. 新经济，2020（Z1）：104 - 106.

❸ 王忠. 美国推动大数据技术发展的战略价值及启示 [J]. 中国发展观察，2012（6）：44 - 45.

❹ 郎杨琴，孔丽华. 美国发布"大数据的研究和发展计划" [J]. 科研信息化技术与应用，2012，3（2）：89 - 93.

略计划》，该文件涵盖七大战略，分别为新兴技术、数据质量、基础设施、共享机制、隐私安全、人才培养和相互合作，并简要阐述了每项战略的重要性、主要内容、典型案例和注意事项。❶ 该计划旨在为在数据科学、数据密集型应用、大规模数据管理与分析领域开展和主持各项研发工作的美国联邦各机构提供一套相互关联的大数据研发战略，维持美国在数据科学和创新领域的竞争力。❷ 可见，在美国早期发布的政策文件中，已有针对大数据的国家战略性文件出台，且政策具备内容涉及领域广泛、项目多样化的特点，在资金方面也有明确的规定，人员配备方面采取了全体动员的格局。

2019 年，美国白宫行政管理和预算办公室出台《联邦数据战略与 2020 年行动计划》，提出对数据的关注由技术转向资产，并确立了"将数据作为战略资产开发"的核心目标。它包含 1 项使命宣言、10 项原则、40 项实践指导及年度计划，要求从根本上改变美国政府使用数据的方式，通过提供政策设计和方法协调的方式指导美国政府进行数据治理。文件重点研究了企业数据治理，访问、使用和扩充，决策和问责制，商业化、创新和公共使用等四个主题领域，以"政府规范、多元参与"为导向，以数据的整个生命周期为研究对象，以 2020 年作为战略实施的起点，采用逐年确定行动计划的方法，对未来十年美国政府数据开放和共享的方向进行详细的规划，旨在开发出一套综合的、贯穿全流程的数据标准和方法，为美国政府治理数据提供政策指导。这是美国将数据提升到战略资产层面后，制订和实施的首个全面和具体的联邦数据计划。❸❹

除此之外，美国政府为推动数字技术与各领域的融合发展，还出台了不少针对具体问题和部门的计划和战略。例如美国认为数据能够提升其军事作战指挥和行动的效率，具有缩短决策周期、形成信息优势、增强联合作战的效果，提出在促进军事现代化、智能化的过程中大力推进数据技术的更迭前进，❺ 并在 2017 年发布的《国家安全战略报告》中，将网络空间提升到与传统的陆地、天空、海洋、外层空间同等重要的位置。❻ 在 2020 年发布的《国防部数据战略》中，还提出要加快转变"以数据为中心"的组织，将数据直接视为重要武器。❼ 在医疗方面，为使用人工智能从医疗数据中寻找疾病诊断方法，发布了《精准施药倡议》《癌症探月计划》。在交通方面，2016 年发布了促使无人驾驶能顺利上路的《联邦自动化车辆政策》。在数据隐私方面，为让美国公民更便捷、更全面地获取美国政府信息，美国发布了《透明和开放政府备忘录》《开放政府指令》《开放政府计划》。❽

---

❶ 贺晓丽. 美国联邦大数据研发战略计划述评 [J]. 行政管理改革，2019 (2)：85 – 92.

❷ 田倩飞. 美国发布联邦大数据研发战略计划 [J]. 科研信息化技术与应用，2016, 7 (4)：95 – 96.

❸ 杨晶，康琪，李哲. 美国《联邦数据战略与 2020 年行动计划》的分析及启示 [J]. 情报杂志，2020, 39 (9)：150 – 156.

❹ 张丽鑫，吴思竹，唐明坤，等.《联邦数据战略与 2020 年行动计划》及其治理逻辑的分析与启示 [J]. 中华医学图书情报杂志，2021, 30 (2)：13 – 19.

❺ 曾梦岐，石凯，陈捷，等. 美军大数据建设及其安全研究 [J]. 通信技术，2022, 55 (7)：911 – 918.

❻ 杨卫东. 2017 年美国国家安全战略报告评析 [J]. 人民论坛·学术前沿，2018 (11)：80 – 87.

❼ 王耀，李振伟，程佳，等. 2020 年《美国国防部数据战略》浅析 [J]. 军民两用技术与产品，2022 (3)：9 – 14.

❽ 朱伟婧. 美国大数据战略及对我国启示 [J]. 信息安全与通信保密，2020 (5)：102 – 113.

（3）构建国家级数字生态系统阶段

随着 5G 时代到来，各国再次面临历史变革的关键时期，为加快提升美国数据优势地位，抢占国际数据发展前沿和竞争制高点，弥补全球范围内未有通用的数据战略的缺口，2020 年美国国际开发署（USAID）发布了《数字战略（2020—2024）》，旨在构建开放、包容、安全的国家级数字生态系统，在全球范围内推广开放数字规则，抢占数据发展的前沿。该战略的发布重点是帮助发展中国家规范数字环境，通过建立数字生态评估系统、设立数字生态基金、建立数字学习议程、为受援国制订数字发展规划、将数字付款作为默认方式、设立数字发展顾问、设立高级管理者奖学金等方式来实现既定目标。❶

《数字战略（2020—2024）》的发布是美国在数字化转型背景下的又一次突破和尝试，在维持国家数字化领先地位的同时，力求掌握全球数字技术领域规则制订和话语权。

2.2.3　欧洲政策

2.2.3.1　欧盟政策

欧盟对数字经济的规划与部署最早可追溯至其成立初期的 20 世纪 90 年代，欧盟于 1993 年就发布了《增长、竞争、就业——迈向 21 世纪的挑战和道路》白皮书，指出要建设信息基础设施，构建信息化社会。随后于 1995 年颁布了"数据保护指令"（DPD），包括 34 个条款，为欧盟成员国立法保护个人数据设立了最低标准，但由于当时互联网并不发达，对个人数据的收集较为局限，且其对数据保护范围的模糊性，并未让欧盟的数据产业和数字经济蓬勃发展。在进入大数据、云计算时代后，该指令已被 2018 年颁布的《通用数据保护条例》（GDPR）所取代。

进入 21 世纪以来，在经济领域，2000 年欧盟委员会推出的《里斯本战略》制订了欧盟未来十年的经济发展规划，提出了在 2010 年之前建设成为"以知识技能为核心基础，世界上最具有创造力、竞争力与活力的经济主体"。❷ 在信息领域，欧盟分别于 2000 年 6 月和 2002 年 6 月出台了《电子欧洲 2002 行动计划》和《电子欧洲 2005 行动计划》，对其电子政务建设设定了阶段性目标，意在使欧洲建设成为完备的信息社会。2005 年，欧盟委员会通过了一个名为《i2010：欧洲信息社会 2010》的五年发展规划（以下简称《2010 战略》），即在 2006～2010 年建设欧盟信息社会的 5 年战略计划，作为《里斯本战略》的配套政策。该战略主要包括三个方面，一是在欧洲建立一个单一的信息空间，对媒体服务进行规范，并加强平台与设备等的互操作性；二是加大对信息与通信技术行业（ICT）的研究和投资，ICT 行业对欧洲的生产力、就业与国内生产总值（GDP）等都有巨大的贡献；三是加强公共服务，提高生活品质，尽量使所有人都能从 ICT 行业中获益。

---

❶ 徐昊铭. 美国数字战略（2020—2024）分析 [D]. 北京：外交学院，2021.
❷ 刘婧雯. 北欧国家数字化转型现状与区域合作问题研究 [D]. 上海：华东师范大学，2022.

随着《电子欧洲行动计划》和《2010 战略》的颁布实施，欧洲社会的信息化和数字化进程加快脚步，并取得了长足的发展。欧盟也于 2010 年 3 月公布了继《里斯本战略》之后的第二份十年经济发展规划《欧洲 2020 战略》。作为《欧洲 2020 战略》七大旗舰计划之一的《欧洲数字议程》（DAE）于 2010 年 5 月由欧盟委员会发布。该计划意在通过建立有网络安全保障的数字单一市场（digital single market，DSM），打通欧盟内部碎片化的市场运行机制，提升知识及创新在欧盟内部的转换，并充分利用信息与通信技术，确保创新观点短时间内转化成新的产品与服务。❶ 2013 年和 2016 年，欧盟分别出台《地平线 2020》的科研计划和《欧洲工业数字化战略》，投入大量资金用于支持数字化项目的实施。❷

为建立数字单一市场，进一步打破欧盟境内的数字市场壁垒，欧盟委员会于 2015 年 5 月正式公布《欧洲数字单一市场战略》，明确了建立数字单一市场的三个方向：一是为个人和企业提供更好的数字产品和服务；二是创造有利于数字网络和服务繁荣发展的有利环境；三是最大化实现数字经济的增长潜力。该战略还提出 16 项构建数字单一市场的具体措施，包括整合欧盟区域内的电信法规、加强网络安全以及提出欧洲数据自由流动计划等。为推进数字单一市场建设，欧盟委员会还发布了《走向繁荣的数据驱动型经济》（2014 年 7 月）、《欧洲网络平台与数字单一市场的机遇与挑战》（2016 年 5 月）、《建立欧洲数据经济》（2017 年 1 月）等一系列政策文件。

2018 年，欧盟进行了数据和隐私保护领域最引人瞩目的立法改革，《通用数据保护条例》（GDPR）于 2018 年 5 月 25 日正式生效，取代了 1995 年颁布的《数据保护指令》，由最初的 33 个条款发展为 99 个条款。GDPR 对个人信息的保护达到了前所未有的高度，被称为"史上最严格的数据保护法"。该条例的严格主要体现在对个人权利的保护方面以及对违法者的处罚力度，对数字信息技术诸如云计算、人工智能、区块链等都带来重大影响。2018 年 11 月 14 日，欧洲议会和欧盟理事会共同颁布"非个人数据自由流动条例"，以促进非个人数据在整个欧盟区域的自由流动，与之前生效实施的 GDPR 共同构成了欧盟最新的数字经济法律体系框架的重要构成部分，体现出欧盟以个人数据基本人权保护为基础，对内促进数据自由流通、对外抑制大型在线平台过度扩张的制度目标。❸

在信息基础设施建设方面，2018 年 6 月，欧盟推出"数字欧洲"项目（2021～2027 年），计划斥资 92 亿欧元用于超级计算、人工智能、网络安全等重点领域。2019 年 6 月，欧盟委员会发布了《欧洲高性能计算共同计划（EuroHPC）》，宣布将在欧盟成员国中选定八个地点建设"世界级"超级计算机中心，并计划集合各方资源，致力在欧盟开发、部署、扩展和维护一个世界领先的具备超级计算、量子计算、数据基础设施及服务的系统，这一举措标志着欧洲朝着成为全球顶级超级计算区域迈出了重要

❶ 王婧. 欧盟网络安全战略研究 [D]. 北京：外交学院，2018.
❷ 闵珊，郝可意，刁建超，等. 数字经济时代全球算力政策走向与中国发展路径探究 [J]. 环渤海经济瞭望，2022（1）：7 - 9.
❸ 刘耀华. 欧盟推进数字经济立法，加快建立单一数字市场 [J]. 中国电信业，2021（2）：70 - 72.

的一步。❶

　　近年来，欧盟在数字战略方面加快谋篇布局。2020 年 2 月 19 日，欧盟委员会发布了一系列关于《塑造欧洲数字化未来》的战略规划，《欧洲数据战略》概述了欧盟未来五年实现数据经济所需的政策措施和投资策略，即建立数字单一市场，个人与非个人数据均能够互联互通，并通过利用高质量的数据信息来实现经济的增长的价值的创造。除此之外，欧盟委员会的《塑造欧洲数字化未来》和《人工智能白皮书》明确了欧盟委员会将怎样支持和促进欧盟人工智能的部署和发展。2021 年 3 月 9 日，欧盟委员会发布《2030 数字罗盘》（2030 Digital Compass），将欧盟到 2030 年数字愿景转化为具体条款。该战略中提出四个方面的目标措施，包括提供数字技能、建立数字基础设施、企业数字化转型、公共服务数字化，指明了欧盟"数字十年"的具体方向和途径。2022 年 2 月 23 日，欧盟委员会正式发布数据法草案（Data Act），强调了数据经济参与者之间数据价值分配的公平性，更重视非个人数据，对 2020 年 11 月欧盟委员会发布的数据治理法案（DGA）侧重于公共部门数据的内容予以补充。

2.2.3.2　英国政策

　　英国作为全球数字经济领域建设的佼佼者，在应对信息挑战、成为创新高地等方面出台了一系列有力的举措。2009 年 6 月 16 日，英国政府推出了"数字英国"计划，该计划提出要在全国范围内进行网络基础设施建设，推广数字应用和数字文化，发展数字经济，把英国打造成为世界的"数字之都"。随后于 2009 年 11 月颁布了《数字经济法案》，主要涉及网络著作权侵权的治理、增加电子出版物的公共借阅权、更改域名注册规则等问题，标志着英国在保护网络著作权、促进信息化发展的道路上迈出了积极的一步。❷ 该法案于 2017 年进行了更新，填补了宽带服务等领域的空白，进一步提高基础设施的使用效率。

　　自 2010 年以来，英国更加重视开放数据的发展和数字政府建设，英国政府开放数据门户网站 http：//data. gov. uk 于 2010 年正式上线，2012 年 10 月，英国开启"政府网站瘦身"，2000 个政府网站缩减为一个信息中心——Gov. uk。2012 年英国发布了《开放数据白皮书》《政府数字化战略》，2013 年发布了《开放政府联盟：英国国家行动计划（2013—2015 年）》，均对开放数据的存取和利用作了进一步的规定，力争使英国成为开放政府联盟中透明度最高的国家。2014～2017 年，英国先后实施了《政府数字包容战略》、"数字政府即平台"计划、《政府转型战略（2017—2020 年）》，力图加快政府数字化转型，优化面向公民的数字服务，以现代和高效的方式提供世界一流的数字服务。

　　在数字经济和算力发展方面，2013 年英国政府发布《英国数据能力战略》，其主要内容包括强化数据分析技术、加强国家基础设施建设、推动研究与产研合作、确保数据被安全存取和共享。除此之外，还包括加强人才的培养，对英国高校、科研机构

❶ 刘霞. 欧盟斥巨资建 8 个世界级超算中心［EB/OL］.（2019 - 06 - 12）［2022 - 11 - 18］. https：//tech. huanqiu. com/article/9CaKrnKkRYC.

❷ 张亚菲. 英国《数字经济法案》综述［J］. 网络法律评论，2013，16（1）：232 - 242.

进行一定的资金扶持和合作平台搭建。❶ 同年发布的《把握数据带来的机遇：英国数据能力战略》，进一步加强英国在数据挖掘和价值萃取中的领先地位。❷ 2015 年 2 月，英国政府出台《数字经济战略（2015—2018）》，提出要大力发展数字经济，促进英国的各个企业通过采用数字技术进行创新，将创新技术渗透到英国的各个传统行业。❸ 2017 年，英国发布《英国数字策略》，对脱欧之后英国怎样发展数字经济和全面推进数字化转型进行了全面的整体部署。2020 年，英国发布的《国家数据战略》提出利用数据支持英国从疫情中恢复，并提升科学技术水平。2021 年，英国发布的《英国创新战略：创造引领未来》构造了一个完整的创新体系，促使英国于 2035 年能够成为全球创新中心。

2.2.3.3 德国政策

德国是欧盟中信息化程度较高的国家之一，在大数据研究与应用领域，德国推出一系列专项政策与方案。德国在 2014 年 8 月 20 日发布的《数字议程（2014—2017 年）》中对其通过数字化驱动发展进行了整体规划，明确提出了"数字经济发展"的概念，为建设数字强国进行谋篇布局，以开展数字化研发和打造数字化基础为手段，发展以大数据为支撑的数字经济。德国政府持续在大数据相关的技术与配套设施方面加大研发，启动了"智慧数据——来自数据的创新"项目，同时发布了《高技术战略 2020》，提出要以互联网服务来促进经济的发展。❹ 2016 年 3 月，德国发布"数字战略 2025"，该战略是继《数字议程（2014—2017 年）》后，德国政府又一次对国家的数字化发展作出系统部署，提出详细的十项行动步骤以指导未来十年的数字经济发展。2019 年 11 月，德国发布了报告《算法与竞争》，对数字经济领域算法应用中可能产生的垄断风险问题进行分析，并提出有关建议。❺

2.2.3.4 法国政策

法国在数字化领域进行了大量的探索与创新。2011 年，法国政府推出全国性的公共数据开放平台网站 http：//data. gouv. fr，为公共机构提供多方面服务。2013 年 2 月，法国发布了《数字化路线图》，宣布将投入大量资金用于支持五项战略性高新技术，其中之一就是对大数据的研究和应用。2013 年，法国发布了《公共数据开放和共享的路线图》和《开放数据手册》，旨在推动开放政府及数据共享，澄清公共部门对于开放数据政策的理解，使公共数据能够更广泛、更便捷地开放共享。❻ 2013 年还发布了《法国政府大数据五项支持计划》，内容包括在各领域设立大数据研究项目，为大数据应用营造良好的环境，从而吸引科学家开展研究。

---

❶ 张勇进，王璟璇. 主要发达国家大数据政策比较研究［J］. 中国行政管理，2014（12）：113 – 117.

❷ 王能强. 发达国家及我国主要地区大数据发展的政策启示：以贵州大数据产业发展为例［J］. 中国管理信息化，2017，20（4）：159 – 160.

❸ 丁声一，谢思森，刘晓光. 英国《数字经济战略（2015—2018）》述评及启示［J］. 电子政务，2016（4）：91 – 97.

❹ 彭锦. 欧盟大数据政策及其在传媒业的应用［J］. 现代电影技术，2015（6）：13 – 17.

❺ 曾彩霞，尤建新. 警惕算法应用垄断效应维护数字经济健康生态：德国与法国《算法与竞争》报告解读［J］. 中国价格监管与反垄断，2020（9）：49 – 50.

❻ 陈美. 政府开放数据的隐私风险评估与防控：英国的经验［J］. 中国行政管理，2020（5）：153 – 159.

2.2.3.5　丹麦政策

丹麦政府为建设一个更现代化的"数字丹麦",先后发布两个五年发展的数字战略规划。2011 年,丹麦发布的《数字政府战略(2011—2015 年)》提出要逐步减少纸质文件的使用,实现公共部门通信信息的电子化和数字化,利用数字化技术为公众提供更多的福利和公共服务,使公共部门的办事效率得到提高,服务方式得以改善。

2016 年,丹麦发布的《数字化战略(2016—2020 年)》进一步为丹麦公共部门的数字化工作指明了方向,强调政府部门、企业以及个人之间要进行数字化交流。该战略设定了具体的目标、重点领域和实施举措,旨在将公共部门数据作为促进增长的推动力,建设一个灵活的、极具适应性的社会,以及数字化程度更高的国家。

第3章 我国一体化算力网络论文研究概况

本书第3~5章是对我国2017~2021年在一体化算力网络相关领域公开发表的学术论文进行统计，旨在从学术论文产出的视角分析我国在该领域的基础研究能力，为推动一体化算力网络的创新、高质量发展提供数据支撑。本章主要介绍我国一体化算力网络论文研究概况。

研究的数据源为 InCites Benchmarking & Analytics 数据库（以下简称"InCites 数据库"）。InCites 数据库是一个基于引用的评估工具，供学术和政府管理人员分析机构的生产力和基准产出，并与国内外的同行进行比较。研究的限定论文出版时间为2017~2021年，文献类型为 Article 和 Review，检索时间为2022年11月10日。学科分类参照信息检索平台 Web of Science（WoS）学科分类系统，从存力、算力和运力的角度，选取与一体化算力网络最相关的八个研究方向，覆盖存力相关的存储设备、存储介质等，算力相关的计算机处理、人工智能等，运力相关的远距离通信技术、通信系统等。

（1）与一体化算力网络最相关的研究领域

① 计算机科学：理论与方法（computer science：theory & methods，以下简称"理论与方法"）。其涵盖实验性计算机处理方法或编程技术的资源，例如并行计算、分布式计算、逻辑编程、面向对象编程、高速计算和超级计算。

② 计算机科学：控制论（computer science：cybernetics，以下简称"控制论"）。其包括人工（机器）和生物系统内部之间的控制和信息流的资源，例如人工智能、自动控制和机器人技术。

③ 计算机科学：硬件（computer science：hardware，以下简称"硬件"）。其包括计算机系统物理组件的资源（主板和逻辑板、内部总线和接口、静态和动态内存、存储设备和存储介质、电源、输入和输出设备、网络接口以及网络硬件），例如路由器和网桥。同时包括计算设备的架构，例如可扩充处理器架构（SPARC）、精简指令集计算机（RISC）、复杂指令集计算机（CISC）设计，以及可扩展、并行和多处理器计算架构。

④ 计算机科学：信息系统（computer science：information systems，以下简称"信息系统"）。其包括人工、机器或两者均可读取的电子信息的获取、处理、存储、管理和传播，也包括电信系统和特定学科的资源。

⑤ 计算机科学：软件工程（computer science：software engineering，以下简称"软件工程"）。其包括与控制硬件功能并指导其操作的程序、例程和符号语言有关的资源，以及计算机图形、数字信号处理和编程语言。

⑥ 计算机科学：人工智能（computer science：artificial intelligence，以下简称"人

工智能")。其包括有关人工智能技术的资源，例如专家系统、模糊系统、自然语言处理、语音识别、模式识别、计算机视觉、决策支持系统、知识库和神经网络。

⑦ 计算机科学：跨学科应用（computer science：interdisciplinary applications，以下简称"跨学科应用"）。其涉及将计算机技术和方法应用于其他学科的资源，例如信息管理、工程、生物、医学、环境研究、地球科学、艺术和人文科学、农业、化学和物理学。

⑧ 电信学（telecommunications）。其包括通过电话、电视、光缆、光纤、无线电、计算机网络、电报、卫星等进行远距离通信的技术和工程方面的资源。其他相关主题包括电子学、光电子学、雷达和声呐导航、通信系统、微波、天线和电波传播。

（2）涉及学术论文部分的统计指标及释义

① 论文数：统计的论文数采用去重统计，即同一机构/地域（如某一枢纽）等多个作者合作发表的一篇论文，只计为一篇。

② 文献类型：Article 指的是发表的研究论文，对研究成果进行全局性的详细阐述；Review 指的是对已发表的研究进行详细的、批判性的调查。论文的统计仅以 Article 和 Review 学术论文作为统计对象。

③ 学科规范化引文影响力（category normalized citation impact，CNCI）：一篇文献的 CNCI 是通过其实际被引次数除以同文献类型、同出版年、同学科领域文献的平均被引次数获得的。一组文献的 CNCI 是该组中每篇文献 CNCI 的平均值。如果 CNCI 值 = 1，表明该组论文的被引表现与全球平均水平相当；CNCI 值 > 1，表明该组论文的被引表现高于全球平均水平；CNCI 值 < 1，则低于全球平均水平；CNCI 值 = 2，表明该组论文的平均被引表现为全球平均水平的 2 倍。CNCI 是论文影响力指标之一，它消除了文献类型、出版年和学科领域的影响，可以进行任意论文集之间的影响力的比较。❶

④ 期刊影响因子（journal impact factor，JIF）：指的是某期刊前两年发表的论文在《期刊引用报告》（JCR）出版年中被引用总次数除以该期刊在这两年内发表的论文总数。JIF 是评价期刊影响力的指标之一。

⑤ 期刊分区：在 JCR 数据库中，将每个学科分类的期刊按照 JIF 的高低进行排序，均分为四个区，即 Q1、Q2、Q3 和 Q4。Q1 期刊是指影响因子前 25%（含）的期刊；Q2 期刊是影响因子位于 25% ~ 50%（含）的期刊；Q3 期刊是影响因子位于 50% ~ 75%（含）的期刊；Q4 期刊是影响因子位于 75% 之后的期刊。在 InCites 数据库中，Q1 期刊中论文数是指给定年份内具有 JIF 分区的期刊中的论文数。JIF 期刊中论文数，是指给定年份内具有 JIF 的期刊中的论文数。Q1 期刊中论文百分比，是指 Q1 期刊中论文数除以 JIF 期刊中论文数的百分比。Q2、Q3 和 Q4 期刊中论文数同理。

⑥ 引文影响力（citation impact）：指的是论文篇均被引频次（均值）。一组文献的引文影响力等于使用该组文献的引文总数与总文献数量的比值。此外，还有科学引文

---

❶ 中国科技网，科睿唯安. 筑梦七十载奋进科研路：从全球学术文献数据看中国科研发展［EB/OL］.［2022 - 11 - 10］. https：//fzghc. hunnu. edu. cn/system/_content/download. jsp? urltype = news. DownloadAttach Url&owner = 1310119671&wbfileid = 3806074.

索引（science citation index，SCI）。

⑦ 合作论文（collaborations paper）：国内合作论文是指有两位或多位作者且所有地址都在同一国家/地区的论文数；横向合作论文是指有来自企业的合著论文，即合作论文中有一位或多位作者单位署名为企业的论文；国际合作论文是指包含一位或多位国际合著者的论文。

⑧ 高被引论文（highly cited paper）：是指按照同一年、同一个基本科学指标数据库（ESI）学科发表论文的被引用次数由高到低进行排序，排在前1.0%的论文。

⑨ 机构分析：对论文的署名机构进行统计分析，了解学科领域重要研究机构，其分析的机构为论文作者地址栏中标注的所有机构。WoS系统中的机构扩展字段对论文地址信息栏中机构的变体和下属机构进行了整合，机构分析结果为机构扩展分析结果。需要注意的是，在InCites数据库分析中，中国科学院（CAS）的论文指的是论文地址栏中标注有中国科学院的所有下属机构的全部论文，包括下属的各个研究所以及大学。但因中国科学院大学和中国科学技术大学发表的论文数比较突出，分析结果中将单独呈现参与论文数排名。

⑩ 年度分析：对论文的出版年进行统计分析，以了解学科领域的发展趋势。

⑪ 通讯作者分析：通讯作者一般是科研项目的负责人和指导者，承担着项目经费、研究设计、成果发表等重要职责。❶ 对论文的通讯作者进行统计分析，以了解学科领域的重点研究人员。

⑫ 地域分析：对论文的署名地址分别统计分析，以了解论文产出的地域分布。

⑬ 出版物分析：对论文的出版来源进行统计分析，以了解学科领域论文的期刊分布。此部分期刊相关的指标值为2021年JCR数据。

⑭ 研究热点分析：对学科领域的高被引论文进行关键词词频统计与分析，通过高频关键词了解学科领域的研究热点。

⑮ 国家自然科学基金重点项目：面向已有较好基础的研究方向或者学科生长点开展深入和系统的创新性研究提供支持，促进学科发展，推动若干重要领域或者科学前沿取得突破。

⑯ 国家自然科学基金重大项目：面向科学前沿和国家经济、社会、科技发展及国家安全的重大需求中的重大科学问题，超前部署，开展多学科交叉研究和综合性研究，充分发挥支撑与引领作用，提升我国基础研究源头创新能力。

⑰ 国家自然科学基金重大研究计划：围绕国家重大战略需求和重大科学前沿，进行原创性、基础性、前瞻性和交叉性研究，提升我国基础研究的原始创新能力，提升领域或方向的整体水平，实现跨越式发展。

⑱ 国家重点研发计划：由中央财政资金设立，重点资助事关国计民生的重大社会公益性研究，事关产业核心竞争力、整体自主创新能力和国家安全的战略性、基础性、前瞻性重大科学问题、重大共性关键技术和产品研发，以及重大国际科技合作等，着

---

❶ 赵勇，李晨英. 从高水平国际论文看我国前沿科技的自主创新能力［J］. 中国科技论坛，2013（2）：7.

力解决当前及未来发展面临的科技瓶颈和突出问题。

本章通过论文数分析、发文趋势分析、论文影响力分析以及机构分析，展示 2017～2021 年国内在一体化算力网络存力、算力和运力相关技术领域的基础研究创新整体情况。

3.1　论文数的全球排名

近年来，随着国家一系列算力相关的政策的出台，我国算力产业规模得到快速增长，与一体化算力网络相关的信息计算力、数据存储力、网络运载力等论文产出也越来越多。InCites 数据统计，2017～2021 年，全球一体化算力网络论文共 499107 篇，其中我国论文数为 192217 篇，占全球论文总量的 38.5%，居全球首位。图 3 - 1 - 1 展示了一体化算力网络论文数全球排名前十位的国家的论文数和论文全球占比情况，进入前十位的国家分别是中国、美国、印度、英国、韩国、加拿大、德国、澳大利亚、西班牙和法国。我国论文数具有绝对优势，远超排名第二位的美国，是美国论文数的 2.28 倍。排名前十位的国家的论文总量为 387057 篇，占全球论文数的 77.5%，区域集中度相对较高。

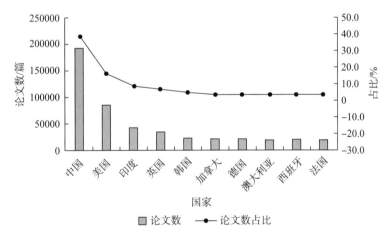

图 3 - 1 - 1　2017～2021 年一体化算力网络论文数全球排名前十位的国家

注：图中论文数因合作论文按国家分别统计，故各国论文数之和大于排名前十位的国家论文总量。

3.2　论文发文趋势

如图 3 - 2 - 1 所示，2017～2021 年全球和我国一体化算力网络论文数均呈逐年增长的趋势，且我国论文数在全球论文中的占比保持在 30.0% 以上，2017～2019 年增速较快，从 30.4% 增长到 40.4%，2019 年后比值保持在 41.0% 左右，说明我国在一体化算力网络的研究从快速成长期进入成熟期。

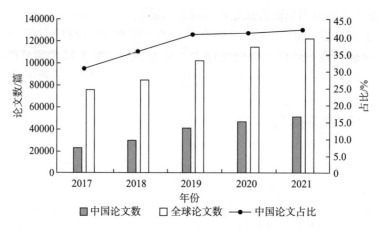

图 3-2-1　2017~2021 年一体化算力网络论文发文趋势

　　从年增长率来看，全球论文在 2017~2019 年处于快速增长期，2019 年以后增速放缓。如图 3-2-2 所示，我国论文数与全球论文数增长规律保持一致，且在 2017~2019 年增速明显高于全球水平，约为全球年增长率的 2 倍，而 2020 年以后增速有所回落，与全球年增长率接近。

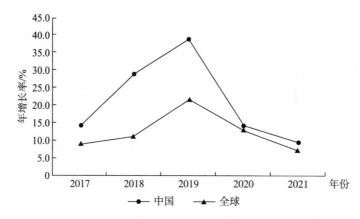

图 3-2-2　2017~2021 年一体化算力网络论文发文年增长率

3.3　论文影响力及趋势

　　如表 3-3-1 和图 3-3-1 所示，计算一体化算力网络论文排名前十位的国家论文 CNCI 值、Q1 期刊中论文百分比，以及 Q1、Q2、Q3 和 Q4 期刊中的论文数去分析论文的影响力。2017~2021 年，全球 Q1 期刊中论文百分比为 38.8%。在 CNCI 值指标上，除了印度、西班牙和法国，其余 7 个国家的论文 CNCI 值均高于全球水平。在 Q1 期刊中论文百分比指标上，除了印度、韩国、德国、法国，其余 6 个国家的 Q1 期刊中论文百分比均高于全球水平。其中，论文 CNCI 值和 Q1 期刊中论文百分比最高的是澳大利亚，分别为 1.79 和 55.9%，我国论文的 CNCI 值为 1.20，Q1 期刊中论文百分比为

45.7%，均高于全球水平。

表 3 - 3 - 1　2017～2021 年一体化算力网络论文排名前十位的国家论文影响力指标值

国家	中国	美国	印度	英国	韩国	加拿大	德国	澳大利亚	西班牙	法国
CNCI 值	1.20	1.30	0.93	1.42	1.06	1.40	1.07	1.79	0.97	0.99
Q1 期刊中论文百分比/%	45.7	47.8	26.2	48.8	35.4	51.2	37.6	55.9	42.3	36.2

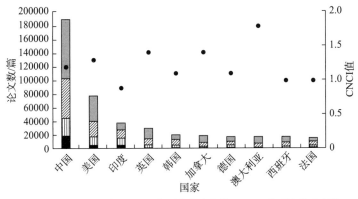

图 3 - 3 - 1　2017～2021 年一体化算力网络论文排名前十位的国家论文影响力情况

图 3 - 3 - 2 示出了 2017～2021 年我国一体化算力网络 Q1～Q4 期刊论文分布和 CNCI 趋势。2017～2021 年，我国论文 CNCI 值均保持在 1.20 左右，其中 2019 年和 2020 年 CNCI 值略有下降，2021 年恢复至 1.23。2017～2021 年，我国论文 Q1 期刊中

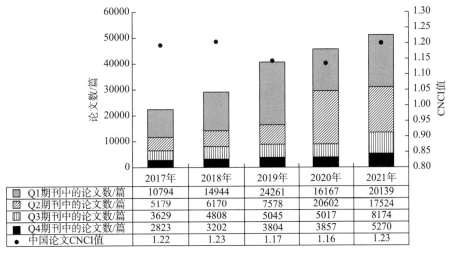

	2017年	2018年	2019年	2020年	2021年
Q1期刊中的论文数/篇	10794	14944	24261	16167	20139
Q2期刊中的论文数/篇	5179	6170	7578	20602	17524
Q3期刊中的论文数/篇	3629	4808	5045	5017	8174
Q4期刊中的论文数/篇	2823	3202	3804	3857	5270
中国论文CNCI值	1.22	1.23	1.17	1.16	1.23

图 3 - 3 - 2　2017～2021 年我国一体化算力网络 Q1～Q4 期刊论文分布和 CNCI 趋势

论文百分比波动较大，呈现出先扬后抑且整体下滑的趋势。其中，2017～2019 年，Q1 期刊中论文百分比由 48.1% 上升至 59.6%，到 2020 年出现较大幅度的回落，2021 年虽回升至 39.4%，较 2017 年仍下降 8.7%，因此，可以看出我国论文影响力整体水平有待提升。

3.4 发文机构分析

对全球一体化算力网络论文的发文机构进行分析，论文数排名前 30 位的机构名单如表 3 - 4 - 1 所示。排名前五位的机构分别是中国科学院、法国国家科学研究中心（Centre National de la Recherche Scientifique，CNRS）、印度理工学院系统（Indian Institute of Technology System，IIT System）、法国研究型大学联盟（UDICE - French Research Universities）和加利福尼亚大学系统（University of California System，UC）。这 30 所机构主要分布在中国、美国、法国、新加坡、印度、伊朗和埃及。中国上榜的有 19 所机构，发文优势明显。其中，中国科学院位居榜首，论文数有 13229 篇。从论文影响力来看，南洋理工大学（Nanyang Technological University）的论文 CNCI 值最高，为 1.77；国内机构的论文 CNCI 值整体上处于中间水平，其中电子科技大学、东南大学、华中科技大学、华南理工大学、大连理工大学的论文 CNCI 值均保持在 1.50 以上，论文影响力相对较高。

表 3 - 4 - 1 2017～2021 年一体化算力网络相关领域全球论文数排名前 30 位的机构

排名	机构名称	国家	论文数/篇	被引频次	CNCI 值	Q1 期刊中论文数/篇	JIF 期刊中论文数/篇	Q1 期刊中论文百分比/%
1	中国科学院	中国	13229	180736	1.34	6540	12992	50.3
2	法国国家科学研究中心	法国	8200	74321	0.92	2453	7943	30.9
3	印度理工学院	印度	7398	66666	0.89	2402	7049	34.1
4	法国研究型大学联盟	法国	7242	78781	1.08	2378	6968	34.1
5	加利福尼亚大学系统	美国	6491	90675	1.36	2917	6063	48.1
6	西安电子科技大学	中国	6224	83272	1.33	3323	6176	53.8
7	电子科技大学	中国	6159	98297	1.67	3327	6090	54.6
8	印度国家理工学院	印度	6003	54414	1.01	1385	5769	24.0
9	清华大学	中国	5842	86598	1.49	3162	5726	55.2
10	东南大学	中国	5223	83784	1.56	2918	5174	56.4
11	北京邮电大学	中国	4772	59732	1.26	2401	4714	50.9
12	埃及知识库	埃及	4757	56059	1.42	1298	4507	28.8

续表

排名	机构名称	国家	论文数/篇	被引频次	CNCI 值	Q1 期刊中论文数/篇	JIF 期刊中论文数/篇	Q1 期刊中论文百分比/%
13	浙江大学	中国	4657	57493	1.30	2370	4581	51.7
14	中国科学院大学	中国	4629	51252	1.15	2222	4582	48.5
15	上海交通大学	中国	4528	58146	1.24	2508	4454	56.3
16	北京航空航天大学	中国	4361	58976	1.30	2344	4294	54.6
17	哈尔滨工业大学	中国	4302	67281	1.48	2272	4254	53.4
18	华中科技大学	中国	4072	69019	1.63	2463	3983	61.8
19	伦敦大学	英国	3970	71875	1.75	2020	3759	53.7
20	得克萨斯大学系统	美国	3893	54991	1.39	1975	3701	53.4
21	南洋理工大学	新加坡	3846	71773	1.77	2291	3685	62.2
22	武汉大学	中国	3730	51097	1.46	1765	3698	47.7
23	佛罗里达州立大学	美国	3623	48637	1.30	1669	3411	48.9
24	阿扎德大学	伊朗	3557	40448	1.13	891	3441	25.9
25	国防科技大学	中国	3542	33904	0.99	1485	3508	42.3
26	西北工业大学	中国	3515	46481	1.34	1842	3484	52.9
27	北京理工大学	中国	3380	46453	1.37	1777	3346	53.1
28	华南理工大学	中国	3169	48182	1.55	1830	3153	58.0
29	西安交通大学	中国	3129	42983	1.23	1696	3105	54.6
30	大连理工大学	中国	3106	50625	1.54	1704	3065	55.6

第 4 章　我国一体化算力网络论文研究领域分析

本章以 InCites 数据库中我国 2017～2021 年一体化算力网络各研究领域的论文（包括 Article 和 Review）为数据源，通过分析各研究领域发文趋势、出版物分布、合作论文情况、研究热点、研究机构和研究人员，分领域展示 2017～2021 年我国一体化算力网络的基础研究状况。

4.1　一体化算力网络论文各研究领域研究概况

4.1.1　各研究领域论文数

图 4-1-1 展示了 2017～2021 年一体化算力网络整体及各领域的发文分布与占比。2017～2021 年论文数排名居前三位的领域分别是信息系统、电信学和人工智能。对标全球相同领域发文情况，我国论文数占全球论文数百分比的情况有较大差异。其中电信学、信息系统、控制论、人工智能 4 个领域的占比均在 42.0% 以上，而硬件、软件工程、理论与方法、跨学科应用 4 个领域的占比均低于 36.0%，占比最高的是电信学，为 47.4%，占比最低的是跨学科应用，为 28.4%，两者相差 19.0%。

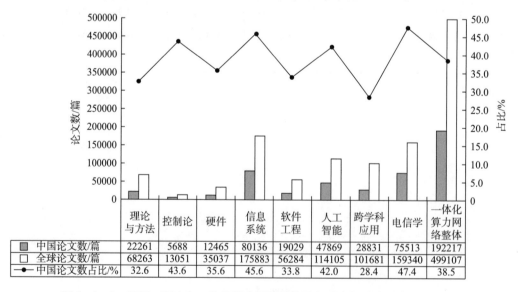

	理论与方法	控制论	硬件	信息系统	软件工程	人工智能	跨学科应用	电信学	一体化算力网络整体
中国论文数/篇	22261	5688	12465	80136	19029	47869	28831	75513	192217
全球论文数/篇	68263	13051	35037	175883	56284	114105	101681	159340	499107
中国论文数占比/%	32.6	43.6	35.6	45.6	33.8	42.0	28.4	47.4	38.5

图 4-1-1　2017～2021 年一体化算力网络整体及各研究领域论文分布与占比

注：图中论文数因交叉领域论文按各研究领域分别统计，故各研究领域论文数之和大于各研究领域论文总量；本章同类图同本注释。

4.1.2　各研究领域论文发文趋势

从发文趋势上看,2017～2021 年一体化算力网络各研究领域的论文数整体呈增长趋势,且信息系统、电信学和人工智能 3 个领域的论文增量尤其突出,如图 4 - 1 - 2 所示。其中,信息系统和电信学的论文数增长规律相似,2017～2019 年的论文数快速增长,特别是 2019 年,信息系统和电信学为一体化算力网络相关领域的发文提供近80.0% 的增量;随后二者论文数趋于稳定,并在 2021 年有所回落。其余 6 个领域的论文数增长规律基本一致,人工智能的增量相对明显,2017～2021 年论文数增长幅度为172.1% ,2021 年的论文数紧随信息系统和电信学,位居第三。

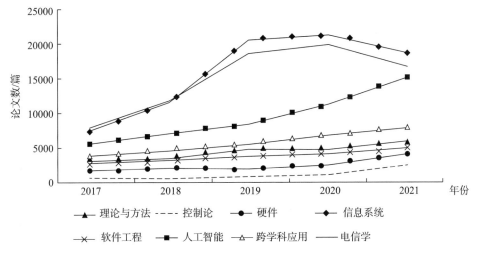

图 4 - 1 - 2　2017～2021 年我国一体化算力网络各研究领域论文发文趋势

进一步对 2017～2021 年一体化算力网络各研究领域我国论文数占全球论文数百分比趋势进行分析,如图 4 - 1 - 3 所示。2017～2021 年一体化算力网络各研究领域我国论文数占全球论文数百分比均有明显提升,占比提升超 10.0% 的领域有控制论、理论与方法、人工智能,其中提升最明显的是控制论,该领域 2021 年论文数占比为60.0% ,较 2017 年上升 26.4% 。另外,电信学和信息系统的论文数占比呈现出先升后降的趋势,在 2019 年达到峰值,2020～2021 年出现明显回落。而在上述 2 个领域论文数放缓的两年里,另外 6 个领域的论文数占比均呈现较高的提升情况。可以看出,2017～2021 年我国一体化算力网络基础研究力量在对不同研究领域的分布进行调整,并逐渐从集中在电信学、信息系统和人工智能领域向各研究领域均衡发展转移。

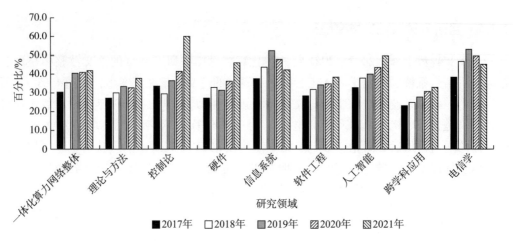

图 4-1-3　2017～2021 年我国一体化算力网络整体及各研究领域论文数占全球百分比趋势

4.1.3　各研究领域论文影响力

通过学科规范化引文影响力和 Q1～Q4 期刊论文分布情况对我国一体化算力网络各领域的论文影响力进行分析，如图 4-1-4 所示，2017～2021 年我国一体化算力网络各研究领域的论文 CNCI 值均大于 1.00，高于全球水平。其中，控制论的论文 CNCI 值最高，为 1.68，随后是理论与方法和硬件，论文 CNCI 值均为 1.34。而与整体的论文 CNCI 值 1.20 相比，人工智能、跨学科应用、理论与方法、硬件、控制论 5 个领域的论文 CNCI 值高于全国整体水平，论文数排名前二的信息系统和电信学的论文 CNCI 值均低于全国整体水平，分别为 1.06 和 1.07，存在论文数较多而论文影响力偏低的情况。

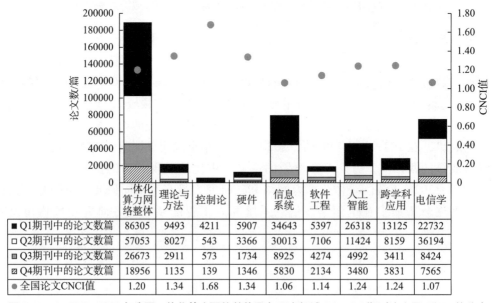

	一体化算力网络整体	理论与方法	控制论	硬件	信息系统	软件工程	人工智能	跨学科应用	电信学
■Q1期刊中的论文数/篇	86305	9493	4211	5907	34643	5397	26318	13125	22732
□Q2期刊中的论文数/篇	57053	8027	543	3366	30013	7106	11424	8159	36194
▦Q3期刊中的论文数/篇	26673	2911	573	1734	8925	4274	4992	3411	8424
▨Q4期刊中的论文数/篇	18956	1135	139	1346	5830	2134	3480	3831	7565
●全国论文CNCI值	1.20	1.34	1.68	1.34	1.06	1.14	1.24	1.24	1.07

图 4-1-4　2017～2021 年我国一体化算力网络整体及各研究领域 Q1～Q4 期刊论文及 CNCI 值分布

2017～2021 年，在我国一体化算力网络各研究领域 Q1 期刊中论文占比方面，Q1 期刊中论文百分比最高的是控制论，占比为 77.0%；其次是人工智能，占比为 56.9%。对比各研究领域全球 Q1 期刊中论文百分比，如表 4 - 1 - 1 所示，各研究领域中除了软件工程和电信学的 Q1 期刊中论文百分比低于全球水平，其余领域均高于全球水平。其中，我国控制论的 Q1 期刊中论文百分比超过该领域全球水平幅度达 28.9%。而与一体化算力网络整体 Q1 期刊中论文百分比（45.7%）相比，人工智能、跨学科应用、硬件和控制论 4 个领域的 Q1 期刊中论文百分比均高于全国整体水平，理论与方法、信息系统、软件工程和电信学 4 个领域的 Q1 期刊中论文百分比均低于全国整体水平。

表 4 - 1 - 1　2017～2021 年全球与我国一体化算力网络整体及各研究领域 Q1 期刊中论文百分比情况

研究领域	全球 Q1 期刊中论文百分比/%	我国 Q1 期刊中论文百分比/%
理论与方法	35.5	44.0
控制论	48.1	77.0
硬件	36.7	47.8
信息系统	38.4	43.6
软件工程	29.5	28.5
人工智能	48.6	56.9
跨学科应用	42.8	46.0
电信学	28.7	30.3
一体化算力网络整体	38.8	45.7

4.2　理论与方法领域

4.2.1　理论与方法领域论文发文趋势

在理论与方法领域，2017～2021 年我国论文数为 22261 篇，占该领域全球论文的 32.6%，接近全球该领域论文数的 1/3。

从年度发展趋势上看，2017～2021 年该领域我国论文数呈阶梯状上升趋势，如图 4 - 2 - 1 所示，2017 年论文数为 3124 篇，2018 年论文数为 3501 篇，2019～2020 年论文数在 4800 篇左右，2021 年的论文数跃至 6021 篇，其中 2019 年和 2021 年论文数均出现较大幅度的增长，年增长率较上年提升均在 26.0% 左右。可以看出，2017～2021 年我国在该领域的基础研究发展是在探索中前行的，虽然过程曲折，但整体仍呈上升趋势。

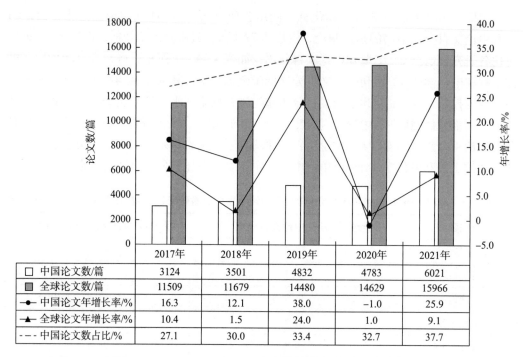

图 4 – 2 – 1 2017 ~ 2021 年理论与方法领域论文发文趋势

	2017年	2018年	2019年	2020年	2021年
中国论文数/篇	3124	3501	4832	4783	6021
全球论文数/篇	11509	11679	14480	14629	15966
中国论文年增长率/%	16.3	12.1	38.0	-1.0	25.9
全球论文年增长率/%	10.4	1.5	24.0	1.0	9.1
中国论文数占比/%	27.1	30.0	33.4	32.7	37.7

与该领域全球论文产出相比，2017 ~ 2021 年我国发文增长规律与全球发文规律高度吻合，但年增长率累计实现 4 年超过当年全球论文数增长率，其中有 3 年超过幅度在 10.0% 以上。该领域我国论文数与全球相比，占比从 2017 年的 27.1% 提升至 2021 年的 37.7%，累计提升 10.6%。

4.2.2 理论与方法领域论文出版物分布

对理论与方法领域论文的来源出版物进行分析，2017 ~ 2021 年我国在该领域的 Q1 期刊中论文百分比为 44.0%，超过该领域全球水平的 35.5%。图 4 – 2 – 2 展示了 2017 ~ 2021 年我国在该领域 Q1 ~ Q4 期刊中论文百分比分布情况。Q1 期刊中论文百分比呈现整体上升趋势，其中虽然 2020 年的 Q1 期刊中论文百分比出现一定程度下滑，但 2021 年恢复并提升至 50.5%，较 2017 年上升 10.5%，说明我国在该领域论文的来源出版物结构比例持续优化。

从 2017 ~ 2021 年我国在该领域 Q1 ~ Q4 期刊中论文百分比对标全球水平来看，如图 4 – 2 – 3 所示，我国 Q1 和 Q2 期刊中论文百分比与全球水平的发展规律基本吻合，且期间我国 Q1 期刊中论文百分比均高于全球水平，2021 年高出 12.6%。可以看出，我国在该领域的论文来源出版物结构比例优于全球水平。

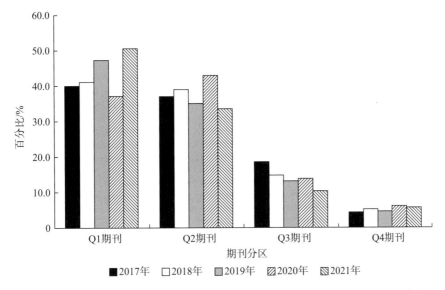

图 4 - 2 - 2　2017～2021 年我国理论与方法领域 Q1～Q4 期刊中论文百分比分布情况

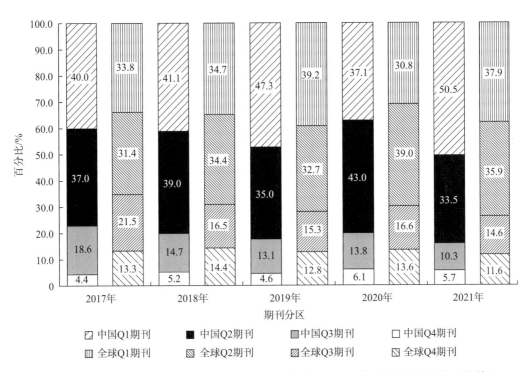

图 4 - 2 - 3　2017～2021 年全球和我国理论与方法领域 Q1～Q4 期刊中论文百分比对比情况

表 4 - 2 - 1 列出了 2017～2021 年我国在理论与方法领域论文数排名前十位的期刊及其分区情况，其中期刊影响因子和期刊分区排名均为 JCR 在 2021 年的数据。排名前十位的期刊论文总量为 12653 篇，占该领域全国论文数的 56.8%。其中，Q1 期刊有 4 种，共有 4730 篇论文，占该领域全国论文数的 21.2%；Q2 期刊有 5 种，共有 6905 篇

论文，占该领域全国论文数的 31.0%；Q3 期刊有 1 种，共有 1018 篇论文，占该领域全国论文数的 4.6%。论文数最多的期刊为 *Multimedia Tools and Applications*，共有 3499 篇论文，占该领域全国论文数的 15.7%，属于 Q2 期刊；影响因子（2021 年）最高的期刊是 *IEEE Transactions on Neural Networks and Learning Systems*，影响因子（2021 年）为 14.3，其也是论文 CNCI 值最高的期刊，论文 CNCI 值为 2.91。

表 4-2-1 2017~2021 年我国理论与方法领域论文数排名前十位的期刊及其分区情况

排名	期刊名称	论文数/篇	占全国论文百分比/%	影响因子（2021 年）	CNCI 值	期刊分区（2021 年排名）
1	*Multimedia Tools and Applications*	3499	15.7	2.6	0.70	Q2（42/110）
2	*IEEE Transactions on Neural Networks and Learning Systems*	2185	9.8	14.3	2.91	Q1（4/110）
3	*Future Generation Computer Systems – The International Journal of Escience*	1350	6.1	7.3	2.30	Q1（10/110）
4	*Cluster Computing – The Journal of Networks Software Tools and Applications*	1205	5.4	2.3	0.54	Q2（50/110）
5	*Concurrency and Computation – Practice & Experience*	1018	4.6	1.8	0.62	Q3（58/110）
6	*International Journal of Systems Science*	967	4.3	2.6	0.82	Q2（39/110）
7	*Journal of Supercomputing*	711	3.2	2.6	0.67	Q2（43/110）
8	*IEEE Transactions on Information Forensics and Security*	616	2.8	7.2	2.38	Q1（11/110）
9	*Computer Methods and Programs in Biomedicine*	579	2.6	7.0	1.34	Q1（12/110）
10	*Microprocessors and Microsystems*	523	2.3	3.5	0.49	Q2（31/110）

注：2021 年理论与方法领域 SCI 期刊共有 110 种。表中期刊分区列下的括号中的数字为该期刊在该领域 SCI 期刊的排名；本章同类表同本注释。

4.2.3 理论与方法领域合作论文情况

对 2017~2021 年理论与方法领域论文的合作情况进行分析，国内合作论文共有 7643 篇，占该领域全国论文数的 34.3%；国际合作论文共有 7893 篇，占该领域全国论文数的 35.5%；横向合作论文共有 685 篇，占该领域全国论文数的 3.1%。

　　进一步分析我国在该领域的国际合作论文，论文数排名前十位的国内机构分别是中国科学院、清华大学、华中科技大学、电子科技大学、上海交通大学、西安电子科技大学、浙江大学、哈尔滨工业大学、湖南大学和东南大学，如表 4-2-2 所示。其中，论文 CNCI 值大于 1.50 的机构共有 8 所，电子科技大学的国际合作论文 CNCI 值最高，为 2.99。

表 4-2-2　2017~2021 年我国理论与方法领域国际合作论文数排名前十位的国内机构

排名	机构名称	国际合作论文数/篇	占全国国际合作论文百分比/%	CNCI 值
1	中国科学院	722	9.1	1.96
2	清华大学	316	4.0	1.46
3	华中科技大学	312	4.0	1.76
4	电子科技大学	220	2.8	2.99
5	上海交通大学	214	2.7	1.23
6	西安电子科技大学	211	2.7	1.92
7	浙江大学	207	2.6	1.53
8	哈尔滨工业大学	184	2.3	2.27
9	湖南大学	183	2.3	2.36
10	东南大学	176	2.2	2.30

　　我国在该领域的国际合作论文中，如表 4-2-3 所示，论文数排名前十位的国外机构分别是南洋理工大学、得克萨斯大学系统（University of Texas System）、悉尼科技大学（University of Technology Sydney）、新加坡国立大学（National University of Singapore）、纽约州立大学系统（State University of New York System）、加利福尼亚大学系统、悉尼大学（University of Sydney）、佛罗里达州立大学系统（State University System of Florida System）、宾夕法尼亚州联邦高等教育系统（Pennsylvania Commonwealth System of Higher Education System）、阿卜杜勒·阿齐兹国王大学（King Abdulaziz University），主要分布国家为美国、新加坡、澳大利亚、沙特阿拉伯，其中论文 CNCI 值大于 1.50 的机构共有 8 所，阿卜杜勒·阿齐兹国王大学的国际论文 CNCI 值最高，为 4.09，体现排名前十位的国际合作论文的发文机构的论义影响力整体水平较高。

表4-2-3　2017～2021年我国理论与方法领域国际合作论文数排名前十位的国外机构

排名	机构名称	国家	国际合作论文数/篇	占全国国际合作论文百分比/%	CNCI值
1	南洋理工大学	新加坡	249	3.2	1.90
2	得克萨斯大学系统	美国	245	3.1	1.60
3	悉尼科技大学	澳大利亚	195	2.5	2.48
4	新加坡国立大学	新加坡	181	2.3	3.14
5	纽约州立大学系统	美国	173	2.2	1.84
6	加利福尼亚大学系统	美国	160	2.0	1.44
7	悉尼大学	澳大利亚	137	1.7	2.31
8	佛罗里达州立大学系统	美国	135	1.7	1.48
9	宾夕法尼亚州联邦高等教育系统	美国	135	1.7	1.52
10	阿卜杜勒·阿齐兹国王大学	沙特阿拉伯	120	1.5	4.09

进一步分析我国在该领域的横向合作论文，如表4-2-4所示，主要的合作企业有华为技术有限公司、阿里巴巴集团控股有限公司、腾讯科技（深圳）有限公司、微软亚洲研究院、国家电网有限公司、百度在线网络技术（北京）有限公司、中国电子科技集团有限公司、联想控股股份有限公司、联想（北京）有限公司、台湾中华电信股份有限公司。其中，百度在线网络技术（北京）有限公司的论文CNCI值大于1.50，高为2.95，其余9家企业的论文CNCI值均在1.50以下，说明横向合作论文影响力整体水平偏低。

表4-2-4　2017～2021年我国理论与方法领域横向合作论文数排名前十位的国内企业

排名	企业名称	横向合作论文数/篇	机构论文数/篇	占机构横向合作论文百分比/%	占我国横向合作论文百分比/%	CNCI值
1	华为技术有限公司	141	149	94.6	20.6	0.96
2	阿里巴巴集团控股有限公司	97	108	89.8	14.2	1.30
3	腾讯科技（深圳）有限公司	74	76	97.4	10.8	0.98
4	微软亚洲研究院❶	35	35	100	5.1	0.59
5	国家电网有限公司	30	34	88.2	4.4	0.85
6	百度在线网络技术（北京）有限公司	28	30	93.3	4.1	2.95

❶ 微软亚洲研究院原名为微软中国研究院，于1998年成立于中国北京。WoS将其界定为企业。

续表

排名	企业名称	横向合作论文数/篇	机构论文数/篇	占机构横向合作论文百分比/%	占我国横向合作论文百分比/%	CNCI 值
7	中国电子科技集团有限公司	18	19	94.7	2.6	1.19
8	联想控股股份有限公司	15	15	100	2.2	1.49
9	联想（北京）有限公司	15	15	100	2.2	1.49
10	台湾中华电信股份有限公司	10	10	100	1.5	0.60

4.2.4　理论与方法领域研究热点

2017～2021 年理论与方法领域的高被引论文共计 381 篇（检索日期为 2022 年 11 月 10 日），对所述论文的关键词进行数据预处理，即对作者关键词和 WoS 中增加的附加关键词（keyword plus）的规范化处理及合并去重。规范化处理包括字母大小与转换和连接符处理，以及基于 Python 3.9.7 的自然语言处理工具包（NLTK）库的词根提取等。2017～2021 年理论与方法领域高被引论文关键词词云图如图 4-2-4 所示（见文前彩色插图第 1 页）。2017～2021 年该领域词频最高的关键词是 Neural Network（神经网络）。表 4-2-5 列出了该领域的（英文）高频关键词，研究热点主要集中在神经网络、深度学习、分类、算法、非线性系统、网络、系统、设计、卷积神经网络和模型等。

表 4-2-5　2017～2021 年理论与方法领域高被引论文高频关键词

关键词	词频/次	关键词	词频/次
Neural Network	54	Optimality	26
Deep Learning	43	Stabilization	24
Classification	36	Security	22
Algorithm	35	Synchronization	21
Nonlinear Systems	33	Artificial Neural Networks	19
Network	32	Selection	18
System	32	Multiagent System	18
Design	32	Consensus	18
Convolution Neural Network	31	Tracking Control	17
Model	30	Learning Systems	17

4.2.5 理论与方法领域重点研究机构

对理论与方法领域的论文发文机构进行分析，2017~2021 年论文数排名前 30 位的机构名单见表 4-2-6。排名前五位的机构分别是中国科学院、法国国家科学研究中心、法国研究型大学联盟、印度理工学院系统和加利福尼亚大学系统，论文数排名前 30 位的机构主要分布在中国（13 所）、美国（5 所）、法国（4 所）、新加坡（2 所）、印度（2 所），其余伊朗、埃及、英国、俄罗斯各有 1 所。中国上榜的 13 所机构中，中国科学院、清华大学、华中科技大学分别居第 1 位、第 7 位、第 9 位。

表 4-2-6 2017~2021 年理论与方法领域全球论文数排名前 30 位的机构

排名	机构名称	国家	论文数/篇	占全球论文百分比/%	CNCI 值	Q1 期刊中论文数/篇	JIF 期刊中论文数/篇	Q1 期刊中论文百分比/%
1	中国科学院	中国	1882	2.8	1.50	912	1830	49.8
2	法国国家科学研究中心	法国	1850	2.7	0.61	334	1770	18.9
3	法国研究型大学联盟	法国	1611	2.4	0.69	282	1536	18.4
4	印度理工学院系统	印度	1131	1.7	0.90	303	1025	29.6
5	加利福尼亚大学系统	美国	1000	1.5	1.04	360	888	40.5
6	印度国家理工学院	印度	967	1.4	1.23	200	915	21.9
7	清华大学	中国	690	1.0	1.29	385	651	59.1
8	得克萨斯大学系统	美国	652	1.0	1.28	316	592	53.4
9	华中科技大学	中国	631	0.9	1.44	359	609	58.9
10	阿扎德大学	伊朗	609	0.9	1.17	121	569	21.3
11	埃及知识库	埃及	563	0.8	1.44	143	511	28.0
12	中国科学院大学	中国	563	0.8	1.25	280	560	50.0
13	西安电子科技大学	中国	555	0.8	1.41	267	547	48.8
14	法国国家信息与自动化研究所	法国	552	0.8	0.93	107	530	20.2
15	伦敦大学	英国	542	0.8	0.93	173	509	34.0
16	佛罗里达州立大学	美国	534	0.8	1.79	255	459	55.6
17	上海交通大学	中国	526	0.8	0.94	269	516	52.1
18	巴黎西岱大学	法国	521	0.8	0.67	72	493	14.6
19	南洋理工大学	新加坡	514	0.8	2.07	269	454	59.3
20	哈尔滨工业大学	中国	474	0.7	1.68	233	473	49.3

排名	机构名称	国家	论文数/篇	占全球论文百分比/%	CNCI值	Q1期刊中论文数/篇	JIF期刊中论文数/篇	Q1期刊中论文百分比/%
21	电子科技大学	中国	472	0.7	2.31	263	465	56.6
22	北京航空航天大学	中国	467	0.7	1.38	241	454	53.1
23	浙江大学	中国	463	0.7	1.19	233	442	52.7
24	美国能源部	美国	455	0.7	0.82	139	441	31.5
25	俄罗斯科学院	俄罗斯	441	0.6	0.36	26	432	6.0
26	中山大学	中国	435	0.6	1.50	241	422	57.1
27	麻省理工学院	美国	435	0.6	0.80	119	343	34.7
28	国防科技大学	中国	431	0.6	0.97	174	421	41.3
29	武汉大学	中国	430	0.6	1.97	235	427	55.0
30	新加坡国立大学	新加坡	400	0.6	2.09	183	366	50.0

图4-2-4展示了该领域论文数排名前十位的机构的论文影响力情况。很明显，图4-2-4中位于右上角的中国科学院、清华大学、华中科技大学和得克萨斯大学系统的论文影响力整体水平相对较高，其中，论文CNCI值最高的是中国科学院，为1.50；Q1期刊中论文百分比最高的是清华大学，为59.1%。

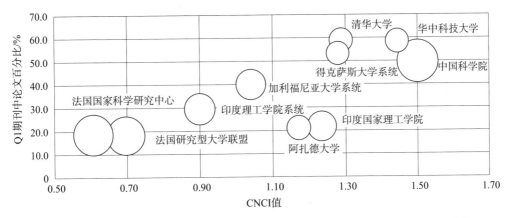

图4-2-4　2017～2021年全球理论与方法领域论文数排名前十位的机构论文影响力

注：图中圆圈大小表示论文数多少。

4.2.6　理论与方法领域重要研究人员

通讯作者往往是科研项目的负责人和指导者，被认为是论文的主要完成人之一。对2017～2021年我国理论与方法领域论文的通讯作者进行分析，论文数排名前15位的国内通讯作者如表4-2-7所示。需要说明的是，因论文作者的姓名以及作者地址输入的不规范性，以及其他因工作调动或重名的情况，表单中仅列出数据库中通讯作者和作者单位完全匹配的论文情况，不能完整呈现通讯作者的全部论文，仅供参考。

表4-2-7　2017～2021年我国理论与方法领域论文数排名前15位的通讯作者

排名	作者	所属机构	论文数/篇	被引频次	CNCI 值
1	李肯立	湖南大学	34	700	2.80
2	聂飞平	西北工业大学	32	742	2.40
3	张真诚	逢甲大学	31	181	0.60
4	杨光红	东北大学	30	678	2.03
5	王建新	中南大学	27	225	0.82
6	施敏加	安徽大学	26	229	1.30
7	樊建席	苏州大学	23	201	1.07
8	王钧	香港城市大学	22	612	3.77
9	杨强	香港科技大学	21	7	0.04
10	周傲英	华东师范大学	20	0	0.00
11	张化光	东北大学	20	632	3.06
12	宋永端	重庆大学	20	620	2.89
13	周书明	福建师范大学	19	124	0.80
14	潘志斌	西安交通大学	19	81	0.60
15	曹进德	东南大学	19	512	3.29

4.3　控制论领域

4.3.1　控制论领域论文发文趋势

在控制论领域，2017～2021年我国论文数为5688篇，占该领域全球论文的43.6%。

从年度发展趋势上看，2017～2021年该领域我国论文数呈现快速发展趋势，如图4-3-1所示。除了2018年出现负增长，其余4年的年增长率均在29.6%以上，2021年的论文数为2529篇，较上年增长131.8%，论文数约为2017年663篇的3.8倍。可以看出，该领域我国的基础研究正处于高速发展阶段。

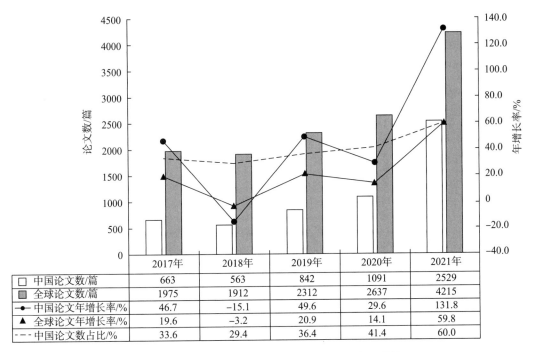

	2017年	2018年	2019年	2020年	2021年
□ 中国论文数/篇	663	563	842	1091	2529
▨ 全球论文数/篇	1975	1912	2312	2637	4215
●— 中国论文年增长率/%	46.7	-15.1	49.6	29.6	131.8
▲— 全球论文年增长率/%	19.6	-3.2	20.9	14.1	59.8
----- 中国论文数占比/%	33.6	29.4	36.4	41.4	60.0

图 4 - 3 - 1　2017～2021 年控制论领域论文发文趋势

对比该领域全球论文数的情况,我国发文增长速度累计 4 年超过全球发文增长水平,2021 年的年增长率约为该领域全球年增长率的 2.2 倍。我国的论文数占全球论文百分比也从 2017 年的 33.6% 增至 2021 年的 60.0%,提高了 26.4%,成为该领域全球论文数最大的国家,同时带动该领域全球基础研究的发展。

4.3.2　控制论领域论文出版物分布

对控制论领域论文的来源出版物进行分析,2017～2021 年我国在该领域的 Q1 期刊中论文百分比为 77.0%,远远超过该领域全球水平的 48.1%。图 4 - 3 - 2 展示了 2017～2021 年我国在该领域 Q1～Q4 期刊中论文百分比分布情况。Q1 期刊中论文百分比整体呈上升趋势,2017 年 Q1 期刊中论文百分比为 74.4%,2018～2019 年虽有回落,但仍保持在 70.0% 左右,2020 年开始回升,2021 年回升至 82.8%,较 2017 年上升 8.4%。体现我国该领域论文主要来源于影响力较高的期刊,且论文来源出版物结构比例稳定且仍在逐渐优化。

从 2017～2021 年我国在该领域的 Q1～Q4 期刊中论文百分比对标全球水平来看,如图 4 - 3 - 3 所示,我国 Q1 期刊中论文百分比发展规律与全球保持基本一致,且期间我国 Q1 期刊中论文百分比均远高于全球水平。2021 年全球 Q1 期刊中论文百分比为 64.9%,较 2020 年增长 22.0%。这个惊人增长率背后的原因离不开 2021 年该领域我国 Q1 期刊论文产出的大幅度增长。随着我国高影响力论文的大规模产出,该领域全球论文来源出版物的结构比例也得到优化。

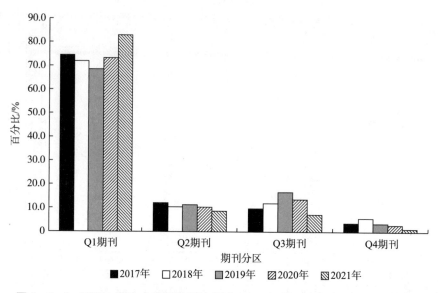

图 4 - 3 - 2　2017～2021 年我国控制论领域 Q1～Q4 期刊中论文百分比分布情况

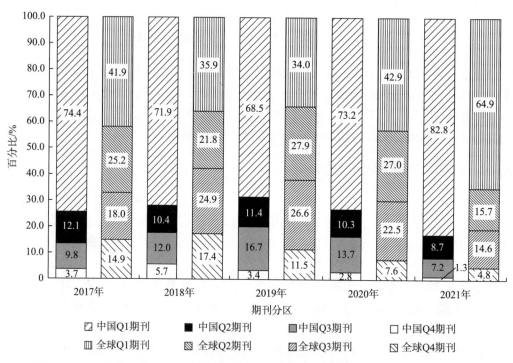

图 4 - 3 - 3　2017～2021 年全球和我国控制论领域 Q1～Q4 期刊中论文百分比对比情况

　　表 4 - 3 - 1 列出了 2017～2021 年我国在控制论领域论文数排名前十位的期刊及其分区情况。排名前十位的期刊论文总量为 5411 篇，占该领域全国论文百分比 95.1%，期刊来源集中度非常高。其中，Q1 期刊有 4 种，共有 4301 篇论文，占该领域全国论文百分比 75.6%；Q2 期刊有 3 种，共有 556 篇论文，占该领域全国论文百分比 9.8%；

Q3 期刊有 2 种,共有 456 篇论文,占该领域全国论文百分比 8.0%;Q4 期刊有 1 种,共有 98 篇论文,占该领域全国论文百分比 1.7%。论文数最多的期刊为 *IEEE Transactions on Cybernetics*,共有 2287 篇论文,占该领域全国论文数百分比的 40.2%,属于 Q1 期刊;该期刊的影响因子(2021 年)也最高,为 19.1。而论文 CNCI 值最高的期刊是 *IEEE Transactions on Cybernetics* 和 *IEEE Transactions on Affective Computing*,CNCI 值均为 2.68。

表 4 – 3 – 1　2017 ~ 2021 年我国控制论领域论文数排名前十位的期刊及其分区情况

排名	期刊名称	论文数/篇	占全国论文百分比/%	影响因子(2021 年)	CNCI 值	期刊分区(2021 年排名)
1	*IEEE Transactions on Cybernetics*	2287	40.2	19.1	2.68	Q1 (1/24)
2	*IEEE Transactions on Systems Man Cybernetics – Systems*	1796	31.6	11.5	2.52	Q1 (3/24)
3	*IEEE Transactions on Computational Social Systems*	322	5.7	4.7	1.08	Q2 (7/24)
4	*Kybernetes*	300	5.3	2.4	0.29	Q3 (16/24)
5	*International Journal of Human – Computer Interaction*	158	2.8	4.9	0.69	Q1 (5/24)
6	*Behaviour & Information Technology*	157	2.8	3.3	0.67	Q2 (11/24)
7	*Machine Vision and Applications*	156	2.7	3.0	0.40	Q3 (14/24)
8	*Kybernetika*	98	1.7	0.7	0.10	Q4 (24/24)
9	*IEEE Transactions on Human – Machine Systems*	77	1.4	4.1	0.78	Q2 (9/24)
10	*IEEE Transactions on Affective Computing*	60	1.1	14.0	2.68	Q1 (2/24)

注:2021 年控制论领域 SCI 期刊共有 24 种。

4.3.3　控制论领域合作论文情况

对 2017 ~ 2021 年控制论领域论文的合作情况进行分析,国内合作论文共有 1880 篇,占该领域全国论文数的 33.1%;国际合作论文共有 2482 篇,占该领域全国论文数的 43.6%;横向合作论文共有 122 篇,占该领域全国论文数的 2.1%。

进一步分析我国在该领域的国际合作论文,论文数排名前十位的国内机构是中国科学院、东南大学、北京航空航天大学、香港城市大学、浙江大学、哈尔滨工业大学、华南理工大学、电子科技大学、西安电子科技大学和澳门科技大学,如表 4 – 3 – 2 所示。可以看出,排名前十位的机构的论文 CNCI 值均在 1.99 以上,论文影响力整体水平较高，其中哈尔滨工业大学的论文 CNCI 值最高，为 3.82。

表 4－3－2　2017～2021 年我国控制论领域国际合作论文数排名前十位的国内机构

排名	机构名称	国际合作论文数/篇	占全国国际合作论文百分比/%	CNCI 值
1	中国科学院	210	8.5	2.61
2	东南大学	164	6.6	2.73
3	北京航空航天大学	105	4.2	2.32
4	香港城市大学	102	4.1	2.80
5	浙江大学	99	4.0	2.19
6	哈尔滨工业大学	86	3.5	3.82
7	华南理工大学	83	3.3	2.89
8	电子科技大学	82	3.3	2.44
9	西安电子科技大学	78	3.1	1.99
10	澳门科技大学	74	3.0	2.66

　　我国在该领域的国际合作论文中，如表 4－3－3 所示，论文数排名前十位的国外机构是南洋理工大学、阿卜杜勒·阿齐兹国王大学、新泽西理工学院（New Jersey Institute of Technology）、卡塔尔得克萨斯 A&M 大学（Texas A&M University Qatar）、布鲁内尔大学（Brunel University）、阿尔伯塔大学（University of Alberta）、悉尼科技大学、斯威本科技大学（Swinburne University of Technology）、岭南大学（Yeungnam University）和阿德莱德大学（University of Adelaide），主要分布国家为澳大利亚、新加坡、沙特阿拉伯、美国、卡塔尔、英国、加拿大和韩国，排名前十位的机构的论文 CNCI 值均在 1.80 以上，论文影响力整体水平较高。其中，论文 CNCI 值最高的是斯威本科技大学，为 4.67。

表 4－3－3　2017～2021 年控制论领域国际合作论文数排名前十位的国外机构

排名	机构名称	国家	国际合作论文数/篇	占全国国际合作论文百分比/%	CNCI 值
1	南洋理工大学	新加坡	120	4.8	2.14
2	阿卜杜勒·阿齐兹国王大学	沙特阿拉伯	101	4.1	3.02
3	新泽西理工学院	美国	94	3.8	2.85
4	卡塔尔得克萨斯 A&M 大学	卡塔尔	81	3.3	3.82
5	布鲁内尔大学	英国	76	3.1	4.28
6	阿尔伯塔大学	加拿大	74	3.0	1.85

排名	机构名称	国家	国际合作论文数/篇	占全国国际合作论文百分比/%	CNCI 值
7	悉尼科技大学	澳大利亚	71	2.9	2.52
8	斯威本科技大学	澳大利亚	70	2.8	4.67
9	岭南大学	韩国	61	2.5	3.45
10	阿德莱德大学	澳大利亚	60	2.4	3.55

进一步分析我国在该领域的横向合作论文,如表 4 - 3 - 4 所示,主要的合作企业有腾讯科技（深圳）有限公司、华为技术有限公司、阿里巴巴集团控股有限公司、百度在线网络技术（北京）有限公司、国家电网有限公司、中国电子科技集团有限公司、微软亚洲研究院、中国航空工业集团有限公司、中国商用飞机有限责任公司和中国船舶重工集团有限公司。其中,论文 CNCI 值大于 1.50 的有 3 家企业,中国船舶重工集团有限公司的论文 CNCI 值最高,为 4.27。

表 4 - 3 - 4　2017~2021 年我国控制论领域横向合作论文数排名前十位的国内企业

排名	企业名称	横向合作论文数/篇	机构论文数/篇	占机构横向合作论文百分比/%	占全国横向合作论文百分比/%	CNCI 值
1	腾讯科技（深圳）有限公司	12	12	100	9.8	1.32
2	华为技术有限公司	11	11	100	9.0	1.23
3	阿里巴巴集团控股有限公司	10	10	100	8.2	1.47
4	百度在线网络技术（北京）有限公司	10	10	100	8.2	1.24
5	国家电网有限公司	6	6	100	4.9	1.15
6	中国电子科技集团有限公司	5	5	100	4.1	3.24
7	微软亚洲研究院	5	5	100	4.1	1.22
8	中国航空工业集团有限公司	5	5	100	4.1	0.78
9	中国商用飞机有限责任公司	4	4	100	3.3	3.03
10	中国船舶重工集团有限公司	2	2	100	1.6	4.27

4.3.4　控制论领域研究热点

选取 2017~2021 年在控制论领域的高被引论文共 419 篇（检索日期为 2022 年 11

月 10 日），对关键词（包括作者关键词和 WoS 中增加的关键词）进行数据预处理，并形成词云图，如图 4 - 3 - 4 所示。2017 ~ 2021 年该领域词频最高的关键词是 Nonlinear System（非线性系统）。表 4 - 3 - 5 列出了学科领域的（英文）高频关键词，研究热点主要集中在非线性系统、稳定性、设计、追踪控制、多代理系统、神经网络、稳定性、同步、共识和延迟等。

图 4 - 3 - 4　2017 ~ 2021 年控制论领域高被引论文关键词词云图

表 4 - 3 - 5　2017 ~ 2021 年控制论领域高被引论文高频关键词

关键词	词频/次	关键词	词频/次
Nonlinear System	77	Delay	39
Stabilization	76	Output - feedback Control	39
Design	76	System	37
Tracking Control	73	Backstepping	36
Multi - agent System	70	Adaptive Systems	34
Neural Network	60	Stability Analysis	32
Stability	55	Observer	32
Synchronization	42	Adaptive Control	30
Network	41	Optimization	29
Consensus	40	Algorithm	27

4.3.5　控制论领域重点研究机构

对 2017 ~ 2021 年我国在控制论领域的论文发文机构进行分析，论文数排名前 30 位的机构名单如表 4－3－6 所示。排名前五位的机构分别是中国科学院、东北大学、东南大学、香港城市大学和哈尔滨工业大学。论文数排名前 30 位的机构主要分布在中国（22 所）、法国（2 所），新加坡、俄罗斯、美国、印度、英国、沙特阿拉伯各有 1 所。中国上榜的 22 所机构中，中国科学院、东北大学、东南大学、香港城市大学、哈尔滨工业大学、北京航空航天大学、华南理工大学、中国科学院自动化研究所和浙江大学 9 所机构论文数均排名靠前，论文数占绝对优势。

表 4－3－6　控制论领域全球论文数排名前 30 位的机构

排名	机构名称	国家	论文数/篇	占全球论文百分比/%	CNCI 值	Q1 期刊中论文数/篇	JIF 期刊中论文数/篇	Q1 期刊中论文百分比/%
1	中国科学院	中国	539	4.1	2.02	409	501	81.6
2	东北大学	中国	281	2.2	2.70	244	276	88.4
3	东南大学	中国	271	2.1	2.79	244	270	90.4
4	香港城市大学	中国	271	2.1	2.62	244	265	92.1
5	哈尔滨工业大学	中国	213	1.6	2.94	179	210	85.2
6	北京航空航天大学	中国	201	1.5	1.99	169	198	85.4
7	华南理工大学	中国	199	1.5	2.62	179	193	92.7
8	中国科学院自动化研究所	中国	198	1.5	2.26	149	170	87.6
9	浙江大学	中国	198	1.5	1.97	163	192	84.9
10	俄罗斯科学院	俄罗斯	198	1.5	0.14	2	183	1.1
11	华中科技大学	中国	196	1.5	2.42	171	188	91.0
12	南洋理工大学	新加坡	191	1.5	1.85	149	179	83.2
13	清华大学	中国	182	1.4	1.90	134	176	76.1
14	中国科学院大学	中国	175	1.3	1.91	128	157	81.5
15	广东工业大学	中国	167	1.3	4.16	162	167	97.0
16	西安电子科技大学	中国	157	1.2	1.74	138	156	88.5
17	西北工业大学	中国	154	1.2	2.02	130	154	84.4
18	上海交通大学	中国	150	1.1	1.92	120	145	82.8
19	加利福尼亚大学系统	美国	148	1.1	0.87	63	128	49.2
20	北京理工大学	中国	147	1.1	1.92	130	146	89.0
21	法国国家科学研究中心	法国	147	1.1	0.62	42	131	32.1

排名	机构名称	国家	论文数/篇	占全球论文百分比/%	CNCI 值	Q1 期刊中论文数/篇	JIF 期刊中论文数/篇	Q1 期刊中论文百分比/%
22	天津大学	中国	137	1.0	1.82	115	134	85.8
23	香港理工大学	中国	135	1.0	2.10	120	132	90.9
24	电子科技大学	中国	134	1.0	2.50	110	130	84.6
25	大连理工大学	中国	132	1.0	2.17	99	126	78.6
26	印度理工学院系统	印度	129	1.0	0.67	43	99	43.4
27	伦敦大学	英国	127	1.0	1.30	54	113	47.8
28	法国研究型大学联盟	法国	126	1.0	0.74	41	123	33.3
29	阿卜杜勒·阿齐兹国王大学	沙特阿拉伯	124	1.0	2.62	102	122	83.6
30	南京理工大学	中国	124	1.0	2.60	111	124	89.5

如图 4-3-5 展示了该领域论文数全球排名前十位的机构的论文影响力情况，其中，我国 9 所机构的论文影响力整体水平偏高，CNCI 值均在 1.80 以上，Q1 期刊中论文百分比均在 80.0% 以上。尤为突出的有哈尔滨工业大学、东南大学、东北大学、香港城市大学和华南理工大学。其中，论文 CNCI 值最高的是哈尔滨工业大学，为 2.94；Q1 期刊中论文百分比最高的是华南理工大学，为 92.8%。需要说明的是，俄罗斯科学院的论文 CNCI 值、Q1 期刊中论文百分比与国内 9 所机构相距甚远，未在图中展示。

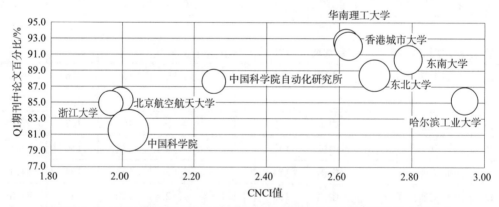

图 4-3-5 2017~2021 年全球控制论领域论文数排名前十位的机构论文影响力

注：图中圆圈大小表示论文数多少。

4.3.6 控制论领域重要研究人员

对 2017~2021 年我国控制论领域论文的通讯作者进行分析，论文数排名前 15 位的国内通讯作者如表 4 - 3 - 7 所示。

表 4 - 3 - 7　2017 ~ 2021 年我国控制论领域论文数排名前 15 位的通讯作者

排名	作者	所属机构	论文数/篇	被引频次	CNCI 值
1	杨光红	东北大学	42	1367	2.74
2	曾志刚	华中科技大学	32	913	2.61
3	张化光	东北大学	29	887	3.12
4	岳东	南京邮电大学	28	1044	3.46
5	王子栋	山东科技大学	26	1233	4.46
6	曹进德	东南大学	24	1087	3.98
7	吴争光	浙江大学	23	924	2.60
8	贺威	北京科技大学	21	1750	6.41
9	周孟初	澳门科技大学	21	963	3.70
10	温广辉	东南大学	21	827	3.05
11	苏厚胜	华中科技大学	18	326	1.74
12	苏顺丰	台湾科技大学	17	662	4.67
13	王飞跃	中国科学院	16	104	0.74
14	魏国亮	上海理工大学	16	736	3.43
15	刘艳军	辽宁工业大学	16	1409	6.60

4.4　硬件领域

4.4.1　硬件领域论文发文趋势

在硬件领域，2017 ~ 2021 年我国论文数为 12465 篇，占该领域全球论文的 35.6%，超过该领域全球论文的 1/3。

从年度发展趋势来看，2017 ~ 2021 年该领域我国论文数整体呈上升趋势，如图 4 - 4 - 1 所示，除了 2019 年论文产出出现回落，其余 4 年的年增长率都是逐渐递增。2021 年的论文数为 4158 篇，约为 2017 年 1733 篇的 2.4 倍，年增长率为 64.5%，体现我国在该领域的研究正处于快速发展期。

与该领域全球论文数相比，我国的论文增长规律与全球基本保持一致，且除了 2019 年的异常波动，我国在该领域的论文数整体增长速度远超全球论文，2021 年我国论文年增长率约为该领域全球论文年增长率的 2.2 倍。2017 ~ 2021 年我国占全球论文数的百分比也从 2017 年的 27.2% 上升至 2021 年的 45.9%，提高 18.7%。

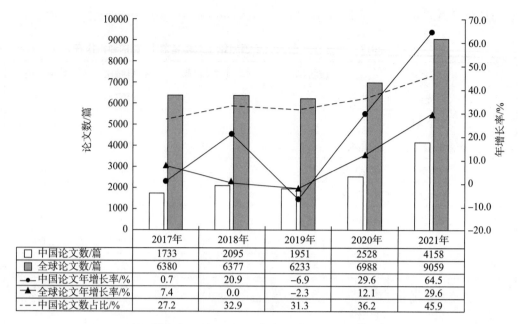

	2017年	2018年	2019年	2020年	2021年
□ 中国论文数/篇	1733	2095	1951	2528	4158
▨ 全球论文数/篇	6380	6377	6233	6988	9059
—●— 中国论文年增长率/%	0.7	20.9	−6.9	29.6	64.5
—▲— 全球论文年增长率/%	7.4	0.0	−2.3	12.1	29.6
−−− 中国论文数占比/%	27.2	32.9	31.3	36.2	45.9

图 4 - 4 - 1　2017～2021 年硬件领域论文发文趋势

4.4.2　硬件领域论文出版物分布

对硬件领域论文的来源出版物进行分析，2017～2021 年我国在该领域的 Q1 期刊中论文百分比为 47.8%，超过该领域全球水平的 36.7%。图 4 - 4 - 2 展示了 2017～2021 年我国在该领域 Q1～Q4 期刊中论文百分比分布情况。Q1 和 Q2 期刊中论文百分比均呈现曲折上升趋势，其中 2021 年 Q1 期刊中论文百分比 53.5%，较 2017 年上升 6.6%，Q2 期刊中论文百分比 29.1%，较 2017 年上升 7.8%。我国在该领域论文的来源出版物结构比例逐渐优化。

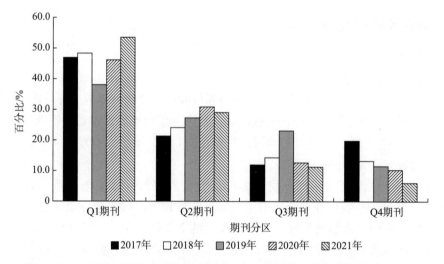

图 4 - 4 - 2　2017～2021 年我国硬件领域 Q1～Q4 期刊中论文百分比分布情况

从 2017 ~ 2021 年我国在该领域 Q1 ~ Q4 期刊中论文百分比对标全球水平来看，如图 4 - 4 - 3 所示，我国 Q1 和 Q2 期刊中论文百分比发展规律与全球基本一致，且期间我国 Q1 期刊中论文百分比均高于全球水平。体现我国在该领域的论文来源出版物结构比例优于全球水平。

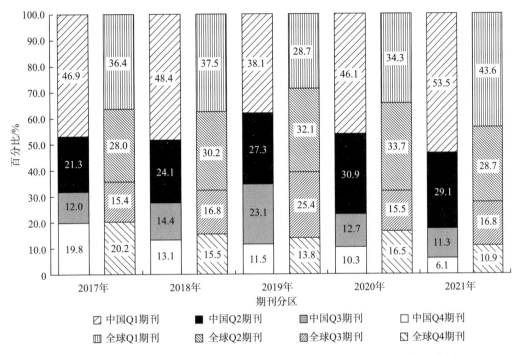

图 4 - 4 - 3　2017 ~ 2021 年全球和我国硬件领域 Q1 ~ Q4 期刊中论文百分比对比情况

表 4 - 4 - 1 列出了 2017 ~ 2021 年我国在硬件领域论文数排名前十位的期刊及其分区情况。排名前十位的期刊论文总量为 7119 篇，占该领域全国论文的 57.1%。其中，Q1 期刊有 3 种，共 3331 篇论文，占该领域全国论文的 26.7%；Q2 期刊有 4 种，共 2112 篇论文，占该领域全国论文百分比的 16.9%；Q3 期刊有 2 种，共有 1224 篇论文，占该领域全国论文百分比的 9.8%；Q4 期刊有 1 种，共有 452 篇论文，占该领域全国论文百分比的 3.6%。论文数最多的期刊为 *IEEE Transactions on Neural Networks and Learning Systems*，共有 2185 篇论文，占该领域全国论文数百分比的 17.5%，属于 Q1 期刊；影响因子和学科规范化引文影响力最高的期刊是 *IEEE Transactions on Neural Networks and Learning Systems*，影响因子（2021 年）为 14.3，CNCI 值为 2.91。

表 4 - 4 - 1　2017 ~ 2021 年我国硬件领域论文数排名前十位的期刊及其分区情况

排名	期刊名称	论文数/篇	占全国论文百分比/%	影响因子（2021 年）	CNCI 值	期刊分区（2021 年排名）
1	*IEEE Transactions on Neural Networks and Learning Systems*	2185	17.5	14.3	2.91	Q1（1/54）
2	*Journal of Supercomputing*	711	5.7	2.6	0.67	Q3（31/54）
3	*Computer Networks*	589	4.7	5.5	1.09	Q1（9/54）
4	*IEEE Network*	557	4.5	10.3	2.52	Q1（4/54）
5	*Mobile Networks & Applications*	548	4.4	3.1	0.93	Q2（22/54）
6	*Computers & Electrical Engineering*	526	4.2	4.2	0.80	Q2（15/54）
7	*Microprocessors and Microsystems*	523	4.2	3.5	0.49	Q2（19/54）
8	*IEEE - ACM Transactions on Networking*	515	4.1	3.8	1.07	Q2（17/54）
9	*IEEE Transactions on Computer - Aided Design of Integrated Circuits and Systems*	513	4.1	2.6	0.77	Q3（30/54）
10	*IEICE Transactions on Fundamentals of Electronics Communications and Computer Sciences*	452	3.6	0.4	0.12	Q4（54/54）

注：2021 年硬件领域 SCI 期刊共有 54 种。

4.4.3　硬件领域合作论文情况

对 2017 ~ 2021 年硬件领域论文的合作情况进行分析，国内合作论文共有 3964 篇，占该领域全国论文数的 31.8%；国际合作论文共有 5194 篇，占该领域全国论文数的 41.7%；横向合作论文共有 617 篇，占该领域全国论文数的 5.0%。

进一步分析我国在该领域的国际合作论文，论文数排名前十位的国内机构分别是中国科学院、清华大学、电子科技大学、华中科技大学、上海交通大学、西安电子科技大学、香港城市大学、浙江大学、北京航空航天大学和北京邮电大学，如表 4 - 4 - 2 所示。其中，论文 CNCI 值大于 1.50 的机构共有 8 所，电子科技大学的国际合作论文的 CNCI 值最高，为 2.54。

在国际合作论文产出中，如表 4 - 4 - 3 所示，论文数排名前十位的国外机构分别是加利福尼亚大学系统、得克萨斯大学系统、南洋理工大学、宾夕法尼亚州联邦高等教育系统、悉尼科技大学、佛罗里达州立大学系统、纽约州立大学系统、新加坡国立大学、悉尼大学和新南威尔士大学悉尼分校（University of New South Wales Sydney），主要分布国家为美国、澳大利亚和新加坡，其中论文 CNCI 值大于 1.50 的机构共有 6 所，悉尼大学的论文 CNCI 值最高，为 3.02。

表 4 - 4 - 2　2017～2021 年我国硬件领域国际合作论文数排名前十位的国内机构

排名	机构名称	国际合作论文数/篇	占全国国际合作论文百分比/%	CNCI 值
1	中国科学院	497	9.6	2.07
2	清华大学	326	6.3	1.55
3	电子科技大学	240	4.6	2.54
4	华中科技大学	202	3.9	1.82
5	上海交通大学	186	3.6	1.42
6	西安电子科技大学	185	3.6	2.38
7	香港城市大学	159	3.1	1.52
8	浙江大学	156	3.0	1.49
9	北京航空航天大学	151	2.9	1.87
10	北京邮电大学	143	2.8	1.93

表 4 - 4 - 3　2017～2021 年我国硬件领域国际合作论文数排名前十位的国外机构

排名	机构名称	国家	国际合作论文数/篇	占全国国际合作论文百分比/%	CNCI 值
1	加利福尼亚大学系统	美国	208	4.0	1.23
2	得克萨斯大学系统	美国	200	3.9	1.86
3	南洋理工大学	新加坡	197	3.8	2.08
4	宾夕法尼亚州联邦高等教育系统	美国	163	3.1	1.24
5	悉尼科技大学	澳大利亚	132	2.5	2.18
6	佛罗里达州立大学系统	美国	124	2.4	1.40
7	纽约州立大学系统	美国	121	2.3	1.43
8	新加坡国立大学	新加坡	102	2.0	2.11
9	悉尼大学	澳大利亚	93	1.8	3.02
10	新南威尔士大学悉尼分校	澳大利亚	86	1.7	2.22

进一步分析我国在该领域的横向合作论文，如表 4 - 4 - 4 所示，主要的合作企业有华为技术有限公司、阿里巴巴集团控股有限公司、腾讯科技（深圳）有限公司、微软亚洲研究院、中国电子科技集团有限公司、国家电网有限公司、联发科技股份有限公司、百度在线网络技术（北京）有限公司、中国移动通信集团有限公司和中兴通讯股份有限公司。其中仅有阿里巴巴集团控股有限公司的论文 CNCI 值大于 1.50，为 1.73。可以看出，我国的横向合作论文影响力整体水平偏低。

表 4 - 4 - 4　2017～2021 年我国硬件领域横向合作论文数排名前十位的国内企业

排名	企业名称	横向合作论文数/篇	机构论文数/篇	占机构横向合作论文百分比/%	占全国横向合作论文百分比/%	CNCI 值
1	华为技术有限公司	185	212	87.3	30.0	1.39
2	阿里巴巴集团控股有限公司	65	68	95.6	10.5	1.73
3	腾讯科技（深圳）有限公司	40	41	97.6	6.5	1.23
4	微软亚洲研究院	23	23	100	3.7	0.64
5	中国电子科技集团有限公司	21	23	91.3	3.4	0.44
6	国家电网有限公司	20	23	87.0	3.2	0.86
7	联发科技股份有限公司	19	19	100	3.1	0.34
8	百度在线网络技术（北京）有限公司	14	14	100	2.3	1.25
9	中国移动通信集团有限公司	12	16	75	1.9	1.35
10	中兴通讯股份有限公司	12	12	100	1.9	0.81

4.4.4　硬件领域研究热点

选取 2017～2021 年硬件领域的高被引论文共 235 篇（检索日期为 2022 年 11 月 1 日）。对关键词（包括作者关键词和 WoS 中增加的关键词）进行数据预处理，并形成词云图，如图 4 - 4 - 4 所示。2017～2021 年该领域词频最高的关键词是 Neural Network（神经网络）。表 4 - 4 - 5 列出了该领域的（英文）高频关键词，研究热点主要集中在神经网络、非线性系统、网络、设计、深度学习、稳定化、算法、人工神经网络、系统和同步等方面。

图 4 - 4 - 4　2017～2021 年硬件领域高被引论文关键词词云图

表 4 – 4 – 5　2017～2021 年硬件领域高被引论文高频关键词

关键词	词频/次	关键词	词频/次
Neural Network	44	Task Analysis	18
Nonlinear Systems	28	Classification	18
Network	23	Learning Systems	17
Design	23	Security	17
Deep Learning	23	Multiagent System	17
Stabilization	21	Model	17
Algorithm	20	Tracking Control	16
Artificial Neural Network	20	Stability	15
System	19	Feature Extraction	14
Synchronization	18	Stability Analysis	13

4.4.5　硬件领域重点研究机构

对硬件领域的论文发文机构进行分析，论文数排名前 30 位的机构名单如表 4 – 4 – 6 所示。排名前五位的机构分别是中国科学院、加利福尼亚大学系统、印度理工学院系统、清华大学和印度国家理工学院，论文数排名前 30 位的机构主要分布在中国（17 所）、美国（6 所）、印度（2 所）、法国（2 所），新加坡、伊朗和埃及各有 1 所。中国上榜的 17 所机构中，中国科学院、清华大学、西安电子科技大学、电子科技大学分别居第 1 位、第 4 位、第 8 位、第 9 位。

表 4 – 4 – 6　2017～2021 年硬件领域全球论文数排名前 30 位的机构

排名	机构名称	国家	论文数/篇	占全球论文百分比/%	CNCI 值	Q1 期刊中论文数/篇	JIF 期刊中论文数/篇	Q1 期刊中论文百分比/%
1	中国科学院	中国	1164	3.3	1.57	578	1154	50.1
2	加利福尼亚大学系统	美国	812	2.3	1.09	295	801	36.8
3	印度理工学院系统	印度	768	2.2	0.68	188	728	25.8
4	清华大学	中国	661	1.9	1.24	304	659	46.1
5	印度国家理工学院	印度	591	1.7	0.85	79	577	13.7
6	法国国家科学研究中心	法国	529	1.5	0.73	136	516	26.4
7	法国研究型大学联盟	法国	514	1.5	0.80	159	501	31.7

排名	机构名称	国家	论文数/篇	占全球论文百分比/%	CNCI 值	Q1 期刊中论文数/篇	JIF 期刊中论文数/篇	Q1 期刊中论文百分比/%
8	西安电子科技大学	中国	453	1.3	1.64	238	443	53.7
9	电子科技大学	中国	439	1.3	1.99	229	437	52.4
10	得克萨斯大学系统	美国	430	1.2	1.58	179	413	43.3
11	上海交通大学	中国	419	1.2	0.99	201	414	48.6
12	中国科学院大学	中国	413	1.2	1.25	171	411	41.6
13	华中科技大学	中国	411	1.2	1.68	215	403	53.4
14	佛罗里达州立大学系统	美国	405	1.2	1.12	156	398	39.2
15	阿扎德大学	伊朗	405	1.2	0.99	61	397	15.4
16	南洋理工大学	新加坡	376	1.1	1.69	181	357	50.7
17	东南大学	中国	331	0.9	1.98	175	330	53.0
18	宾夕法尼亚联邦高等教育系统	美国	331	0.9	1.09	132	331	39.9
19	乔治亚州大学系统	美国	314	0.9	1.55	139	308	45.1
20	香港城市大学	中国	307	0.9	1.67	208	306	68.0
21	北京航空航天大学	中国	304	0.9	1.41	186	303	61.4
22	浙江大学	中国	291	0.8	1.37	168	290	57.9
23	北京邮电大学	中国	286	0.8	1.45	191	281	68.0
24	中国科学技术大学	中国	278	0.8	1.25	150	277	54.2
25	美国国际商用机器公司	美国	275	0.8	0.95	45	241	18.7
26	埃及知识库	埃及	273	0.8	1.07	69	267	25.8
27	哈尔滨工业大学	中国	272	0.8	1.65	145	269	53.9
28	国防科技大学	中国	267	0.8	0.84	82	266	30.8
29	香港理工大学	中国	248	0.7	1.55	147	244	60.3
30	大连理工大学	中国	239	0.7	1.59	145	232	62.5

图 4-4-5 展示了全球硬件领域论文数排名前十位的机构的论文影响力情况。其中，论文影响力整体水平较高的有电子科技大学、西安电子科技大学、中国科学院和得克萨斯大学系统。论文 CNCI 值最高的是电子科技大学，为 1.99；Q1 期刊中论文百分比最高的是西安电子科技大学，为 53.7%。

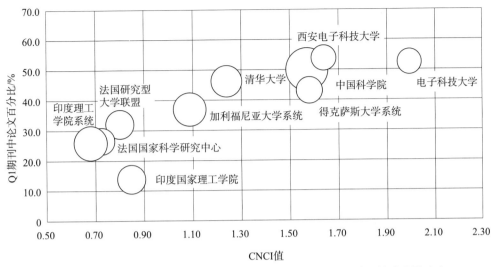

图 4 - 4 - 5　2017～2021 年全球硬件领域论文数排名前十位的机构论文影响力

注：图中圆圈大小表示论文数多少。

4.4.6　硬件领域重要研究人员

对 2017～2021 年我国硬件领域论文的通讯作者进行分析，论文数排名前 15 位的国内通讯作者如表 4 - 4 - 7 所示。

表 4 - 4 - 7　2017～2021 年我国硬件领域论文数排名前 15 位的通讯作者

排名	作者	所属机构	论文数/篇	被引频次	CNCI 值
1	聂飞平	西北工业大学	30	644	2.26
2	李春林	武汉理工大学	26	227	0.99
3	韩光洁	河海大学	23	331	1.49
4	王钧	香港城市大学	22	612	3.77
5	宋永端	重庆大学	20	620	2.89
6	何道敬	华东师范大学	19	171	0.75
7	林佑昇	暨南国际大学	17	17	0.08
8	张化光	东北大学	17	607	3.45
9	徐宏力	中国科学技术大学	16	171	0.85
10	张原豪	台湾"中央研究院"	16	62	0.42
11	万少华	中南财经政法大学	16	590	3.85
12	工兴伟	东北大学	15	357	1.26
13	曾璇	复旦大学	15	90	0.50
14	曾志刚	华中科技大学	15	488	2.62
15	冯丹	华中科技大学	14	115	0.84

4.5 信息系统领域

4.5.1 信息系统领域论文发文趋势

在信息系统领域，2017～2021 年我国论文数为 80136 篇，占该领域全球论文的 45.6%，接近该领域全球论文数的 1/2。

从年度发展趋势看，2017～2021 年该领域我国论文数呈现出由快速增长至逐步保持稳定的发展趋势，如图 4-5-1 所示。2017～2019 年，论文年增长率从 2017 年的 22.5% 上升至 2019 年的 78.3%，年均增幅在 20% 以上，增速较快。2020 年以后增速放缓，2020 年的年增长率降为 3.5%，2021 年略有回落。尽管如此，2021 年的论文数为 18831 篇，约为 2017 年 7511 篇论文的 2.5 倍。

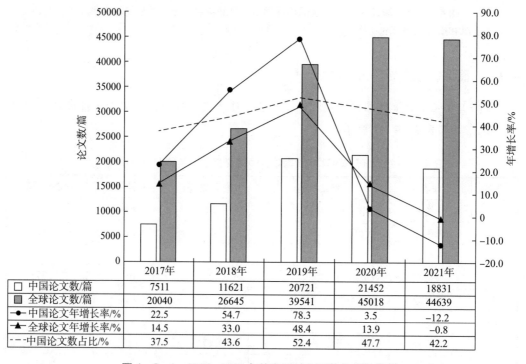

	2017年	2018年	2019年	2020年	2021年
□ 中国论文数/篇	7511	11621	20721	21452	18831
■ 全球论文数/篇	20040	26645	39541	45018	44639
● 中国论文年增长率/%	22.5	54.7	78.3	3.5	−12.2
▲ 全球论文年增长率/%	14.5	33.0	48.4	13.9	−0.8
-- 中国论文数占比/%	37.5	43.6	52.4	47.7	42.2

图 4-5-1 2017～2021 年信息系统领域论文发文趋势

与该领域全球论文产出趋势相比，2017～2021 年，我国论文增长规律与全球发文规律基本一致，且我国发文量波动起伏大于全球水平，但整体增长速度超过全球增长速度。2017～2019 年，我国的论文数年增长率约为全球水平的 1.6 倍，该领域我国论文数占全球百分比从 37.5% 提升至 52.4%，成为该领域全球论文发文量第一主体。2020～2021 年，我国和全球论文产出增长速度均大幅度放缓，2021 年我国论文数占全球百分比为 42.2%，较 2019 年下降 10.2%，但较 2017 年仍上升 4.7%。

4.5.2　信息系统领域论文出版物分布

对信息系统领域论文的来源出版物进行分析，2017～2021 年我国在该领域的 Q1 期刊中论文百分比为 43.6%，超过该领域全球水平的 38.4%。图 4－5－2 展示了 2017～2021 年我国在该领域 Q1～Q4 期刊中论文百分比分布情况。Q1 期刊中论文百分比波动较大，呈现出先扬后抑、整体下滑的走势。2017～2019 年，Q1 期刊中论文百分比快速增长，从 45.0% 增至 74.3%，达到峰值，随后在 2020 年出现较大幅度回落，跌至峰底，2021 年虽略有回升至 28.3%，较 2017 年仍下降 16.7%。与此相反，Q2 期刊中论文百分比呈现出先抑后扬趋势，体现我国在该领域的论文来源出版物结构比例不稳定，有劣化迹象。

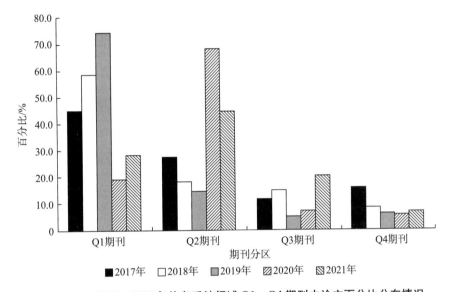

图 4－5－2　2017～2021 年信息系统领域 Q1～Q4 期刊中论文百分比分布情况

从 2017～2021 年我国在该领域 Q1～Q4 期刊中论文百分比对标全球水平来看，如图 4－5－3 所示，我国 Q1 和 Q2 期刊中论文百分比的发展规律与全球基本一致。2017～2019 年我国 Q1 期刊中论文百分比持续上升且优于全球水平，2020 年我国与全球的 Q1 和 Q2 期刊中论文百分比分别出现大跌和大涨的情况，我国 Q1 期刊中论文百分比低于全球水平，Q2 期刊中论文百分比高于全球水平，但 Q1 和 Q2 期刊中论文百分比合计总量变化不大。2021 年，我国 Q1 期刊中论文百分比稍有回升并超过全球水平。整体来说，该领域呈现出论文数增多，但论文影响力下降的走势，说明论文质量有待提高。

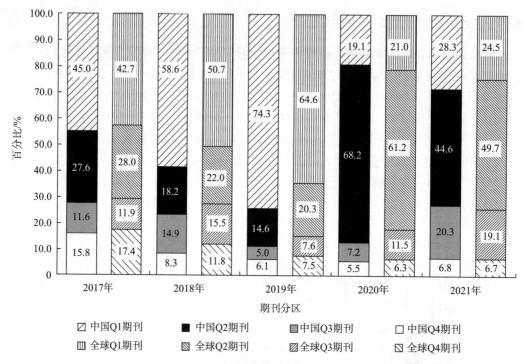

图 4 – 5 – 3 2017～2021 年我国和全球信息系统领域 Q1～Q4 期刊中论文百分比对比情况

表 4 – 5 – 1 列出了 2017～2021 年我国在信息系统领域论文数排名前十位的期刊及其分区情况。排名前十位的期刊论文总量为 49926 篇，占该领域全国论文百分比的 62.3%。其中，Q1 期刊有 3 种，共有 6412 篇论文，占该领域全国论文百分比的 8.0%；Q2 期刊 1 种，共有 32029 篇论文，占该领域全国论文百分比的 40.0%；Q3 期刊有 6 种，共有 11485 篇论文，占该领域全国论文百分比的 14.3%。论文数最多的期刊为 *IEEE Access*，共有 32029 篇论文，占该领域全国论文数百分比的 40.0%，属于 Q2 期刊；影响因子（2021 年）和论文 CNCI 值最高的期刊是 *IEEE Internet of Things Journal*，影响因子（2021 年）为 10.2，论文 CNCI 值为 2.83。

表 4 – 5 – 1 2017～2021 年我国信息系统领域论文数排名前十位的期刊及其分区情况

排名	期刊名称	论文数/篇	占全国论文百分比/%	影响因子（2021 年）	CNCI 值	期刊分区（2021 年排名）
1	*IEEE Access*	32029	40.0	3.5	0.82	Q2（79/164）
2	*Multimedia Tools and Applications*	3499	4.4	2.6	0.70	Q3（107/164）
3	*Information Sciences*	2996	3.7	8.2	2.39	Q1（16/164）
4	*IEEE Internet of Things Journal*	2396	3.0	10.2	2.83	Q1（9/164）

排名	期刊名称	论文数/篇	占全国论文百分比/%	影响因子(2021年)	CNCI值	期刊分区(2021年排名)
5	*Electronics*	2300	2.9	2.7	0.53	Q3（100/164）
6	*Wireless Communications & Mobile Computing*	1806	2.3	2.1	0.36	Q3（120/164）
7	*ISPRS International Journal of Geo-Information*	1376	1.7	3.1	0.72	Q3（88/164）
8	*Security and Communication Networks*	1299	1.6	2.0	0.42	Q3（122/164）
9	*Cluster Computing - the Journal of Networks Software Tools and Applications*	1205	1.5	2.3	0.54	Q3（115/164）
10	*IEEE Transactions on Multimedia*	1020	1.3	8.2	2.37	Q1（17/164）

注：2021年信息系统领域 SCI 期刊共有 164 种。

4.5.3　信息系统领域合作论文情况

对 2017～2021 年信息系统领域论文的合作情况进行分析，国内合作论文共有 29629 篇，占该领域全国论文数的 37.0%；国际合作论文共有 24736 篇，占该领域全国论文数的 30.9%；横向合作论文共有 2851 篇，占该领域全国论文数的 3.6%。

进一步分析我国在该领域的国际合作论文，论文数排名前十位的国内机构分别是中国科学院、电子科技大学、西安电子科技大学、北京邮电大学、清华大学、东南大学、华中科技大学、浙江大学、上海交通大学和武汉大学，如表 4-5-2 所示。排名前十位的机构的论文 CNCI 值均在 1.50 及以上，论文影响力整体水平较高，其中电子科技大学国际合作论文 CNCI 值最高，为 2.40。

表 4-5-2　2017～2021 年我国信息系统领域国际合作论文数排名前十位的国内机构

排名	机构名称	国际合作论文数/篇	占全国国际合作论文百分比/%	CNCI值
1	中国科学院	1546	6.3	1.54
2	电子科技大学	921	3.7	2.40
3	西安电子科技大学	865	3.5	2.03
4	北京邮电大学	833	3.4	1.94

排名	机构名称	国际合作论文数/篇	占全国国际合作论文百分比/%	CNCI 值
5	清华大学	823	3.3	2.11
6	东南大学	674	2.7	1.76
7	华中科技大学	627	2.5	1.78
8	浙江大学	624	2.5	1.50
9	上海交通大学	612	2.5	1.68
10	武汉大学	581	2.4	1.60

在国际合作论文中，如表 4-5-3 所示，我国在该领域论文数排名前十位的国外机构分别是南洋理工大学、悉尼科技大学、得克萨斯大学系统、新加坡国立大学、加利福尼亚大学系统、宾夕法尼亚州联邦高等教育系统、佐治亚州大学系统、佛罗里达州立大学系统、纽约州立大学系统和迪肯大学（Deakin University），主要分布国家为美国、新加坡和澳大利亚，其中论文 CNCI 值大于 1.50 的机构共有 8 所，悉尼科技大学的论文 CNCI 值最高，为 2.01。

表 4-5-3 2017~2021 年我国信息系统领域国际合作论文数排名前十位的国外机构

排名	机构名称	国家	国际合作论文数/篇	占全国国际合作论文百分比/%	CNCI 值
1	南洋理工大学	新加坡	752	3.0	1.88
2	悉尼科技大学	澳大利亚	558	2.3	2.01
3	得克萨斯大学系统	美国	500	2.0	1.83
4	新加坡国立大学	新加坡	499	2.0	1.86
5	加利福尼亚大学系统	美国	467	1.9	1.31
6	宾夕法尼亚州联邦高等教育系统	美国	410	1.7	1.67
7	佐治亚州大学系统	美国	356	1.4	1.93
8	佛罗里达州立大学系统	美国	334	1.4	1.49
9	纽约州立大学系统	美国	328	1.3	1.87
10	迪肯大学	澳大利亚	291	1.2	1.93

进一步分析我国在该领域的横向合作论文，如表 4-5-4 所示，主要的合作企业有国家电网有限公司、华为技术有限公司、中国电子科技集团有限公司、中国南方电网有限责任公司、阿里巴巴集团控股有限公司、腾讯科技（深圳）有限公司、百度在

线网络技术（北京）有限公司、微软亚洲研究院、中国移动通信集团有限公司和中兴通讯股份有限公司。其中，论文 CNCI 值大于 1.50 的企业共有 2 个，华为技术有限公司的论文 CNCI 值最高，为 2.08。

表 4 - 5 - 4　2017～2021 年我国信息系统领域横向合作论文数排名前十位的国内企业

排名	企业名称	横向合作论文数/篇	机构论文数/篇	占机构横向合作论文百分比/%	占全国横向合作论文百分比/%	CNCI 值
1	国家电网有限公司	510	537	95.0	17.9	0.73
2	华为技术有限公司	508	551	92.2	17.8	2.08
3	中国电子科技集团有限公司	212	228	93.0	7.4	0.53
4	中国南方电网有限责任公司	185	213	86.9	6.5	0.73
5	阿里巴巴集团控股有限公司	178	193	92.2	6.2	0.95
6	腾讯科技（深圳）有限公司	126	127	99.2	4.4	0.88
7	百度在线网络技术（北京）有限公司	95	97	97.9	3.3	0.95
8	微软亚洲研究院	75	75	100	2.6	0.98
9	中国移动通信集团有限公司	74	87	85.1	2.6	1.54
10	中兴通讯股份有限公司	52	60	86.7	1.8	1.19

4.5.4　信息系统领域研究热点

选取 2017～2021 年在信息系统领域的 746 篇高被引论文（检索日期为 2022 年 11 月 10 日），对关键词（包含作者关键词和 WoS 中增加的关键词）进行数据预处理，并形成词云图，如图 4 - 5 - 4 所示。2017～2021 年该领域词频最高的关键词是 Internet of Things（物联网）。表 4 - 5 - 5 列出了该领域的（英文）高频关键词，研究热点主要集中在物联网、网络、深度学习、安全、系统、模型、区块链、优化、算法、云计算和边缘计算等方面。

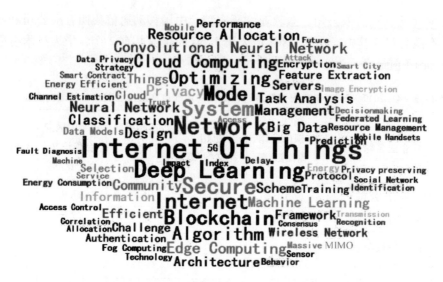

图 4-5-4　2017~2021 年信息系统领域高被引论文关键词词云图

表 4-5-5　2017~2021 年信息系统领域高被引论文高频关键词

关键词	词频/次	关键词	词频/次
Internet of Things	99	Privacy	40
Network	78	Convolutional Neural Network	39
Deep Learning	76	Management	37
Security	71	Design	36
System	68	Neural Network	36
Internet	68	Resource Allocation	36
Model	59	Community	34
Blockchain	59	Machine Learning	33
Optimizing	54	Scheme	33
Algorithm	53	Big Data	33
Cloud Computing	49	Classification	33
Edge Computing	41		

4.5.5　信息系统领域重点研究机构

对信息系统领域的论文发文机构进行分析，2017~2021 年论文数排名前 30 位的机构名单见表 4-5-6。排名前五位的机构分别是中国科学院、北京邮电大学、电子科技大学、西安电子科技大学和埃及知识库（Egyptian Knowledge Bank，EKB），论文数排名前 30 位的机构主要分布在中国（20 所）、美国（3 所）、印度（2 所）、法国（2 所），新加坡、埃及和沙特阿拉伯各有 1 所。中国上榜的 20 所机构中，中国科学院、北京邮电大学、电子科技大学、西安电子科技大学、清华大学、东南大学、武汉大学 7 所机构论文数均排名靠前，论文数优势明显。

表 4 – 5 – 6　2017 ~ 2021 年信息系统领域全球论文数排名前 30 位的机构

排名	机构名称	国家	论文数/篇	占全球论文百分比/%	CNCI 值	Q1 期刊中论文数/篇	JIF 期刊中论文数/篇	Q1 期刊中论文百分比/%
1	中国科学院	中国	5178	2.9	1.08	2079	5092	40.8
2	北京邮电大学	中国	2569	1.5	1.18	1283	2549	50.3
3	电子科技大学	中国	2489	1.4	1.57	1266	2482	51.0
4	西安电子科技大学	中国	2400	1.4	1.31	1271	2387	53.2
5	埃及知识库	埃及	2188	1.2	1.44	457	2127	21.5
6	清华大学	中国	2073	1.2	1.39	978	2042	47.9
7	东南大学	中国	2060	1.2	1.15	1003	2052	48.9
8	印度理工学院系统	印度	1912	1.1	1.01	579	1806	32.1
9	加利福尼亚大学系统	美国	1876	1.1	1.13	709	1761	40.3
10	武汉大学	中国	1870	1.1	1.19	751	1855	40.5
11	中国科学院大学	中国	1838	1.0	0.83	680	1817	37.4
12	哈尔滨工业大学	中国	1767	1.0	1.12	857	1749	49.0
13	北京航空航天大学	中国	1749	1.0	1.19	840	1729	48.6
14	浙江大学	中国	1728	1.0	1.07	736	1704	43.2
15	印度国家理工学院	印度	1718	1.0	1.29	399	1660	24.0
16	国防科技大学	中国	1694	1.0	0.85	745	1670	44.6
17	上海交通大学	中国	1627	0.9	1.14	839	1610	52.1
18	法国国家科学研究中心	法国	1552	0.9	1.01	449	1478	30.4
19	华中科技大学	中国	1439	0.8	1.34	753	1413	53.3
20	法国研究型大学联盟	法国	1402	0.8	1.08	465	1322	35.2
21	北京理工大学	中国	1360	0.8	1.17	666	1349	49.4

排名	机构名称	国家	论文数/篇	占全球论文百分比/%	CNCI值	Q1期刊中论文数/篇	JIF期刊中论文数/篇	Q1期刊中论文百分比/%
22	得克萨斯大学系统	美国	1356	0.8	1.50	695	1275	54.5
23	北京交通大学	中国	1324	0.8	0.97	528	1316	40.1
24	南京邮电大学	中国	1277	0.7	1.22	610	1253	48.7
25	南洋理工大学	新加坡	1274	0.7	1.71	682	1232	55.4
26	西北工业大学	中国	1263	0.7	1.00	608	1261	48.2
27	沙特国王大学	沙特阿拉伯	1257	0.7	1.76	482	1254	38.4
28	佛罗里达州立大学系统	美国	1234	0.7	1.34	600	1180	50.8
29	天津大学	中国	1207	0.7	1.15	597	1200	49.8
30	华南理工大学	中国	1187	0.7	1.22	612	1181	51.8

图4-5-5展示了该领域论文数前十位的机构的论文影响力情况。其中，电子科技大学的论文影响力整体水平较高，论文CNCI值最高的是电子科技大学，为1.57，Q1期刊中论文百分比最高的是西安电子科技大学，为51.0%。

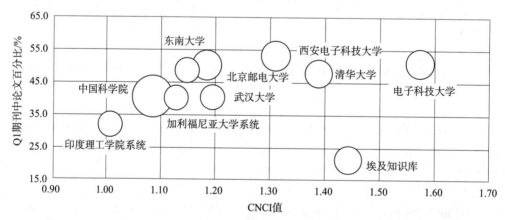

图4-5-5 2017~2021年全球信息系统领域论文数排名前十位的机构论文影响力

注：图中圆圈大小表示论文数多少。

4.5.6　信息系统领域重要研究人员

对 2017～2021 年我国信息系统领域论文的通讯作者进行分析，论文数排名前 15 位的国内通讯作者如表 4 - 5 - 7 所示。

表 4 - 5 - 7　2017～2021 年我国信息系统领域论文数排名前 15 位的通讯作者

排名	作者	所属机构	论文数/篇	被引频次	CNCI 值
1	桂冠	南京邮电大学	71	1532	2.66
2	张真诚	逢甲大学	68	413	0.66
3	徐泽水	四川大学	68	1771	2.46
4	韩光洁	河海大学	59	943	1.56
5	陈锡明	台湾科技大学	53	1312	2.94
6	李勇	清华大学	45	397	1.22
7	刘培德	山东财经大学	43	1058	2.68
8	何德彪	武汉大学	41	1126	2.98
9	李志武	澳门科技大学	38	536	1.11
10	王兴元	大连海事大学	38	1361	6.18
11	祝烈煌	北京理工大学	37	934	2.88
12	刘安丰	中南大学	37	1133	2.68
13	王进	长沙理工大学	36	1393	4.08
14	王兴伟	东北大学	35	489	1.08
15	邓勇	电子科技大学	34	1519	4.75

4.6　软件工程领域

4.6.1　软件工程领域论文发文趋势

在软件工程领域，2017～2021 年我国论文数为 19029 篇，占该领域全球论文的 33.8%，超过该领域全球论文数的 1/3。

从年度发展趋势上看，2017～2021 年该领域我国论文数呈稳步上升趋势，如图 4 - 6 - 1 所示。该领域我国论文年增长率从 2017 年的 0.5% 稳步提升，经历 2020 年的增长放缓后，在 2021 年恢复并提高至五年来的最高点，年增长率为 20.9%。2021 年的论文数为 5026 篇，约为 2017 年 2808 篇的 1.8 倍。可以看出，我国在该领域的基础研究正处于稳步发展阶段。

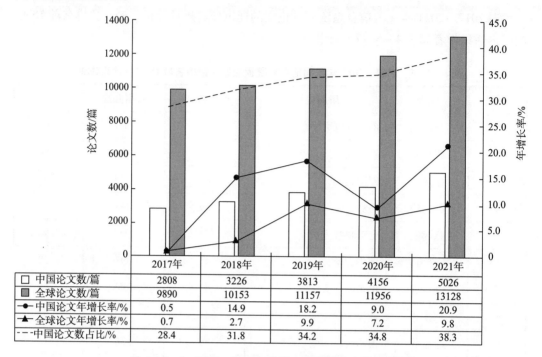

	2017年	2018年	2019年	2020年	2021年
中国论文数/篇	2808	3226	3813	4156	5026
全球论文数/篇	9890	10153	11157	11956	13128
中国论文年增长率/%	0.5	14.9	18.2	9.0	20.9
全球论文年增长率/%	0.7	2.7	9.9	7.2	9.8
中国论文数占比/%	28.4	31.8	34.2	34.8	38.3

图 4 - 6 - 1   2017 ~ 2021 年软件工程领域论文发文趋势

与该领域全球论文数相比，2017 ~ 2021 年我国发文增长规律与全球基本一致，其中有 4 年的论文年增长率超过全球论文年增长率，且有 2 年增幅在 10.0% 以上。该领域的全国论文数占全球百分比从 2017 年的 28.4% 提升至 2021 年的 38.3%，提升近 10.0%。

4.6.2   软件工程领域论文出版物分布

对软件工程领域论文的来源出版物进行分析，2017 ~ 2021 年我国在该领域的 Q1 期刊中论文百分比为 28.5%，落后该领域全球水平的 29.5%，Q2 和 Q3 期刊中论文百分比均高于全球水平。图 4 - 6 - 2 展示了 2017 ~ 2021 年我国在该领域 Q1 ~ Q4 期刊中论文百分比分布情况。2017 ~ 2020 年 Q1 期刊中论文百分比稳定在 25.0% 左右，2021 年提升至 37.4%，较 2017 年上升 11.7%。2021 年，Q3 期刊中论文百分比也有明显提升，而 Q2 期刊中论文百分比大幅度下滑。

从 2017 ~ 2021 年我国在该领域 Q1 ~ Q4 期刊中论文百分比对标全球水平来看，如图 4 - 6 - 3 所示，我国 Q1 期刊中论文百分比均低于全球水平，但差距逐年缩小，且在 2021 年实现超越，领先全球水平 3.6%。说明该领域我国论文来源出版物结构明显优化，且优化速度高于全球水平，体现我国论文影响力在逐步提升。

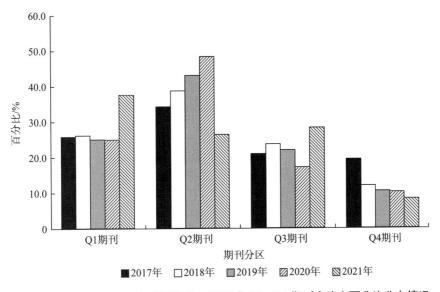

图 4－6－2　2017～2021 年我国软件工程领域 Q1～Q4 期刊中论文百分比分布情况

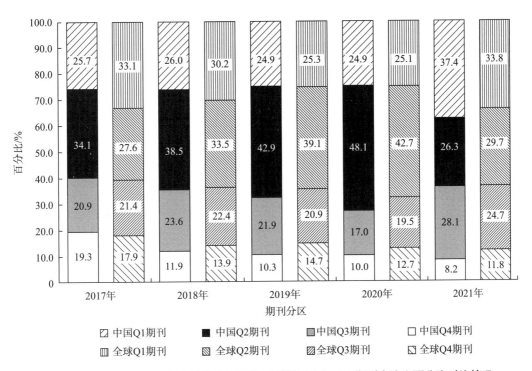

图 4－6－3　2017～2021 年全球和我国软件工程领域 Q1～Q4 期刊中论文百分比对比情况

　　表 4－6－1 列出了 2017～2021 年我国在该领域论文数排名前十位的期刊及其分区情况。排名前十位的期刊论文总量为 9820 篇，占该领域全国论文百分比的 51.6%。其中，Q1 期刊有 2 种，共有 1436 篇论文，占该领域全国论文百分比的 7.5%；Q2 期刊有 5 种，共有 5818 篇论文，占该领域全国论文百分比的 30.6%；Q3 期刊有 2 种，共有

1992 篇论文，占该领域全国论文百分比的 10.5%；Q4 期刊有 1 种，共有 574 篇论文，占该领域全国论文百分比的 3.0%。论文数最多的期刊为 *Multimedia Tools and Applications*，共有 3499 篇论文，占该领域全国论文数百分比的 18.4%，属于 Q2 期刊；影响因子（2021 年）和论文 CNCI 值最高的期刊是 *IEEE Transactions on Multimedia*，影响因子（2021 年）为 8.2，论文 CNCI 值为 2.37。

表 4 - 6 - 1   2017 ~ 2021 年我国软件工程领域论文数排名前十位的期刊及其分区情况

排名	期刊名称	论文数/篇	占全国论文百分比/%	影响因子（2021 年）	CNCI 值	期刊分区（2021 年排名）
1	*Multimedia Tools and Applications*	3499	18.4	2.6	0.70	Q2（48/110）
2	*IEEE Transactions on Multimedia*	1020	5.4	8.2	2.37	Q1（5/110）
3	*Concurrency and Computation - Practice & Experience*	1018	5.3	1.8	0.62	Q3（67/110）
4	*Scientific Programming*	974	5.1	1.7	0.35	Q3（78/110）
5	*Journal of Visual Communication and Image Representation*	816	4.3	2.9	0.77	Q2（38/110）
6	*IEICE Transactions on Information and Systems*	574	3.0	0.7	0.24	Q4（108/110）
7	*Frontiers of Information Technology & Electronic Engineering*	570	3.0	2.5	0.48	Q2（50/110）
8	*Visual Computer*	506	2.7	2.8	0.93	Q2（40/110）
9	*World Wide Web - Internet and Web Information Systems*	427	2.2	3.0	0.92	Q2（36/110）
10	*Journal of Network and Computer Applications*	416	2.2	7.6	1.66	Q1（8/110）

注：2021 年软件工程领域 SCI 期刊共有 110 种。

4.6.3 软件工程领域合作论文情况

对 2017 ~ 2021 年软件工程领域论文的合作情况进行分析，国内合作论文共有 6697 篇，占该领域全国论文数的 35.2%；国际合作论文共有 6455 篇，占该领域全国论文数的 33.9%；横向合作论文共有 733 篇，占该领域全国论文数的 3.9%。

进一步分析我国在该领域的国际合作论文，论文数排名前十位的国内机构分别是中国科学院、浙江大学、清华大学、北京航空航天大学、中国科学院大学、上海交通大学、电子科技大学、武汉大学、华中科技大学和南京大学，如表 4 - 6 - 2 所示。其中，论文 CNCI 值大于 1.50 的机构共有 5 所，电子科技大学的论文 CNCI 值最高，为 2.55。

表 4 - 6 - 2　2017 ~ 2021 年我国软件工程领域国际合作论文数排名前十位的国内机构

排名	机构名称	国际合作论文数/篇	占全国国际合作论文百分比/%	CNCI 值
1	中国科学院	598	9.3	1.56
2	浙江大学	335	5.2	1.38
3	清华大学	320	5.0	1.76
4	北京航空航天大学	242	3.8	1.40
5	中国科学院大学	196	3.0	1.11
6	上海交通大学	177	2.7	1.36
7	电子科技大学	169	2.6	2.55
8	武汉大学	168	2.6	2.11
9	华中科技大学	168	2.6	1.51
10	南京大学	165	2.6	1.49

我国在该领域的国际合作论文中，如表 4 - 6 - 3 所示，论文数排名前十位的国外机构分别是南洋理工大学、得克萨斯大学系统、纽约州立大学系统、悉尼科技大学、加利福尼亚大学系统、新加坡国立大学、宾夕法尼亚州联邦高等教育系统、新加坡管理大学、莫纳什大学（Monash University）和斯威本科技大学，主要分布国家为美国、新加坡和澳大利亚。其中，论文 CNCI 值大于 1.50 的机构共有 9 所，斯威本科技大学的论文 CNCI 值最高，为 2.87。

表 4 - 6 - 3　2017 ~ 2021 年我国软件工程领域国际合作论文数前十位的国外机构

排名	机构名称	国家	国际合作论文数/篇	占全国国际合作论文百分比/%	CNCI 值
1	南洋理工大学	新加坡	203	3.1	1.40
2	得克萨斯大学系统	美国	202	3.1	2.08
3	纽约州立大学系统	美国	186	2.9	1.79
4	悉尼科技大学	澳大利亚	173	2.7	2.10
5	加利福尼亚大学系统	美国	160	2.5	2.49
6	新加坡国立大学	新加坡	147	2.3	1.70
7	宾夕法尼亚州联邦高等教育系统	美国	137	2.1	1.51

排名	机构名称	国家	国际合作论文数/篇	占全国国际合作论文百分比/%	CNCI 值
8	新加坡管理大学	新加坡	117	1.8	2.85
9	莫纳什大学	澳大利亚	107	1.7	2.73
10	斯威本科技大学	澳大利亚	103	1.6	2.87

进一步分析我国在该领域的横向合作论文，如表 4 - 6 - 4 所示，主要的合作企业有华为技术有限公司、微软亚洲研究院、阿里巴巴集团控股有限公司、腾讯科技（深圳）有限公司、国家电网有限公司、百度在线网络技术（北京）有限公司、中国电子科技集团有限公司、联想控股股份有限公司、联想（北京）有限公司和中国南方电网有限责任公司。其中，论文 CNCI 值大于 1.50 的机构共有 3 家，微软亚洲研究院的论文 CNCI 值最高，为 1.80。

表 4 - 6 - 4　2017 ～ 2021 年我国软件工程领域横向合作论文数排名前十位的国内企业

排名	企业名称	横向合作论文数/篇	机构论文数/篇	占机构横向合作论文百分比/%	占全国横向合作论文百分比/%	CNCI 值
1	华为技术有限公司	115	121	95.0	15.7	1.09
2	微软亚洲研究院	95	95	100	13.0	1.80
3	阿里巴巴集团控股有限公司	87	91	95.6	11.9	0.81
4	腾讯科技（深圳）有限公司	62	62	100	8.5	0.84
5	国家电网有限公司	42	49	85.7	5.7	0.58
6	百度在线网络技术（北京）有限公司	33	33	100	4.5	1.13
7	中国电子科技集团有限公司	22	22	100	3.0	0.50
8	联想控股股份有限公司	13	13	100	1.8	1.57
9	联想（北京）有限公司	13	13	100	1.8	1.57
10	中国南方电网有限责任公司	8	10	80.0	1.1	0.75

4.6.4　软件工程领域研究热点

选取 2017 ～ 2021 年在软件工程领域的 149 篇高被引论文（检索日期为 2022 年 11 月 10 日），对关键词（包括作者关键词和 WoS 中增加的关键词）进行数据处理，并形成词云图,如图 4 – 6 – 4 所示。2017～2021 年该领域词频最高的关键词是 Cloud Computing(云计算)。表 4 – 6 – 5 列出了该领域的高频关键词,研究热点主要集中在云计算、网络、深度学习、卷积神经网络、物联网、安全、服务器、系统、高效率和区块链等。

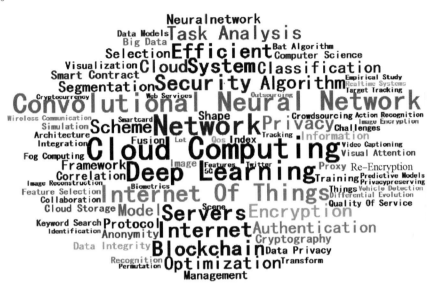

图 4 – 6 – 4　2017～2021 年软件工程领域高被引论文关键词词云图

表 4 – 6 – 5　2017～2021 年软件工程领域高被引论文高频关键词

关键词	词频/次	关键词	词频/次
Cloud Computing	18	Blockchain	11
Network	16	Privacy	10
Deep Learning	15	Encryption	10
Convolutional Neural Network	15	Task Analysis	10
Internet of Things	13	Scheme	10
Security	12	Algorithm	10
Servers	12	Cloud	9
Internet	12	Optimization	9
System	11	Feature Extraction	9
Efficient	11	Model	8

4.6.5　软件工程领域重点研究机构

对软件工程领域的论文发文机构进行分析,论文数排名前 30 位的机构名单见表 4 – 6 – 6。排名前五位的机构分别是中国科学院、法国国家科学研究中心、法国研究型大学联盟、加利福尼亚大学系统和浙江大学，论文数排名前 30 位的机构主要分布在中国（16 所）、美国（6 所）、法国（3 所）、印度（2 所），新加坡、英国和埃及各有 1 所。中国上榜的 16 所机构中，中国科学院、浙江大学、清华大学、中国科学院大学、北京航空航天大学分别居第 1 位、第 5 位、第 7 位、第 9 位、第 10 位。

表 4 - 6 - 6　软件工程领域全球论文数排名前 30 位的机构

排名	机构名称	国家	论文数/篇	占全球论文百分比/%	CNCI 值	Q1 期刊中论文数/篇	JIF 期刊中论文数/篇	Q1 期刊中论文百分比/%
1	中国科学院	中国	1772	3.1	1.16	642	1761	36.5
2	法国国家科学研究中心	法国	1366	2.4	0.75	345	1327	26.0
3	法国研究型大学联盟	法国	1171	2.1	0.75	326	1144	28.5
4	加利福尼亚大学系统	美国	983	1.7	1.47	463	952	48.6
5	浙江大学	中国	789	1.4	1.07	301	779	38.6
6	印度理工学院系统	印度	769	1.4	0.98	203	731	27.8
7	清华大学	中国	719	1.3	1.49	278	707	39.3
8	印度国家理工学院	印度	693	1.2	1.14	95	671	14.2
9	中国科学院大学	中国	615	1.1	0.84	225	613	36.7
10	北京航空航天大学	中国	566	1.0	1.02	238	560	42.5
11	法国国家信息与自动化研究所	法国	522	0.9	0.98	187	514	36.4
12	上海交通大学	中国	509	0.9	0.91	194	508	38.2
13	得克萨斯大学系统	美国	485	0.9	1.57	202	464	43.5
14	武汉大学	中国	463	0.8	1.56	129	461	28.0
15	国防科技大学	中国	444	0.8	1.03	92	443	20.8
16	中国科学技术大学	中国	440	0.8	1.19	201	436	46.1
17	佛罗里达州立大学	美国	423	0.8	1.06	174	409	42.5
18	电子科技大学	中国	411	0.7	1.70	180	411	43.8
19	伦敦大学	英国	410	0.7	1.23	170	394	43.2

排名	机构名称	国家	论文数/篇	占全球论文百分比/%	CNCI 值	Q1 期刊中论文数/篇	JIF 期刊中论文数/篇	Q1 期刊中论文百分比/%
20	华中科技大学	中国	403	0.7	1.04	138	399	34.6
21	埃及知识库	埃及	402	0.7	1.35	72	384	18.8
22	佐治亚大学系统	美国	399	0.7	1.64	195	394	49.5
23	北京大学	中国	392	0.7	1.36	201	390	51.5
24	南京大学	中国	391	0.7	1.13	142	391	36.3
25	西安电子科技大学	中国	390	0.7	1.21	139	390	35.6
26	微软公司	美国	376	0.7	1.44	227	374	60.7
27	卡内基梅隆大学	美国	373	0.7	1.61	186	358	52.0
28	南洋理工大学	新加坡	369	0.7	1.16	191	361	52.9
29	山东大学	中国	369	0.7	1.05	137	366	37.4
30	天津大学	中国	361	0.6	1.06	136	360	37.8

图 4-6-5 展示了该领域论文数排名前十位的机构的论文影响力情况。可以看出，清华大学和加利福尼亚大学系统的论文影响力整体水平相对较高。论文 CNCI 值最高的是清华大学，为 1.49；Q1 期刊中论文百分比最高的是加利福尼亚大学系统，为 48.6%。

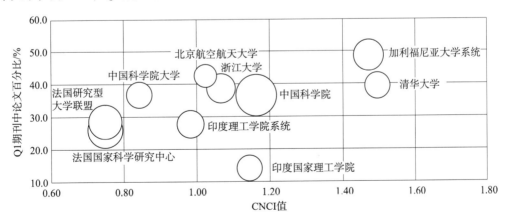

图 4-6-5 2017~2021 年全球软件工程领域论文数排名前十位的机构论文影响力

注：图中圆圈大小表示论文数多少。

4.6.6 软件工程领域重要研究人员

对 2017～2021 年我国软件工程领域论文的通讯作者进行分析，论文数排名前 15 位的通讯作者如表 4-6-7 所示。

表 4-6-7 2017～2021 年我国软件工程领域论文数排名前 15 位的通讯作者

排名	作者	所属机构	论文数/篇	被引频次	CNCI 值
1	黄惠	深圳大学	32	317	1.10
2	张真诚	逢甲大学	30	228	0.82
3	傅孝明	中国科学技术大学	27	243	1.21
4	金小刚	浙江大学	22	76	0.56
5	肖春霞	武汉大学	21	107	0.68
6	卢伟	中山大学	21	188	1.08
7	盛斌	上海交通大学	20	54	0.47
8	刘世光	天津大学	20	99	0.63
9	陈为	浙江大学	19	324	2.04
10	刘志	上海大学	19	222	1.14
11	潘志斌	西安交通大学	19	54	0.29
12	何发智	武汉大学	18	963	6.83
13	荆晓远	武汉大学	18	425	2.47
14	杨杰	上海交通大学	18	209	1.25
15	汪云海	山东大学	18	135	0.88

4.7 人工智能领域

4.7.1 人工智能领域发文趋势

在人工智能领域，2017～2021 年我国论文数为 47869 篇，占该领域全球论文的 42.0%，超该领域全球论文的 2/5。

从年度发展趋势上看，2017～2021 年该领域我国论文数呈稳定大幅增长趋势，如图 4-7-1 所示。自 2018 年起，我国论文年增长率均在 19.0% 以上，2020 年和 2021 年的年增长率维持在 34.5% 左右。2021 年我国论文数为 15315 篇，约为 2017 年 5628 篇的 2.7 倍，可以看出，我国在该领域的基础研究处于稳定快速发展期。

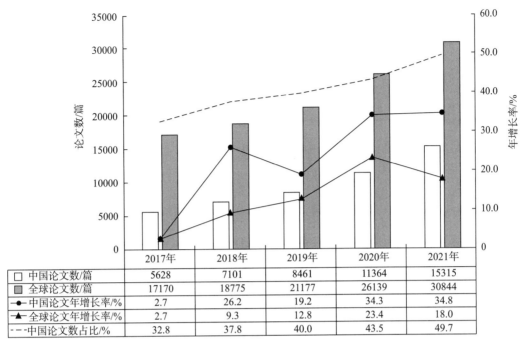

	2017年	2018年	2019年	2020年	2021年
中国论文数/篇	5628	7101	8461	11364	15315
全球论文数/篇	17170	18775	21177	26139	30844
中国论文年增长率/%	2.7	26.2	19.2	34.3	34.8
全球论文年增长率/%	2.7	9.3	12.8	23.4	18.0
中国论文数占比/%	32.8	37.8	40.0	43.5	49.7

图 4-7-1　2017～2021 年人工智能领域论文发文趋势

与该领域全球论文产出相比，我国论文数在 2018～2021 年的年增长率均超过当年全球发文增长情况。该领域我国论文数占全球百分比从 2017 年 32.8% 提高至 2021 年 49.7%，累计提升近 17%，成为世界范围内该领域最主要的发文国家。

4.7.2　人工智能领域论文出版物分布

对人工智能领域论文的来源出版物进行分析，2017～2021 年我国在该领域的 Q1 期刊中论文百分比为 56.9%，超过该领域全球水平的 48.6%。图 4-7-2 展示了 2017～2021 年我国在该领域 Q1～Q4 期刊中论文百分比分布情况。Q1 期刊中论文百分比整体呈下降趋势，2021 年 Q1 期刊中论文百分比为 51.6%，较 2017 年下降 8.4%；2021 年 Q2 期刊中论文百分比区别于 2017～2020 年的稳定比例，明显提升至 30.8%，较 2017 年上升 10.6%。Q1 和 Q2 期刊中论文百分比比值由 2017 年的 3∶1 降至 5∶3，论文影响力整体水平有所下降。

从 2017～2021 年我国在该领域 Q1～Q4 期刊中论文百分比对标全球水平来看，如图 4-7-3 所示，我国 Q1 期刊中论文百分比均高于当年全球水平，而 Q2 期刊中论文百分比几乎与全球相当。可以看出，说明我国在该领域的论文来源出版物结构比例优于全球水平，但由于我国 Q1 期刊中论文百分比呈整体下降的趋势，这种结构优势正逐渐缩小。

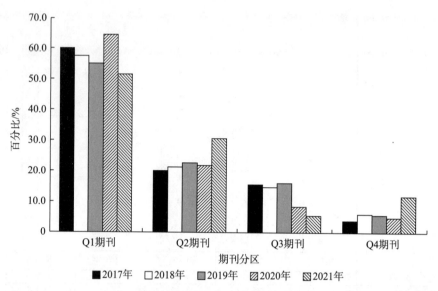

图 4-7-2 2017~2021 年我国人工智能领域 Q1~Q4 期刊中论文百分比分布情况

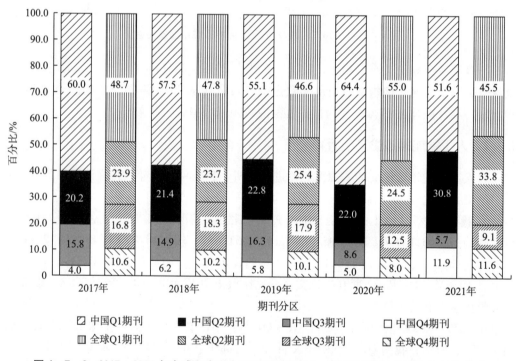

图 4-7-3 2017~2021 年全球和我国人工智能领域 Q1~Q4 期刊中论文百分比对比情况

表 4-7-1 列出了 2017~2021 年我国在人工智能领域论文数排名前十位的期刊及其分区情况。排名前十位的期刊的论文总量为 23480 篇，占该领域全国论文百分比的 49.1%，接近 1/2。其中，Q1 期刊有 6 种，共有 11381 篇论文，占该领域全国论文百分比的 23.8%；Q2 期刊有 3 种，共有 8727 篇论文，占该领域全国论文百分比的

18.2%；Q4 期刊有 1 种，共有 3372 篇论文，占该领域全国论文百分比的 7.0%。论文数量最多的期刊为 *Neurocomputing*，共有 5260 篇论文，占该领域全国论文数百分比的 11.0%，属于 Q2 期刊；影响因子（2021 年）最高的期刊是 *IEEE Transactions on Cybernetics*，影响因子（2021 年）为 19.1，论文 CNCI 值最高的期刊是 *IEEE Transactions on Neural Networks and Learning Systems*，为 2.91。

表 4 - 7 - 1　2017 ~ 2021 年我国人工智能领域论文数排名前十位的期刊及其分区情况

排名	期刊名称	论文数/篇	占全国论文百分比/%	影响因子（2021 年）	CNCI 值	期刊分区（2021 年排名）
1	*Neurocomputing*	5260	11.0	5.8	1.07	Q2（39/145）
2	*Journal of Intelligent & Fuzzy Systems*	3372	7.0	1.7	0.31	Q4（113/145）
3	*IEEE Transactions on Cybernetics*	2287	4.8	19.1	2.68	Q1（3/145）
4	*IEEE Transactions on Neural Networks and Learning Systems*	2185	4.6	14.3	2.91	Q1（6/145）
5	*Knowledge - Based Systems*	1901	4.0	8.1	1.55	Q1（24/145）
6	*IEEE Transactions on Image Processing*	1897	4.0	11.0	2.43	Q1（12/145）
7	*Neural Computing & Applications*	1744	3.6	5.1	0.86	Q2（45/145）
8	*Soft Computing*	1723	3.6	3.7	0.76	Q2（65/145）
9	*Applied Soft Computing*	1699	3.5	8.3	1.61	Q1（23/145）
10	*Pattern Recognition*	1412	2.9	8.5	1.79	Q1（22/145）

注：2021 年人工智能领域 SCI 期刊共有 145 种。

4.7.3　人工智能领域合作论文情况

对 2017 ~ 2021 年人工智能领域论文的合作情况进行分析，国内合作论文共有 17453 篇，占该领域全国论文数的 36.5%；国际合作论文共有 15340 篇，占该领域全国论文数的 32.1%；横向合作论文共有 1362 篇，占该领域全国论文数的 2.9%。

进一步分析我国在该领域的国际合作论文，论文数排名前十位的国内机构分别是中国科学院、电子科技大学、清华大学、哈尔滨工业大学、东南大学、西安电子科技大学、西北工业大学、华中科技大学、上海交通大学和北京航空航天大学，如表 4 - 7 - 2 所示。排名前十位的机构的论文 CNCI 值均在 1.80 及以上，论文影响力整体水平较高，其中，华中科技大学国际合作论文 CNCI 值最高，为 2.76。

表4-7-2 2017~2021年我国人工智能领域国际合作论文数排名前十位的国内机构

排名	机构名称	国际合作论文数/篇	占全国国际合作论文百分比/%	CNCI值
1	中国科学院	1169	7.6	2.63
2	电子科技大学	513	3.3	2.70
3	清华大学	487	3.2	1.86
4	哈尔滨工业大学	443	2.9	2.56
5	东南大学	442	2.9	2.23
6	西安电子科技大学	420	2.7	1.98
7	西北工业大学	415	2.7	2.04
8	华中科技大学	394	2.6	2.76
9	上海交通大学	387	2.5	1.80
10	北京航空航天大学	384	2.5	1.83

我国在该领域的国际合作论文中，如表4-7-3所示，论文数排名前十位的国外机构分别是南洋理工大学、悉尼科技大学、阿卜杜勒·阿齐兹国王大学、新加坡国立大学、加利福尼亚大学系统、阿尔伯塔大学、悉尼大学、得克萨斯大学系统、伦敦大学和佛罗里达州立大学系统，主要分布国家为美国、新加坡、澳大利亚、沙特阿拉伯、加拿大和英国。排名前十位的国外机构的论文CNCI值均在1.60以上，论文影响力整体水平较高，其中悉尼大学的论文CNCI值最高，为3.20。

表4-7-3 2017~2021年我国人工智能领域国际合作论文数排名前十位的国外机构

排名	机构名称	国家	国际合作论文数/篇	占全国国际合作论文百分比/%	CNCI值
1	南洋理工大学	新加坡	608	4.0	2.21
2	悉尼科技大学	澳大利亚	514	3.4	2.22
3	阿卜杜勒·阿齐兹国王大学	沙特阿拉伯	429	2.8	3.06
4	新加坡国立大学	新加坡	418	2.7	3.15
5	加利福尼亚大学系统	美国	347	2.3	2.67
6	阿尔伯塔大学	加拿大	302	2.0	1.60
7	悉尼大学	澳大利亚	301	2.0	3.20
8	得克萨斯大学系统	美国	254	1.7	2.02
9	伦敦大学	英国	211	1.4	2.70
10	佛罗里达州立大学系统	美国	211	1.4	1.78

进一步分析我国在该领域的横向合作论文，如表 4 – 7 – 4 所示，主要的合作企业有腾讯科技（深圳）有限公司、华为技术有限公司、阿里巴巴集团控股有限公司、百度在线网络技术（北京）有限公司、微软亚洲研究院、国家电网有限公司、中国电子科技集团有限公司、联想控股股份有限公司、联想（北京）有限公司和中国南方电网有限责任公司。其中，论文 CNCI 值大于 1.50 的机构共有 5 所，微软亚洲研究院的论文 CNCI 值最高，为 2.69。

表 4 – 7 – 4　2017 ~ 2021 年我国人工智能领域横向合作论文数排名前十位的国内企业

排名	企业名称	横向合作论文数/篇	机构论文数/篇	占机构横向合作论文百分比/%	占全国横向合作论文百分比/%	CNCI 值
1	腾讯科技（深圳）有限公司	241	242	99.6	17.7	1.66
2	华为技术有限公司	174	184	94.6	12.8	1.07
3	阿里巴巴集团控股有限公司	155	158	98.1	11.4	1.91
4	百度在线网络技术（北京）有限公司	110	122	90.1	8.1	1.11
5	微软亚洲研究院	96	96	100	7.1	2.69
6	国家电网有限公司	74	77	96.1	5.4	0.86
7	中国电子科技集团有限公司	40	42	95.2	2.9	0.63
8	联想控股股份有限公司	23	23	100	1.7	1.51
9	联想（北京）有限公司	23	23	100	1.7	1.51
10	中国南方电网有限责任公司	18	24	75.0	1.3	0.45

4.7.4　人工智能领域研究热点

选取 2017 ~ 2021 年在人工智能领域的 1163 篇高被引论文（检索日期为 2022 年 11 月 10 日），对关键词（包括作者关键词和 WoS 增加的关键词）进行数据预处理，并形成词云图，如图 4 – 7 – 4 所示。2017 ~ 2021 年该领域词频最高的关键词是 Neural Network（神经网络）。表 4 – 7 – 5 列出了该领域的（英文）高频关键词，研究热点主要集中在神经网络、模型、设计、算法、深度学习、卷积神经网络、稳定化、非线性系统、分类、追踪控制等。

图 4-7-4　2017~2021 年人工智能领域高被引论文关键词词云图

表 4-7-5　2017~2021 年人工智能领域高被引论文高频关键词

关键词	词频/次	关键词	词频/次
Neural Network	138	Network	84
Model	135	System	76
Design	133	Optimality	75
Algorithm	130	Stability	69
Deep Learning	123	Multi-agent System	69
Convolution Neural Network	112	Feature Extraction	61
Stabilization	108	Task Analysis	56
Nonlinear System	105	Synchronization	53
Classification	94	Stability Analysis	52
Tracking Control	88	Framework	51

4.7.5　人工智能领域重点研究机构

对 2017~2021 年人工智能领域的论文发文机构进行分析，论文数排名前 30 位的机构名单见表 4-7-6。排名前五位的机构分别是中国科学院、法国国家科学研究中心、印度国家理工学院、印度理工学院系统和法国研究型大学联盟，排名前 30 位的机构主要分布在中国（20 所）、法国（2 所）、印度（2 所），新加坡、埃及、伊朗、美国、澳大利亚和沙特阿拉伯各有 1 所。中国上榜的 20 所机构中，中国科学院、中国科学院大学、西安电子科技大学、哈尔滨工业大学、电子科技大学分别居第 1 位、第 6 位、第 7 位、第 8 位、第 9 位。

表 4－7－6　2017～2021 年人工智能领域全球论文数排名前 30 位的机构

排名	机构名称	国家	论文数/篇	占全球论文百分比/%	CNCI 值	Q1 期刊中论文数/篇	JIF 期刊中论文数/篇	Q1 期刊中论文百分比/%
1	中国科学院	中国	3542	3.1	1.79	2397	3440	69.7
2	法国国家科学研究中心	法国	1677	1.5	0.87	579	1590	36.4
3	印度国家理工学院	印度	1595	1.4	0.97	566	1485	38.1
4	印度理工学院系统	印度	1533	1.3	0.97	631	1427	44.2
5	法国研究型大学联盟	法国	1435	1.3	1.16	539	1357	39.7
6	中国科学院大学	中国	1380	1.2	1.63	960	1365	70.3
7	西安电子科技大学	中国	1309	1.1	1.46	859	1289	66.6
8	哈尔滨工业大学	中国	1279	1.1	2.05	821	1260	65.2
9	电子科技大学	中国	1245	1.1	2.06	849	1208	70.3
10	埃及知识库	埃及	1206	1.1	1.56	422	1069	39.5
11	清华大学	中国	1201	1.1	1.63	815	1167	69.8
12	阿扎德大学	伊朗	1146	1.0	1.13	382	1093	34.9
13	西北工业大学	中国	1134	1.0	1.77	760	1119	67.9
14	南洋理工大学	新加坡	1123	1.0	2.15	816	1067	76.5
15	加利福尼亚大学系统	美国	1118	1.0	2.00	561	1006	55.8
16	华中科技大学	中国	1089	1.0	2.16	808	1067	75.7
17	东北大学	中国	1028	0.9	1.62	712	1015	70.1
18	北京航空航天大学	中国	1014	0.9	1.73	695	988	70.3
19	东南大学	中国	1006	0.9	1.89	655	980	66.8
20	华南理工大学	中国	994	0.9	1.83	661	987	67.0
21	四川大学	中国	982	0.9	1.63	574	946	60.7
22	浙江大学	中国	971	0.9	1.25	596	945	63.1
23	上海交通大学	中国	969	0.8	1.36	642	938	68.4
24	中国科学院自动化研究所	中国	921	0.8	2.02	676	876	77.2
25	西安交通大学	中国	909	0.8	1.48	601	897	67.0
26	香港城市大学	中国	871	0.8	2.09	713	851	83.8

续表

排名	机构名称	国家	论文数/篇	占全球论文百分比/%	CNCI 值	Q1 期刊中论文数/篇	JIF 期刊中论文数/篇	Q1 期刊中论文百分比/%
27	天津大学	中国	852	0.7	1.80	566	826	68.5
28	中山大学	中国	849	0.7	1.51	574	835	68.7
29	悉尼科技大学	澳大利亚	846	0.7	2.62	578	824	70.1
30	阿卜杜勒·阿齐兹国王大学	沙特阿拉伯	833	0.7	2.19	509	812	62.7

图 4-7-5 展示了 2017~2021 年该领域论文数排名前十位的机构的论文影响力情况。其中，论文影响力整体水平较高的有电子科技大学、哈尔滨工业大学、中国科学院和中国科学院大学。其中，论文 CNCI 值最高的是电子科技大学，为 2.06；Q1 期刊中论文百分比最高的是中国科学院大学，为 70.3%。

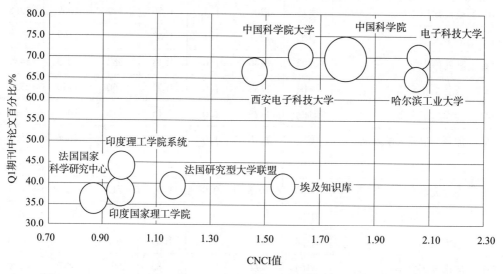

图 4-7-5 2017~2021 年全球人工智能领域论文数排名前十位的机构论文影响力
注：图中圆圈大小表示论文数多少。

4.7.6 人工智能领域重要研究人员

对我国人工智能领域论文的通讯作者进行分析，论文数排名前 15 位的通讯作者如表 4-7-7 所示。

表 4-7-7 2017~2021 年我国人工智能领域论文数排名前 15 位的通讯作者

排名	作者	所属机构	论文数/篇	被引频次	CNCI 值
1	徐泽水	四川大学	155	3672	1.79
2	刘培德	山东财经大学	127	3308	1.95
3	张化光	东北大学	104	2110	1.80
4	聂飞平	西北工业大学	79	1698	1.98
5	曹进德	西南大学	79	2788	2.77
6	杨光红	东北大学	70	2003	2.27
7	王坚强	中南大学	69	2862	2.59
8	曾志刚	华中科技大学	69	1653	1.93
9	丁世飞	中国矿业大学	67	1270	1.34
10	邓勇	电子科技大学	58	2268	3.80
11	高新波	西安电子科技大学	57	996	1.44
12	廖虎昌	四川大学	51	1143	2.12
13	李传东	东南大学	50	977	1.61
14	公茂果	西安电子科技大学	48	847	1.46
15	王占山	东北大学	46	993	2.26

4.8 跨学科应用领域

4.8.1 跨学科应用领域论文发文趋势

在跨学科应用领域，2017~2021 年我国论文数为 28831 篇，占该领域全球论文的 28.4%。

从年度发展趋势上看，2017~2021 年该领域我国论文数呈逐年增长趋势，如图 4-8-1 所示。2017~2020 年，全国论文数年增长率维持在 20.0% 左右，2021 年放缓至 15.6%，实现连续五年持续稳定增长。2021 年的论文数为 7936 篇，约为 2017 年 3880 篇的 2 倍。可以看出，我国在该领域的基础研究正处于上升发展阶段。

与该领域全球论文数相比，我国的论文增长规律与全球基本一致，且连续五年论文数年增长率远超全球水平。其中，2019 年在全球论文数增长速度放缓的情况下我国逆向发展，年增长率较 2018 年提升了 1.6%；2021 年全球论文数增长放缓，但我国论文数年增长率仍约为全球增长水平的 2 倍。该领域我国论文数占全球百分比在 2021 年达到 32.9%，较 2017 年增长 9.7%。

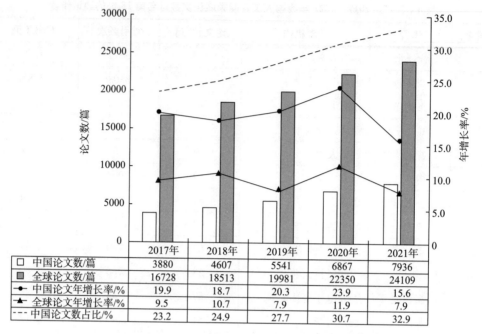

图 4 - 8 - 1　2017～2021 年跨学科应用领域论文发文趋势

4.8.2　跨学科应用领域论文出版物分布

对跨学科应用领域论文的来源出版物进行分析，2017～2021 年我国在该领域的 Q1 期刊中论文百分比为 46.0%，超过该领域全球水平的 42.8%。图 4 - 8 - 2 展示了 2017～2021 年跨学科应用领域 Q1～Q4 期刊中论文百分比分布情况。Q1 期刊中论文百分比呈现稳步上升趋势，其中 2021 年 Q1 期刊中论文百分比为 52.2%，较 2017 年上升 12.4%。可以看出，我国在该领域论文的来源出版物结构比例稳定优化。

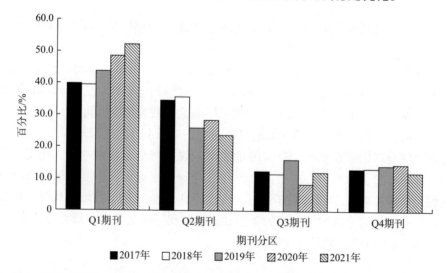

图 4 - 8 - 2　2017～2021 年我国跨学科应用领域 Q1～Q4 期刊中论文百分比分布情况

从 2017～2021 年我国在该领域 Q1～Q4 期刊中论文百分比对标全球水平来看，如图 4-8-3 所示，我国 Q1 期刊中论文百分比发展规律与全球水平基本一致，且我国 Q1 期刊中论文百分比的稳步增长情况优于全球水平，从 2017 年的低于全球 0.4% 发展到 2021 年的高出全球水平 3.1%。可以看出，我国在该领域的论文来源出版物结构比例优化速度超过全球水平。

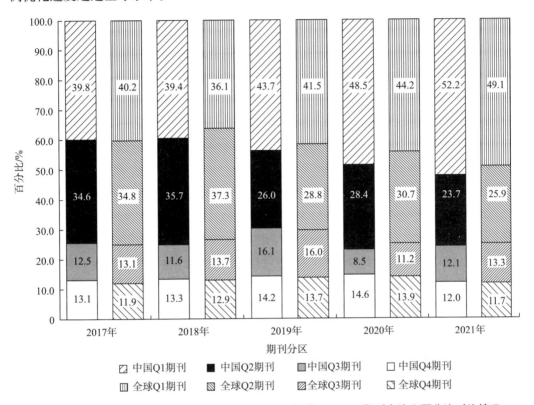

图 4-8-3 2017～2021 年全球和我国跨学科应用领域 Q1～Q4 期刊中论文百分比对比情况

表 4-8-1 列出了 2017～2021 年我国在跨学科应用领域论文数排名前十位的期刊及其分区情况。排名前十位的期刊论文总量为 10775 篇，占该领域全国论文百分比的 37.4%。其中，Q1 期刊有 4 种，共有 5702 篇论文，占该领域全国论文百分比的 19.8%；Q2 期刊有 4 种，共有 4186 篇论文，占该领域全国论文百分比的 14.5%；Q4 期刊有 1 种，共有 887 篇论文，占该领域全国论文百分比的 3.1%。论文数最多的期刊为 *IEEE Transactions on Industrial Informatics*，共有 1814 篇论文，占该领域全国论文数百分比 6.3%，属于 Q2 期刊，其也是论文数排名前十位的期刊中影响因子（2021 年）和论文 CNCI 值最高的期刊，影响因子（2021 年）为 11.6，论文 CNCI 值为 2.98。

表 4 - 8 - 1 2017 ~ 2021 年我国跨学科应用领域论文数排名前十位的期刊及分区情况

排名	期刊名称	论文数/篇	占全国论文百分比/%	影响因子(2021 年)	CNCI 值	期刊分区(2021 年排名)
1	*IEEE Transactions on Industrial Informatics*	1814	6.3	11.6	2.98	Q1 (4/112)
2	*Soft Computing*	1723	6.0	3.7	0.76	Q2 (56/112)
3	*Applied Soft Computing*	1699	5.9	8.3	1.61	Q1 (11/112)
4	*Computers & Industrial Engineering*	1294	4.5	7.2	1.28	Q1 (19/112)
5	*Computers and Geotechnics*	1069	3.7	5.2	1.42	Q2 (33/112)
6	*Computers and Electronics in Agriculture*	895	3.1	6.8	1.93	Q1 (23/112)
7	*International Journal of rf and Microwave Computer - Aided Engineering*	887	3.1	2.0	0.28	Q4 (89/112)
8	*Bioinformatics*	873	3.0	6.9	2.76	—
9	*Journal of Computational Physics*	744	2.6	4.6	1.33	Q2 (40/112)
10	*Structural and Multidisciplinary Optimization*	650	2.3	4.3	1.18	Q2 (46/112)

注：2021 年跨学科应用领域 SCI 期刊共有 112 种。表中的 *Bioinformatics* 的期刊分区（2021 年排名）因 JCR 数据库领域划分调整，2021 年不属于跨学科应用领域期刊，故没有体现数据。

4.8.3 跨学科应用领域合作论文情况

对 2017 ~ 2021 年跨学科应用领域论文的合作情况进行分析，国内合作论文共有 10049 篇，占该领域我国论文数的 34.9%；国际合作论文共有 10562 篇，占该领域我国论文数的 36.6%；横向合作论文共有 570 篇，占该领域我国论文数的 2.0%。

进一步分析我国在该领域的国际合作论文，论文数排名前十位的国内机构分别是中国科学院、清华大学、上海交通大学、浙江大学、中南大学、华中科技大学、大连理工大学、武汉大学、同济大学和香港理工大学，如表 4 - 8 - 2 所示。论文数排名前十位的机构的论文 CNCI 值均在 1.55 及以上，论文影响力整体水平较高，其中，中南大学国际合作论文 CNCI 值最高，为 2.69。

表4-8-2　2017~2021年我国跨学科应用领域国际合作论文数排名前十位的国内机构

排名	机构名称	国际合作论文数/篇	占全国国际合作论文百分比/%	CNCI 值
1	中国科学院	767	7.3	2.14
2	清华大学	384	3.6	2.00
3	上海交通大学	363	3.4	1.97
4	浙江大学	317	3.0	2.26
5	中南大学	266	2.5	2.69
6	华中科技大学	254	2.4	2.34
7	大连理工大学	248	2.4	1.86
8	武汉大学	244	2.3	2.29
9	同济大学	239	2.3	1.55
10	香港理工大学	236	2.2	1.68

我国在该领域的国际合作论文中，如图4-8-3所示，论文数排名前十位的国外机构分别是加利福尼亚大学系统、新加坡国立大学、南洋理工大学、得克萨斯大学系统、佐治亚州大学系统、北卡罗来纳大学（University of North Carolina）、法国国家科学研究中心、宾夕法尼亚州联邦高等教育系统、法国研究型大学联盟和佛罗里达州立大学系统，主要分布国家为美国、新加坡和法国，其中论文CNCI值大于1.50的机构共有7所，加利福尼亚大学系统的论文CNCI值最高，为2.06。

表4-8-3　2017~2021年我国跨学科应用领域国际合作论文数排名前十位的国外机构

排名	机构名称	国家	国际合作论文数/篇	占全国国际合作论文百分比/%	CNCI 值
1	加利福尼亚大学系统	美国	265	2.5	2.06
2	新加坡国立大学	新加坡	257	2.4	1.49
3	南洋理工大学	新加坡	239	2.3	1.86
4	得克萨斯大学系统	美国	236	2.2	1.55
5	佐治亚州大学系统	美国	205	1.9	1.87
6	北卡罗来纳大学	美国	184	1.7	1.76
7	法国国家科学研究中心	法国	156	1.5	1.61
8	宾夕法尼亚州联邦高等教育系统	美国	155	1.5	1.40
9	法国研究型大学联盟	法国	143	1.4	1.61
10	佛罗里达州立大学系统	美国	139	1.3	1.38

进一步分析我国在该领域的横向合作论文，如表4-8-4所示，主要的合作企业有华为技术有限公司、国家电网有限公司、腾讯科技（深圳）有限公司、阿里巴巴集团控股有限公司、中国石化集团有限公司、中国南方电网有限责任公司、中国石油天然气集团有限公司、中国电子科技集团有限公司、中国航空工业集团有限公司和百度在线网络技术（北京）有限公司。其中，论文CNCI值大于1.50的机构共有2家，百度在线网络技术（北京）有限公司的论文CNCI值最高，为2.60。

表4-8-4 2017~2021年我国跨学科应用领域横向合作论文数排名前十位的国内企业

排名	企业名称	横向合作论文数/篇	机构论文数/篇	占机构横向合作论文百分比/%	占全国横向合作论文百分比/%	CNCI值
1	华为技术有限公司	48	49	98.0	8.4	0.85
2	国家电网有限公司	29	32	90.6	5.1	1.35
3	腾讯科技（深圳）有限公司	27	27	100	4.7	1.58
4	阿里巴巴集团控股有限公司	24	24	100	4.2	1.08
5	中国石化集团有限公司	24	25	96.0	4.2	0.61
6	中国南方电网有限责任公司	23	24	95.8	4.0	1.24
7	中国石油天然气集团有限公司	23	25	92.0	4.0	0.70
8	中国电子科技集团有限公司	22	24	91.7	3.9	1.05
9	中国航空工业集团有限公司	20	20	100	3.5	1.20
10	百度在线网络技术（北京）有限公司	12	12	100	2.1	2.60

4.8.4 跨学科应用领域研究热点

选取2017~2021年在跨学科应用领域的506篇高被引论文（检索日期为2022年11月10日），对关键词（包括作者关键词和WoS增加的关键词）进行数据预处理，并形成词云图，如图4-8-4所示。2017~2021年该领域词频最高的关键词是Deep Learning（深度学习）。表4-8-5列出了该领域的（英文）高频关键词，研究热点主要集中在深度学习、模型、卷积神经网络、系统、神经网络、算法、特征识别、优化、分类和设计等。

图 4 - 8 - 4　2017~2021 年跨学科应用领域高被引论文关键词词云图

表 4 - 8 - 5　2017~2021 年跨学科应用领域高被引论文高频关键词

关键词	词频/次	关键词	词频/次
Deep Learning	71	Internet	30
Model	65	Blockchain	28
Convolution Neural Network	50	Network	28
System	43	Internet of Things	27
Neural Network	41	Prediction	27
Algorithm	38	Informatics	24
Feature Extraction	33	Security	23
Optimization	32	Task Analysis	22
Classification	31	Fault Diagnosis	22
Design	30	Industrial Internet of Thing	22

4.8.5　跨学科应用领域重点研究机构

对跨学科应用领域的论文发文机构进行分析，2017~2021 年论文数排名前 30 位的机构名单见表 4 - 8 - 6。排名前五位的机构分别是法国国家科学研究中心、中国科学院、法国研究型大学联盟、加利福尼亚大学系统和印度理工学院系统，论文数排名前 30 位的机构主要分布在中国（11 所）、美国（9 所）、法国（2 所）、印度（2 所）、英国（2所），伊朗、埃及、德国和新加坡各有1所。中国上榜的11所机构中，中国科学院、清华大学分别居第2位、第10位。

表4-8-6　2017～2021年跨学科应用领域全球论文数排名30位的机构

排名	机构名称	国家	论文数/篇	占全球百分比/%	CNCI值	Q1期刊中论文数/篇	JIF期刊中论文数/篇	Q1期刊中论文百分比/%
1	法国国家科学研究中心	法国	2227	2.2	1.06	715	2192	32.6
2	中国科学院	中国	2081	2.0	1.62	934	2064	45.3
3	法国研究型大学联盟	法国	2021	2.0	1.16	698	1973	35.4
4	加利福尼亚大学系统	美国	1672	1.6	1.44	773	1604	48.2
5	印度理工学院系统	印度	1567	1.5	0.96	536	1522	35.2
6	美国能源部	美国	1115	1.1	1.37	282	1073	26.3
7	印度国家理工学院	印度	1080	1.1	1.15	363	1033	35.1
8	得克萨斯大学系统	美国	1011	1.0	1.13	439	974	45.1
9	阿扎德大学	伊朗	939	0.9	1.34	362	922	39.3
10	清华大学	中国	932	0.9	1.52	385	914	42.1
11	伦敦大学	英国	891	0.9	1.46	491	819	60.0
12	佛罗里达州立大学	美国	854	0.8	1.25	348	811	42.9
13	上海交通大学	中国	849	0.8	1.45	468	837	55.9
14	浙江大学	中国	832	0.8	1.61	413	822	50.2
15	佐治亚大学系统	美国	782	0.8	1.47	304	760	40.0
16	哈佛大学	美国	758	0.7	2.00	536	721	74.3
17	北卡罗来纳大学	美国	726	0.7	1.27	384	701	54.8
18	华中科技大学	中国	713	0.7	1.83	402	710	56.6
19	北京航空航天大学	中国	713	0.7	1.47	353	707	49.9
20	宾夕法尼亚联邦高等教育系统	美国	704	0.7	1.52	347	684	50.7
21	埃及知识库	埃及	700	0.7	1.82	247	675	36.6
22	大连理工大学	中国	688	0.7	1.51	265	680	39.0
23	斯坦福大学	美国	661	0.7	1.71	306	634	48.3

续表

排名	机构名称	国家	论文数/篇	占全球百分比/%	CNCI值	Q1期刊中论文数/篇	JIF期刊中论文数/篇	Q1期刊中论文百分比/%
24	亥姆霍兹联合会	德国	658	0.6	1.46	298	642	46.4
25	中国科学院大学	中国	650	0.6	1.31	283	642	44.1
26	中南大学	中国	619	0.6	2.25	351	618	56.8
27	西北工业大学	中国	604	0.6	1.54	253	603	42.0
28	帝国理工学院	英国	585	0.6	1.91	274	567	48.3
29	同济大学	中国	565	0.6	1.29	251	563	44.6
30	新加坡国立大学	新加坡	559	0.5	1.34	246	536	45.9

图4-8-5展示了该领域论文数排名前十位的机构的论文影响力情况。其中，论文影响力整体水平较高的有中国科学院和清华大学。论文CNCI值最高的是中国科学院，为1.62；Q1期刊中论文百分比最高的是加利福尼亚大学系统，为48.2%。

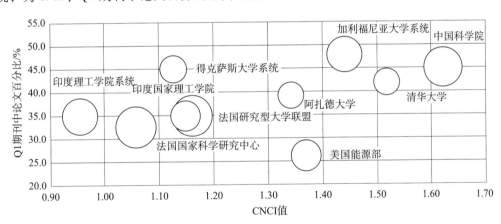

图4-8-5　2017~2021年全球跨学科应用领域论文数排名前十位的机构论文影响力

注：图中圆圈大小表示论文数多少。

4.8.6　跨学科应用领域重要研究人员

对2017~2021年我国跨学科应用领域论文的通讯作者进行分析，论文数排名前15位的通讯作者如表4-8-7所示。

表4-8-7　2017~2021年我国跨学科应用领域论文数排名前15位的通讯作者

排名	作者	所属机构	论文数/篇	被引频次	CNCI值
1	王建新	中南大学	45	971	2.57
2	吕震宙	西北工业大学	44	556	1.11
3	徐泽水	四川大学	40	1118	2.16
4	刘培德	山东财经大学	32	957	2.47
5	高亮	华中科技大学	26	716	2.32
6	张道强	南京航空航天大学	26	374	1.73
7	陈慧灵	温州大学	26	1516	8.26
8	雷柏英	深圳大学	24	408	2.08
9	骆嘉伟	湖南大学	24	518	2.34
10	李敏	中南大学	20	524	4.27
11	冯前进	南方医科大学	19	230	1.39
12	张映锋	西北工业大学	18	597	3.24
13	侯廷军	浙江大学	17	376	2.56
14	沈红斌	上海交通大学	17	467	2.44
15	黄家骏	香港城市大学	17	141	0.90

4.9 电信学领域

4.9.1 电信学领域论文发文趋势

在电信学领域，2017~2021年我国论文数为75513篇，占该领域全球论文的47.4%，接近该领域全球论文的1/2。

从年度发展趋势上看，2017~2021年该领域我国论文数呈现先扬后抑的趋势，如图4-9-1所示。2017~2019年，该领域全国论文数年增长率从32.3%提高至峰值58.0%，论文数高速增长。2020年，全国论文数增长水平放缓，年增长率降为6.9%，在2021年甚至出现负增长，我国该领域基础研究从上升发展阶段进入调整阶段。2021年我国论文数为16858篇，约为2017年7947篇的2.1倍。

与该领域全球论文数相比，我国论文数发展规律与全球基本保持一致。2017~2019年，该领域我国论文数增长情况大幅度超过全球水平，约为全球增长水平的1.7倍。2020~2021年我国与全球论文数增幅回落，虽然我国发文增长速度连续两年低于全球水平，2021年该领域我国论文数占全球百分比回落至45.2%，但是仍较2017年提升6.9%。

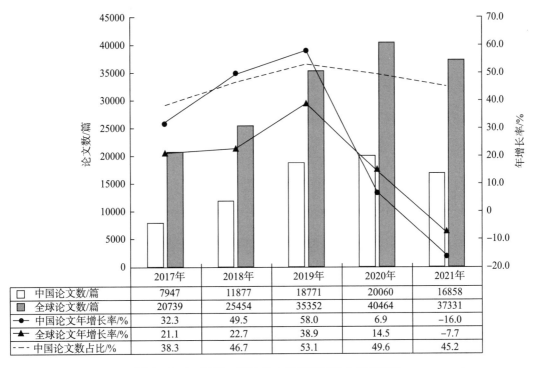

	2017年	2018年	2019年	2020年	2021年
□ 中国论文数/篇	7947	11877	18771	20060	16858
■ 全球论文数/篇	20739	25454	35352	40464	37331
● 中国论文年增长率/%	32.3	49.5	58.0	6.9	−16.0
▲ 全球论文年增长率/%	21.1	22.7	38.9	14.5	−7.7
--- 中国论文数占比/%	38.3	46.7	53.1	49.6	45.2

图 4 − 9 − 1　2017 ~ 2021 年电信学领域论文发文趋势

4.9.2　电信学领域论文出版物分布

对电信学领域论文的来源出版物进行分析，2017 ~ 2021 年我国在该领域的 Q1 期刊中论文百分比为 30.3%，超过该领域全球水平的 28.7%。图 4 − 9 − 2 展示了 2017 ~ 2021 年电信学领域 Q1 ~ Q4 期刊中论文百分比的年度分布情况。Q1 期刊中论文百分比呈现先扬后抑的下滑趋势，2017 ~ 2018 年，Q1 期刊中论文百分比由 51.5% 上升

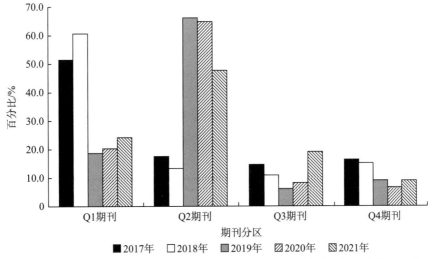

图 4 − 9 − 2　2017 ~ 2021 年我国电信学领域 Q1 ~ Q4 期刊中论文百分比分布情况

至 60.6%。随后三年 Q1 期刊中论文百分比出现大幅度下降，2021 年仅为 24.2%，较 2017 年下降 27.3%；而 Q2 期刊中论文百分比情况正好相反，2019 年急速上升，2021 年稍微回落至 47.7%，较 2017 年上升 30.2%。体现我国在该领域论文的来源出版物结构比例 2019~2021 年有所劣化，虽然提升了论文数，但论文的影响力整体下降。

从 2017~2021 年我国该领域 Q1~Q4 期刊中论文百分比对标全球水平来看，如图 4-9-3 所示，我国 Q1 期刊中论文百分比发展规律与全球基本一致，2019 年均出现 Q1 期刊中论文百分比大幅度下降的现象。虽然 2021 年我国 Q1 期刊中论文百分比高于全球水平，但优势不明显，论文质量有待提升。

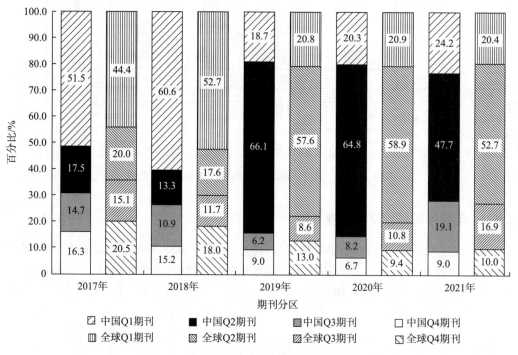

图 4-9-3 2017~2021 年全球和我国电信学领域 Q1~Q4 期刊中论文百分比对比情况

表 4-9-1 列出了 2017~2021 年我国在电信学领域论文数排名前十位的期刊及其分区情况。排名前十位的期刊论文总量为 48731 篇，占该领域全国论文百分比的 64.5%。其中，Q1 期刊有 3 种，共有 6881 篇论文，占该领域全国论文百分比的 9.1%；Q2 期刊有 5 种，共有 38745 篇论文，占该领域全国论文百分比的 51.3%；Q3 期刊有 2 种，共有 3105 篇论文，占该领域全国论文百分比的 4.1%。论文数最多的期刊为 *IEEE Access*，共有 32029 篇论文，占该领域全国论文数百分比的 42.4%，属于 Q2 期刊；影响因子（2021 年）和论文 CNCI 值最高的期刊是 *IEEE Internet of Things Journal*，影响因子（2021 年）为 10.2，论文 CNCI 值为 2.83。

表 4 - 9 - 1　2017～2021 年我国电信学领域论文数排名前十位的期刊及其分区情况

排名	期刊名称	论文数/篇	占全国论文百分比/%	影响因子（2021 年）	CNCI 值	期刊分区（2021 年排名）
1	*IEEE Access*	32029	42.4	3.5	0.82	Q2（43/93）
2	*IEEE Transactions on Vehicular Technology*	3240	4.3	6.2	1.73	Q1（15/93）
3	*IEEE Internet of Things Journal*	2396	3.2	10.2	2.83	Q1（6/93）
4	*IEEE Transactions on Antennas and Propagation*	1959	2.6	4.8	1.59	Q2（25/93）
5	*Wireless Communications & Mobile Computing*	1806	2.4	2.1	0.36	Q3（62/93）
6	*IEEE Communications Letters*	1660	2.2	3.6	1.04	Q2（39/93）
7	*IEEE Antennas and Wireless Propagation Letters*	1559	2.1	3.8	1.11	Q2（36/93）
8	*Journal of Lightwave Technology*	1538	2.0	4.4	1.29	Q2（31/93）
9	*Security and Communication Networks*	1299	1.7	2.0	0.42	Q3（65/93）
10	*IEEE Transactions on Wireless Communications*	1245	1.6	8.3	2.64	Q1（9/93）

注：2021 年电信学领域 SCI 期刊共有 93 种。

4.9.3　电信学领域合作论文情况

对 2017～2021 年电信学领域论文的合作情况进行分析，国内合作论文共有 26404 篇，占该领域全国论文数的 35.0%；国际合作论文共有 23472 篇，占该领域全国论文数的 31.1%，横向合作论文共有 3035 篇，占该领域全国论文数的 4.0%。

进一步分析我国在该领域的国际合作论文，论文数排名前十位的国内机构分别是中国科学院、西安电子科技大学、电子科技大学、东南大学、北京邮电大学、清华大学、上海交通大学、华为技术有限公司、北京交通大学和浙江大学，如表 4 - 9 - 2 所示。论文数排名前十位的机构的论文 CNCI 值均在 1.60 以上，论文影响力整体水平较高，其中，华为技术有限公司国际合作论文 CNCI 值最高，为 2.80。

表4-9-2 2017~2021年我国电信学领域国际合作论文数排名前十位的国内机构

排名	机构名称	国际合作论文数/篇	占全国国际合作论文百分比/%	CNCI 值
1	中国科学院	1288	5.5	1.60
2	西安电子科技大学	1254	5.3	2.04
3	电子科技大学	1239	5.3	2.06
4	东南大学	1170	5.0	2.33
5	北京邮电大学	1163	5.0	2.11
6	清华大学	936	4.0	2.27
7	上海交通大学	672	2.9	1.78
8	华为技术有限公司	640	2.7	2.80
9	北京交通大学	634	2.7	1.89
10	浙江大学	633	2.7	1.93

我国在该领域的国际合作论文中，如表4-9-3所示，论文数排名前十位的国外机构分别是南洋理工大学、伦敦大学、悉尼科技大学、加利福尼亚大学系统、新加坡国立大学、不列颠哥伦比亚大学（University of British Columbia）、佐治亚州大学系统、得克萨斯大学系统、休斯敦大学（University of Houston）和新南威尔士大学悉尼分校，主要分布国家为美国、新加坡、澳大利亚、英国和加拿大。其中论文CNCI值大于1.50的机构共有10所，新加坡国立大学的论文CNCI值最高，为2.89。

表4-9-3 2017~2021年我国电信学领域国际合作论文数排名前十位的国外机构

排名	机构名称	国家	国际合作论文数/篇	占全国国际合作论文百分比/%	CNCI 值
1	南洋理工大学	新加坡	750	3.2	2.11
2	伦敦大学	英国	544	2.3	2.89
3	悉尼科技大学	澳大利亚	539	2.3	1.84
4	加利福尼亚大学系统	美国	486	2.1	1.56
5	新加坡国立大学	新加坡	420	1.8	2.89
6	不列颠哥伦比亚大学	加拿大	396	1.7	2.46
7	佐治亚州大学系统	美国	379	1.6	2.37
8	得克萨斯大学系统	美国	378	1.6	2.03
9	休斯敦大学	美国	363	1.5	2.14
10	新南威尔士大学悉尼分校	澳大利亚	353	1.5	2.28

　　进一步分析我国在该领域的横向合作论文，如表 4-9-4 所示，主要的合作企业有华为技术有限公司、国家电网有限公司、中国电子科技集团有限公司、中国南方电网有限责任公司、中国移动通信集团有限公司、中兴通讯股份有限公司、阿里巴巴集团控股有限公司、联发科技股份有限公司、腾讯科技（深圳）有限公司和中国航空工业集团有限公司。其中论文 CNCI 值大于 1.50 的公司共有 2 家，华为技术有限公司的CNCI 值最高，为 2.18。

表 4-9-4　2017~2021 年我国电信学领域横向合作论文数排名前十位的国内企业

排名	企业名称	横向合作论文数/篇	机构论文数/篇	占机构横向合作论文百分比/%	占全国横向合作论文百分比/%	CNCI 值
1	华为技术有限公司	946	1056	89.6	31.2	2.18
2	国家电网有限公司	498	525	94.9	16.4	0.75
3	中国电子科技集团有限公司	299	328	91.2	9.9	0.61
4	中国南方电网有限责任公司	180	208	86.5	5.9	0.76
5	中国移动通信集团有限公司	123	147	83.7	4.1	1.62
6	中兴通讯股份有限公司	117	134	87.3	3.9	1.41
7	阿里巴巴集团控股有限公司	67	70	95.7	2.2	1.13
8	联发科技股份有限公司	62	63	98.4	2.0	0.64
9	腾讯科技（深圳）有限公司	59	61	96.7	1.9	0.95
10	中国航空工业集团有限公司	50	52	96.2	1.7	0.76

4.9.4　电信学领域研究热点

　　选取 2017~2021 年在电信学领域的 681 篇高被引论文（检索日期为 2022 年 11月 10 日），对关键词（包括作者关键词和 WoS 增加的关键词）进行数据预处理，并形成词云图，如图 4-9-4 所示。2017~2021 年该领域词频最高的关键词是 Internetof Things（物联网）。表 4-9-5 列出了该领域的（英文）高频关键词，研究热点主要集中在物联网、网络、优化、设计、系统、深度学习、安全、资源配置、区块链和通信等。

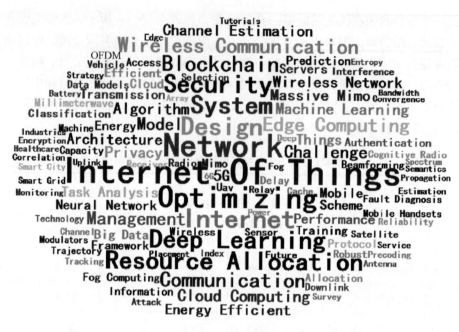

图 4 - 9 - 4   2017~2021 年电信学领域高被引论文关键词词云图

表 4 - 9 - 5   2017~2021 年电信学领域高被引论文高频关键词

关键词	词频/次	关键词	词频/次
Internet Of Things	103	Communication	49
Network	89	Unmanned Aerial Vehicle	49
Optimizing	82	Wireless Communication	48
Internet	68	Nonorthogonal Multipleaccess	47
Design	66	Mobile Edge Computing	45
System	66	Edge Computing	44
Deep Learning	66	Management	42
Security	65	Challenge	37
Resource Allocation	65	Model	36
Blockchain	53	Cloud Computing	34

4.9.5 电信学领域重点研究机构

对电信学领域的论文发文机构进行分析，论文数排名前 30 位的机构名单见表 4 - 9 - 6。排名前五位的机构分别是中国科学院、西安电子科技大学、电子科技大学、北京邮电大学和东南大学。论文数排名前 30 位的机构主要分布在中国（22 所）、印度（2 所）、法国（2 所），埃及、美国、英国和新加坡各有 1 所。中国上榜的 22 所机构中，中国科学院、西安电子科技大学、电子科技大学、北京邮电大学、东南大学、清华大学、上海交通大学 7 所大学论文数均排名靠前，论文数优势明显。

表 4－9－6　2017～2021 年我国电信学领域全球论文数排名前 30 位的机构

排名	机构名称	国家	论文数/篇	占全球论文百分比/%	CNCI 值	Q1 期刊中论文数/篇	JIF 期刊中论文数/篇	Q1 期刊中论文百分比/%
1	中国科学院	中国	3947	2.5	1.10	1414	3904	36.2
2	西安电子科技大学	中国	3461	2.2	1.35	1508	3442	43.8
3	电子科技大学	中国	3420	2.1	1.43	1343	3395	39.6
4	北京邮电大学	中国	3347	2.1	1.26	1320	3320	39.8
5	东南大学	中国	2906	1.8	1.56	1380	2887	47.8
6	印度理工学院系统	印度	2669	1.7	0.86	742	2598	28.6
7	清华大学	中国	2277	1.4	1.60	1129	2256	50.0
8	印度国家理工学院	印度	2274	1.4	0.92	306	2235	13.7
9	埃及知识库	埃及	2072	1.3	1.32	284	2041	13.9
10	上海交通大学	中国	1761	1.1	1.28	845	1744	48.5
11	哈尔滨工业大学	中国	1714	1.1	1.03	557	1706	32.6
12	北京航空航天大学	中国	1638	1.0	1.06	581	1623	35.8
13	国防科技大学	中国	1604	1.0	0.88	423	1596	26.5
14	浙江大学	中国	1574	1.0	1.37	662	1562	42.4
15	南京邮电大学	中国	1550	1.0	1.38	604	1522	39.7
16	北京理工大学	中国	1547	1.0	1.33	598	1538	38.9
17	北京交通大学	中国	1533	1.0	1.32	576	1517	38.0
18	加利福尼亚大学系统	美国	1422	0.9	1.14	647	1301	49.7
19	华中科技大学	中国	1369	0.9	1.39	630	1333	47.3
20	伦敦大学	英国	1328	0.8	2.28	729	1274	57.2
21	法国国家科学研究中心	法国	1327	0.8	1.40	460	1290	35.7
22	华南理工大学	中国	1311	0.8	1.34	540	1309	41.3
23	西北工业大学	中国	1308	0.8	0.99	405	1305	31.0
24	法国研究型大学联盟	法国	1270	0.8	1.85	535	1205	44.4
25	中国科学院大学	中国	1266	0.8	0.91	376	1264	29.7
26	南京航空航天大学	中国	1264	0.8	1.04	415	1255	33.1

续表

排名	机构名称	国家	论文数/篇	占全球论文百分比/%	CNCI值	Q1期刊中论文数/篇	JIF期刊中论文数/篇	Q1期刊中论文百分比/%
27	南洋理工大学	新加坡	1222	0.8	1.90	688	1179	58.4
28	深圳大学	中国	1210	0.8	1.46	545	1200	45.4
29	武汉大学	中国	1169	0.7	1.00	367	1165	31.5
30	大连理工大学	中国	1156	0.7	1.63	568	1145	49.6

图 4-9-5 展示了该领域论文数前十位的机构的论文影响力情况，其中，论文影响力整体水平较高的有清华大学和东南大学。清华大学的论文 CNCI 值和 Q1 期刊中论文百分比最高，分别为 1.60 和 50.0%。

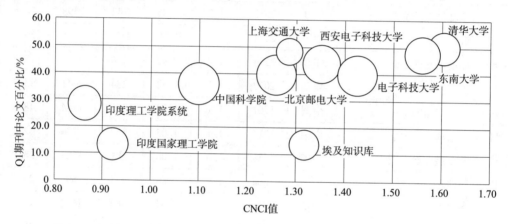

图 4-9-5 2017～2021 年全球电信学领域论文数排名前十位的机构论文影响力
注：图中圆圈大小表示论文多少。

4.9.6 电信学领域重要研究人员

对 2017～2021 年我国电信学领域论文的通讯作者进行分析，论文数排名前 15 位的通讯作者如表 4-9-7 所示。

表 4-9-7 2017～2021 年我国电信学领域论文数排名前 15 位的通讯作者

排名	作者	所属机构	论文数/篇	被引频次	CNCI值
1	桂冠	南京邮电大学	104	3586	3.76
2	韩光洁	河海大海	79	1502	1.74
3	金石	东南大学	71	2476	4.23

续表

排名	作者	所属机构	论文数/篇	被引频次	CNCI 值
4	梁应敞	电子科技大学	66	2922	5.31
5	江涛	华中科技大学	65	804	1.18
6	许威	东南大学	59	1306	2.26
7	祝雷	澳门大学	59	655	1.13
8	黄永明	东南大学	55	1564	2.38
9	艾渤	北京交通大学	54	1102	2.16
10	程翔	北京大学	53	996	1.50
11	温淼文	华南理工大学	52	1635	2.78
12	宋令阳	北京大学	51	1858	4.46
13	王兴伟	东南大学	49	546	0.71
14	盛敏	西安电子科技大学	48	862	1.54
15	张海君	北京科技大学	47	1321	2.61

第5章 我国一体化算力网络研究地域分析

本章利用 InCites 数据对 2017～2021 年我国主要地区和"东数西算"八大枢纽节点区域的论文数、发文趋势,以及论文合作情况进行梳理和统计,并就一体化算力网络各研究领域分析我国主要地区和八大枢纽的论文数、引文影响力等,以展示其在不同领域的研究现状和论文发文实力。

5.1 论文产出概况

5.1.1 发文数量

我国在 2017～2021 年共发表关于一体化算力网络的 WoS 论文共有 192217 篇,其中论文数最多的是北京,有 41848 篇论文,其次是江苏和广东,分别有 26493 篇论文和22631 篇论文。论文数达到万篇的还有上海、湖北、四川、浙江、台湾、山东和湖南,如表 5 - 1 - 1 所示。可以看出,这些地区多为我国 GDP 大省,经济基础雄厚,研发实力较强。论文数不足千篇的地区均为我国经济欠发达的地区,科研力量明显薄弱。

表 5 - 1 - 1 2017～2021 年我国一体化算力网络论文数分析情况

序号	地区	论文数/篇	占比/%	序号	地区	论文数/篇	占比/%
1	北京	41848	21.8	12	辽宁	9190	4.8
2	江苏	26493	13.8	13	陕西	7543	3.9
3	广东	22631	11.8	14	安徽	7121	3.7
4	上海	16288	8.5	15	天津	6248	3.3
5	湖北	13146	6.8	16	重庆	5909	3.1
6	四川	12543	6.5	17	河南	5710	3.0
7	浙江	12499	6.5	18	黑龙江	5685	3.0
8	台湾	11313	5.9	19	福建	5611	2.9
9	山东	10840	5.6	20	河北	3285	1.7
10	湖南	10258	5.3	21	吉林	3028	1.6
11	香港	9729	5.1	22	广西	2750	1.4

续表

序号	地区	论文数/篇	占比/%	序号	地区	论文数/篇	占比/%
23	江西	2656	1.4	29	新疆	775	0.4
24	澳门	1963	1.0	30	内蒙古	674	0.4
25	山西	1830	1.0	31	海南	550	0.3
26	甘肃	1440	0.8	32	青海	244	0.1
27	云南	1426	0.7	33	宁夏	230	0.1
28	贵州	1011	0.5	34	西藏	72	0

注：表中论文数因跨地区合作论文按地区分别统计，故各地论文数之和大于全国论文总量；表中占比根据四舍五入原则只保留一位小数，因此部分地区的占比为 0；本章同类表同本注释。

将全国各地按论文数区分，分别以 20000 篇、10000 篇、5000 篇、1000 篇为界，依次划分出五大块区：北京、江苏和广东为第一块区，各地区论文数均在 20000 篇及以上；上海、湖北、四川、浙江、台湾、山东、湖南为第二块区，各地区论文数均在 10000～19999 篇；香港、辽宁、陕西、安徽、天津、重庆、河南、黑龙江和福建为第三块区，各地区论文数均在 5000～9999 篇；河北、吉林、广西、江西、澳门、山西、甘肃、云南和贵州为第四块区，各地区论文数均在 1000～4999 篇；新疆、内蒙古、海南、青海、宁夏和西藏为第五块区，各地区论文数均未及 999 篇。图 5-1-1 展现了五大块区的发文实力分布：第一块区发文实力优越，论文数共计 90972 篇；第二块区论文数共计 86887 篇；第三块区论文数共计 62746 篇；第四块区发文实力较弱，论文数共计 19389 篇；第五块区最弱，论文数共计 2545 篇。

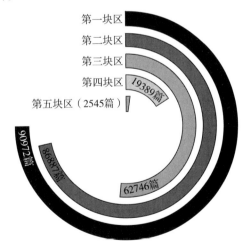

图 5-1-1　2017～2021 年我国一体化算力网络五大块区论文数分布情况

注：图中数字表示各块区所含地域的论文数之和，因合作论文数按地域分别统计，故图中各块区的论文数大于实际的论文总量。

5.1.2 发文趋势

图 5-1-2~图 5-1-6 分块区展示我国 2017~2021 年的论文发文趋势，可以看出，我国的论文发文整体均呈上升趋势。按 5 年论文数的平均增长率计，如图 5-1-7 所示，我国共有 27 个地区的 5 年平均增长率超出全国平均水平（22.1%），其中增长速度最快的有海南（57.1%）、青海（56.0%）、贵州（47.3%）和内蒙古（42.0%），呈现出起点越低发展越快的态势；而低于全国平均水平的主要是一些科研实力较强的地区，增长速度相对缓慢，分别是：上海（21.9%）、江苏（20.7%）、湖北（20.5%）、黑龙江（20.5%）、北京（19.4%）、香港（12.9%）和台湾（11.3%）。

分块区来看，第一块区中的广东涨势最为明显，是唯一 5 年平均增长率超过全国平均水平的省份，为 33.5%；第二块区 5 年平均增长率超过全国平均水平有山东、浙江、四川和湖南，其中山东涨势最为突出，为 36.7%；第三块区仅香港和黑龙江落后于全国平均水平，涨势较为突出的有河南、陕西和重庆，5 年平均增长率均超过 30.0%；第四块区和第五块区各地涨势悉数超过全国平均水平，两大块区增长率最快的分别是贵州和海南。

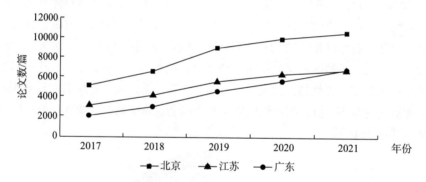

图 5-1-2　2017~2021 年第一块区一体化算力网络论文发文趋势

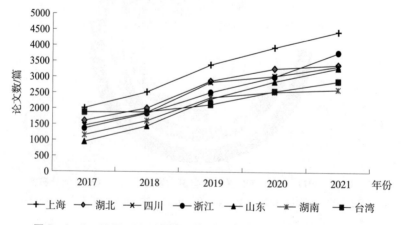

图 5-1-3　2017~2021 年第二块区一体化算力网络论文发文趋势

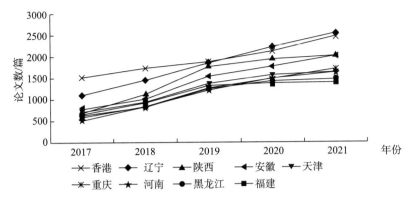

图 5 - 1 - 4　2017~2021 年第三块区一体化算力网络论文发文趋势

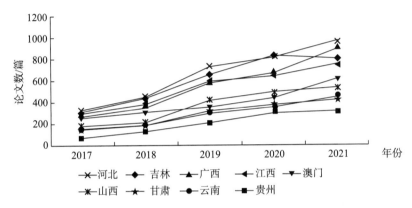

图 5 - 1 - 5　2017~2021 年第四块区一体化算力网络论文发文趋势

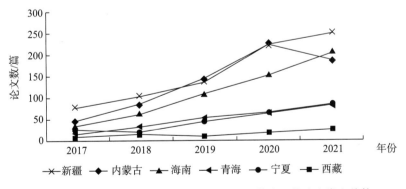

图 5 - 1 - 6　2017~2021 年第五块区一体化算力网络论文发文趋势

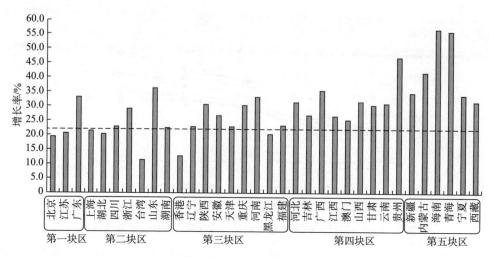

图 5 - 1 - 7　2017～2021 年我国一体化算力网络各块区论文平均增长率分布情况

注：图中虚线表示 2017～2021 年全国一体化算力网络论文增长率平均值，增长率为 22.1%。

5.1.3　论文合作情况

我国在 2017～2021 年发表的 192217 篇论文中，有 63798 篇论文为国际合作论文，占全国论文总数的 33.2%；横向合作论文则有 6373 篇，占全国论文总数的 3.3%。表 5 - 1 - 2 展示 2017～2021 年我国一体化算力网络论文合作情况，可以看出，北京的论文数量最多，且国际合作和横向合作的论文数均居全国榜首。但就各地合作论文占本地论文总数的百分比来看，西藏科研力量最为薄弱，且合作意愿强烈，因此其合作论文占比最高，全部论文中近半数为国际合作产出，而与企业合作的横向合作论文占比也为 11.1%，二者均排名全国第一位。

表 5 - 1 - 2　2017～2021 年我国一体化算力网络论文合作情况

序号	地区	国际合作论文数/篇	占全国国际合作论文百分比/%	横向合作论文数/篇	占全国横向合作论文百分比/%
1	北京	14450	34.5	2571	6.1
2	江苏	9378	35.4	886	3.3
3	广东	8649	38.2	1421	6.3
4	上海	6074	37.3	803	4.9
5	台湾	4807	42.5	364	3.2
6	湖北	4736	36.0	380	2.9
7	浙江	4694	37.6	796	6.4
8	四川	4418	35.2	417	3.3

序号	地区	国际合作论文数/篇	占全国国际合作论文百分比/%	横向合作论文数/篇	占全国横向合作论文百分比/%
9	香港	4142	42.6	508	5.25
10	湖南	3367	32.8	236	2.3
11	山东	3292	30.4	318	2.9
12	辽宁	2636	28.7	172	1.9
13	福建	2410	43.0	122	2.2
14	安徽	2376	33.4	312	4.4
15	陕西	2215	29.4	219	2.9
16	天津	2064	33.0	220	3.5
17	重庆	1918	32.5	197	3.3
18	黑龙江	1623	28.6	141	2.5
19	河南	1373	24.1	133	2.3
20	吉林	784	25.9	86	2.8
21	广西	739	26.9	70	2.6
22	江西	725	27.3	42	1.6
23	澳门	679	34.6	59	3.0
24	河北	601	18.3	188	5.7
25	山西	440	24.0	39	2.1
26	云南	362	25.4	66	4.6
27	甘肃	259	18.0	19	1.3
28	贵州	228	22.6	31	3.1
29	海南	173	31.5	14	2.6
30	内蒙古	159	23.6	15	2.2
31	新疆	140	18.1	19	2.5
32	青海	60	24.3	9	3.7
33	宁夏	33	14.4	8	3.5
34	西藏	33	45.8	8	11.1
	全国	63798	33.2	6373	3.3

（1）国际合作论文

科研离不开国际合作，科研界各方都在积极寻求国际合作机会，我国论文也反映这一现状。北京作为首都，是全国唯一产出上万篇国际合作论文的城市，有 14450 篇论文，遥遥领先于排名第二位、第三位的江苏和广东。这三个地区的论文数也明显超出我国其他地区，缘于其皆为中国通向国际的重要窗口，国际往来频繁，合作项目众多。从国际合作论文占比来看，高于全国占比的地区有 13 个，分别是西藏、福建、香港、台湾、广东、浙江、上海、湖北、江苏、四川、澳门、北京和安徽。图 5 - 1 - 8 展示了我国一体化算力网络各块区国际合作论文占比情况。

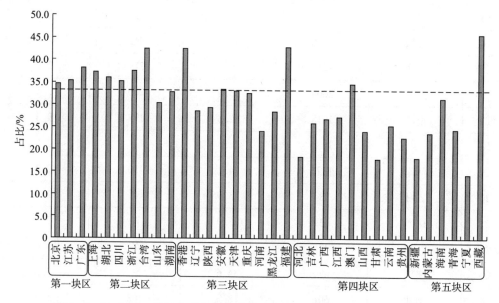

图 5 - 1 - 8 2017 ~ 2021 年我国一体化算力网络各块区国际合作论文占比情况

注：图中虚线表示 2017 ~ 2021 年全国一体化算力网络国际合作论文占比平均值，占比为 33.2%。

（2）横向合作论文

积极展开与企业的多维度产、学、研合作，高度拓展横向合作的深度和广度，多方实现科研与产业的精准对接，是当今科研界趋势所向，这在论文的发表上有充分的体现。2017 ~ 2021 年，全国横向合作论文逐年增加，共有 6373 篇。全国横向合作论文产出在千篇以上的有两个地区，北京数量最多，有 2571 篇，其次是广东，有 1421 篇。横向合作论文在 500 篇以上的还有：江苏（886 篇）、上海（803 篇）、浙江（796 篇）和香港（508 篇）。可以看出，除了北京，其他均为沿海经济发达地区，企业与高校、科研机构联系紧密。从横向合作论文占比来看，高于全国占比的地区有 14 个，分别是西藏、浙江、广东、北京、河北、香港、上海、云南、安徽、青海、天津、宁夏、江苏和重庆等地，此外，江苏、四川、重庆与全国横向合作论文占论文总量百分比持平。图 5 - 1 - 9 展示我国一体化算力网络各块区横向合作论文占比情况。

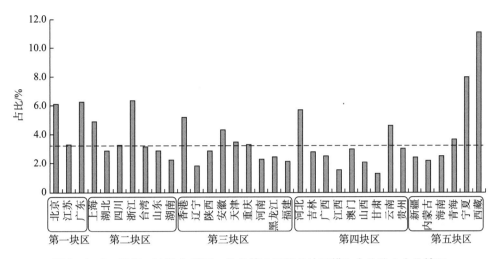

图 5 – 1 – 9　2017～2021 年我国一体化算力网络各块区横向合作论文占比情况

注：图中虚线表示 2017～2021 年全国一体化算力网络横向合作论文占比平均值，占比为 3.3%。

5.2　各研究领域论文产出情况

5.2.1　理论与方法领域论文产出情况

2017～2021 年，我国在理论与方法领域共有 22261 篇论文，表 5 – 2 – 1 通过论文数、被引频次、引文影响力、CNCI 值、Q1 期刊中论文数、JIF 期刊中论文数和 Q1 期刊论文占 JIF 期刊论文的百分比等指标，展示这一领域我国论文产出情况，大致反映论文的数量和质量。

表 5 – 2 – 1　2017～2021 年我国理论与方法领域论文产出情况

序号	地区	论文数/篇	被引频次	引文影响力	CNCI 值	Q1 期刊中论文数/篇	JIF 期刊中论文数/篇	Q1 期刊中论文百分比/%
1	北京	4665	54124	11.6	1.31	2181	4507	48.4
2	广东	2852	39141	13.7	1.59	1517	2728	55.6
3	江苏	2849	39616	13.9	1.56	1280	2797	45.8
4	湖北	1865	25593	13.7	1.58	878	1825	48.1
5	上海	1832	19562	10.7	1.18	790	1747	45.2
6	山东	1458	15862	10.9	1.38	567	1439	39.4

序号	地区	论文数/篇	被引频次	引文影响力	CNCI 值	Q1 期刊中论文数/篇	JIF 期刊中论文数/篇	Q1 期刊中论文百分比/%
7	浙江	1412	18226	12.9	1.52	641	1365	47.0
8	湖南	1360	18820	13.8	1.62	599	1334	44.9
9	台湾	1261	10292	8.2	0.99	427	1209	35.3
10	香港	1251	20420	16.3	1.65	758	1156	65.6
11	四川	1205	17540	14.6	1.73	571	1183	48.3
12	辽宁	1064	17128	16.1	1.83	568	1055	53.8
13	安徽	957	14175	14.8	1.59	443	936	47.3
14	河南	809	8197	10.1	1.17	270	796	33.9
15	福建	743	9817	13.2	1.51	297	730	40.7
16	天津	738	8167	11.1	1.35	289	692	41.8
17	陕西	694	8795	12.7	1.39	349	685	50.9
18	黑龙江	610	8549	14.0	1.56	246	606	40.6
19	重庆	564	7548	13.4	1.62	297	553	53.7
20	广西	365	4077	11.2	1.2	140	359	39.0
21	江西	310	2525	8.1	1.02	87	296	29.4
22	吉林	298	2251	7.6	0.83	95	290	32.8
23	河北	285	1628	5.7	0.75	90	282	31.9
24	山西	244	2833	11.6	1.29	76	240	31.7
25	澳门	240	4570	19.0	2.09	160	236	67.8
26	甘肃	181	1377	7.6	0.98	49	172	28.5
27	云南	164	1515	9.2	1.04	68	153	44.4
28	贵州	118	1066	9.0	1.27	41	115	35.7
29	新疆	75	423	5.6	0.89	22	72	30.6
30	内蒙古	73	629	8.6	1	20	72	27.8
31	海南	45	469	10.4	1.15	22	42	52.4
32	青海	38	96	2.5	0.35	11	37	29.7
33	宁夏	21	44	2.1	0.29	10	20	50.0
34	西藏	6	20	3.3	0.93	3	6	50.0
全国		22261	251743	11.3	1.34	9493	21566	44.0

（1）论文数

如表 5 - 2 - 1 所示，我国理论与方法领域论文数在千篇以上的地区有 12 个，北京以 4665 篇的论文数位居全国之首，广东和江苏则分列全国第二名和第三名，全国仅此 3 个地区论文数超过 2000 篇。新疆、内蒙古、海南、青海、宁夏和西藏论文数均未超过百篇，西藏论文最少，仅有 6 篇。图 5 - 2 - 1 展示了 2017～2021 年我国理论与方法领域论文数分布情况，北京、广东和江苏领头地位清晰可见，构成该领域研究重心，并向周边辐射。论文数表现突出的还有湖北、湖南和四川，其中，湖北实力强劲，论文数超越上海，排名全国第四位。

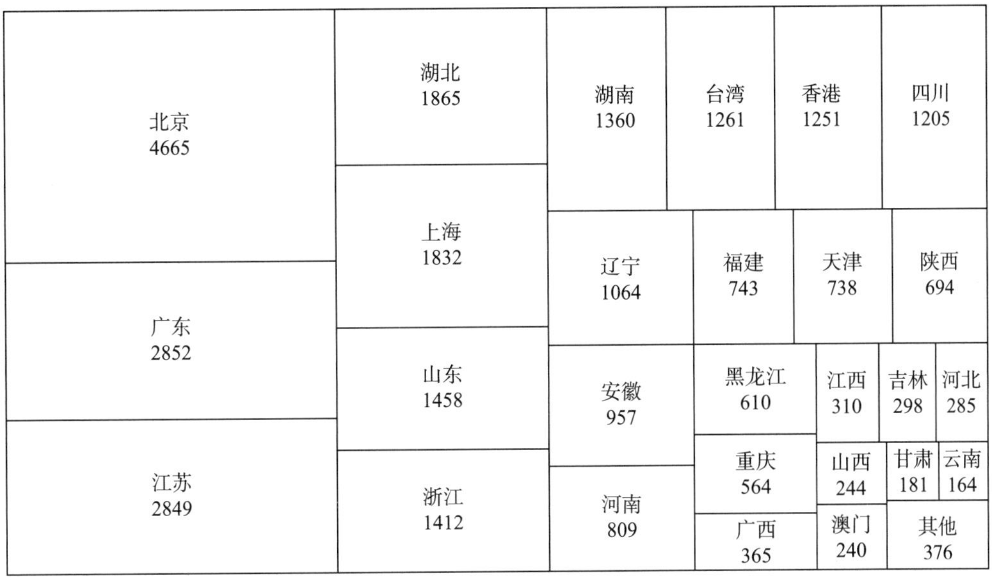

| 北京
4665 | 湖北
1865 | 湖南
1360 | 台湾
1261 | 香港
1251 | 四川
1205 |

图 5 - 2 - 1　2017～2021 年我国理论与方法领域论文数分布情况

注：图中数字表示论文数，单位为篇。

Q1 期刊为研究领域影响因子最高的期刊集合，其发表的论文通常为该领域最优质论文，体现科研最高水平。2017～2021 年我国理论与方法领域 Q1 期刊中论文数及百分比情况如图 5 - 2 - 2 所示，北京的论文数最多，广东、江苏随后；但就 Q1 期刊论文占全部 JIF 期刊论文的百分比来看，不仅多地领先于北京，澳门和香港更领跑于全国。图 5 - 2 - 2 展示 2017～2021 年我国 Q1 期刊中论文数和百分比情况，Q1 期刊中论文百分比高于全国水平的地区共有 18 个。西藏、宁夏、海南等边远省份由于论文总量少，合作发文居多，如西藏 6 篇论文均为合作论文，故 Q1 期刊中论文百分比居高。

（2）论文影响力

如表 5 - 2 - 1 所示，每个地区的论文数和被引频次的排名是不对等的，有些地区虽然论文数少，但被引频次却可能超过其他论文数多的地区，所以评价论文影响力更多的是依据引文影响力和论文 CNCI 值这两个指标进行。可以看出，北京的论文数遥遥领先，总被引频次最高，但其引文影响力（11.6）和论文 CNCI 值（1.31）分别处于全国的并列第 15 和第 17 位，仅略高于全国平均水平。

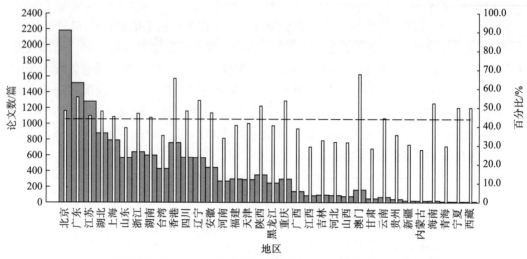

图 5 - 2 - 2　2017～2021 年我国理论与方法领域 Q1 期刊中论文数及百分比情况

图 5 - 2 - 3 反映了 2017～2021 年我国在理论与方法领域论文数排名前十位的地区引文影响力的分布情况。这一领域全国的引文影响力都比较接近，而且大部分地区的论文 CNCI 值高于全球平均水平（CNCI = 1.00）。北京、广东、江苏、湖北、山东、浙江、湖南、香港等地无论是论文数还是论文影响力悉数领先于全国平均值，是我国理论与方法领域的重要研究阵地。

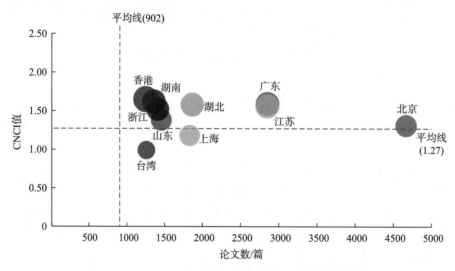

图 5 - 2 - 3　2017～2021 年我国理论与方法领域论文数
排名前十位的地区的引文影响力分布情况

注：图中气泡大小表示该地区引文影响力高低。

5.2.2　控制论领域论文产出情况

2017～2021 年，我国在控制论领域共有 5688 篇论文，表 5－2－2 通过论文数、被引频次、引文影响力、CNCI 值、Q1 期刊中论文数、JIF 期刊中论文数和 Q1 期刊论文占 JIF 期刊论文的百分比等指标，展示这一领域我国论文产出情况，大致反映论文的数量和质量。

表 5－2－2　2017～2021 年我国控制论领域论文产出情况

序号	地区	论文数/篇	被引频次	引文影响力	CNCI 值	Q1 期刊中论文数/篇	JIF 期刊中论文数/篇	Q1 期刊中论文百分比/%
1	北京	1189	28144	23.7	1.96	911	1122	81.2
2	广东	857	22215	25.9	2.41	709	834	85.0
3	江苏	825	21918	26.6	2.49	653	814	80.2
4	辽宁	616	24526	39.8	3.33	524	599	87.5
5	上海	574	14338	25.0	2.06	437	548	79.7
6	香港	508	13689	26.9	2.26	438	496	88.3
7	山东	493	15461	31.4	2.97	396	463	85.5
8	浙江	464	9933	21.4	1.76	344	432	79.6
9	湖北	414	11466	27.7	2.33	323	400	80.8
10	台湾	319	3653	11.5	1.08	118	307	38.4
11	湖南	282	5227	18.5	1.79	213	263	81.0
12	安徽	275	5761	20.9	2.04	203	272	74.6
13	四川	261	6280	24.1	2.14	204	254	80.3
14	陕西	230	5360	23.3	1.92	192	226	85.0
15	重庆	222	4655	21.0	2.02	160	209	76.6
16	黑龙江	222	8400	37.8	2.98	183	221	82.8
17	天津	215	4807	22.4	2.02	177	211	83.9
18	澳门	187	7228	38.7	2.99	175	182	96.2
19	福建	126	3387	26.9	2.22	88	121	72.7
20	河南	95	1532	16.1	1.74	53	90	58.9
21	河北	89	1461	16.4	1.52	74	85	87.1
22	广西	74	1635	22.1	2.26	59	70	84.3

序号	地区	论文数/篇	被引频次	引文影响力	CNCI值	Q1期刊中论文数/篇	JIF期刊中论文数/篇	Q1期刊中论文百分比/%
23	江西	62	1328	21.4	1.83	44	61	72.1
24	吉林	49	947	19.3	1.54	30	45	66.7
25	甘肃	40	930	23.3	2.27	26	38	68.4
26	云南	31	739	23.8	2.28	21	31	67.7
27	山西	27	337	12.5	1.11	16	27	59.3
28	新疆	19	509	26.8	2.86	13	17	76.5
29	贵州	12	99	8.3	0.52	5	12	41.7
30	海南	6	213	35.5	3.72	6	6	100
31	内蒙古	4	77	19.3	2.04	3	3	100
32	宁夏	3	15	5.0	0.85	1	1	100
33	青海	3	10	3.3	0.61	2	3	66.7
34	西藏	1	1	1.0	0.18	1	1	100
全国		5688	135266	23.8	1.68	4211	5466	77.0

（1）论文数

控制论领域是我国一体化算力网络中论文数最少的一个领域，如表5-2-2所示，全国论文数在千篇以上的仅北京一地，有1189篇，而论文数在500篇以上的也只有广东、江苏、辽宁、上海和香港。海南、内蒙古、宁夏、青海和西藏在控制论领域的研究力量薄弱，论文数均未超过10篇，西藏仅发文1篇。图5-2-4展示了2017~2021年我国控制论领域论文数分布情况，可以看出，北京、广东和江苏依然以领头羊态势带着沿海地区扛起研究重担，构建了我国一体化算力网络的东部阵地，此外，还有湖北、湖南、安徽、四川、陕西、重庆等地配合，支撑起全国控制论领域的学术研究网。

2017~2021年我国控制论领域Q1期刊发文数及百分比情况如图5-2-5所示，北京的论文数仍然是最多的，广东、江苏、辽宁紧随其后，均发文在500篇以上；但就Q1期刊中论文百分比来看，我国有24个地区超过全国Q1期刊中论文百分比，其中澳门为96.2%，海南、内蒙古、宁夏和西藏的百分比均为100%。

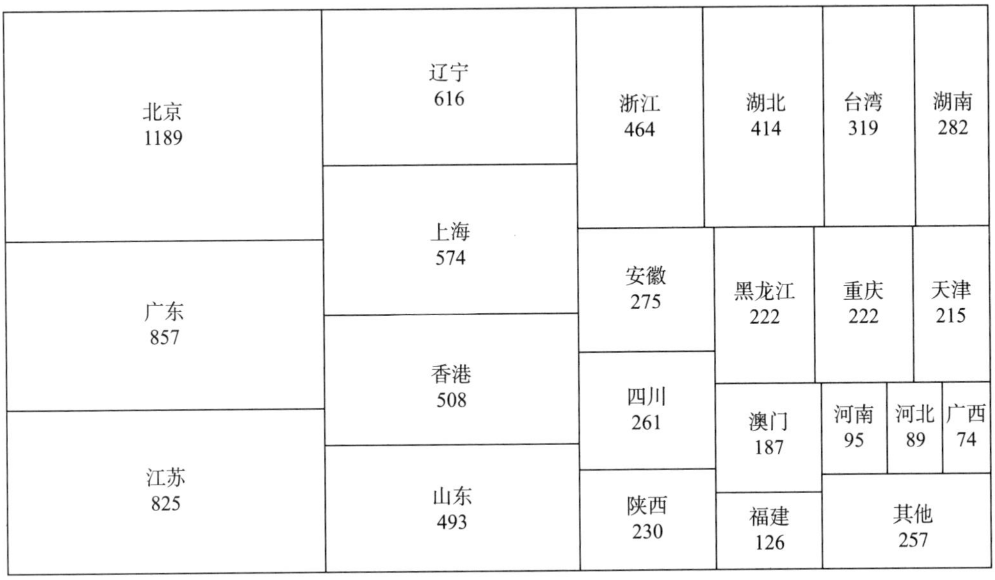

北京 1189	辽宁 616	浙江 464	湖北 414	台湾 319	湖南 282

图 5 – 2 – 4　2017 ~ 2021 年我国控制论领域论文数分布情况

注：图中数字表示论文数，单位为篇。

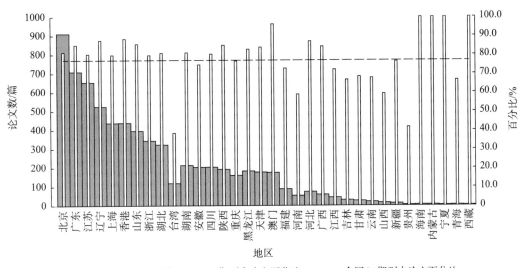

图 5 – 2 – 5　2017 ~ 2021 年我国控制论领域 Q1 期刊发文数及百分比情况

（2）论文影响力

如表 5 – 2 – 2 所示，我国控制论领域的论文数虽然在一体化算力网络各研究领域中排名末位，但影响力却表现强劲，论文 CNCI 值为 1.68。其中，北京的论文数和被引频次依旧遥遥领先，但引文影响力（23.7）和论文 CNCI 值（1.96）却分别处于全国的第 15 位和第 21 位，且低于全国平均水平。

图 5 – 2 – 6 反映了我国控制论领域论文数排名前十位的地区的引文影响力分布情

况。其中，引文影响力最高是辽宁，广东、江苏、上海、香港、山东、湖北等地是我国在控制论领域论文数和影响力均有较明显优势的地区。

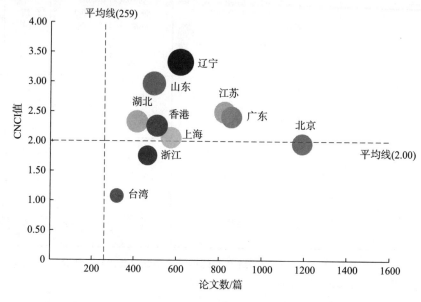

图 5-2-6 2017~2021 年我国控制论领域论文数排名前十位的地区的引文影响力分布情况

注：图中气泡大小表示引文影响力高低。

5.2.3 硬件领域论文产出情况

2017~2021 年，我国在硬件领域共有 12465 篇论文，表 5-2-3 通过论文数、被引频次、引文影响力、CNCI 值、Q1 期刊中论文数、JIF 期刊中论文数和 Q1 期刊论文占 JIF 期刊论文的百分比等指标，展示这一领域我国论文产出情况，大致反映论文的数量和质量。

表 5-2-3 2017~2021 年我国硬件领域论文产出情况

序号	地区	论文数/篇	被引频次	引文影响力	CNCI 值	Q1 期刊中论文数/篇	JIF 期刊中论文数/篇	Q1 期刊中论文百分比/%
1	北京	2996	42271	14.1	1.5	1521	2972	51.2
2	江苏	1696	25395	15	1.61	785	1679	46.8
3	广东	1587	23458	14.8	1.76	912	1569	58.1
4	上海	1195	14135	11.8	1.27	521	1183	44.0
5	台湾	1112	7562	6.8	0.71	318	1106	28.8

序号	地区	论文数/篇	被引频次	引文影响力	CNCI 值	Q1 期刊中论文数/篇	JIF 期刊中论文数/篇	Q1 期刊中论文百分比/%
6	香港	982	13627	13.9	1.39	564	971	58.1
7	湖北	933	15115	16.2	1.6	429	921	46.6
8	浙江	739	9717	13.1	1.56	382	737	51.8
9	四川	723	10625	14.7	1.83	350	717	48.8
10	湖南	693	9671	14.0	1.56	279	683	40.8
11	山东	678	9162	13.5	1.64	293	675	43.4
12	辽宁	658	13386	20.3	2.22	398	647	61.5
13	安徽	539	8265	15.3	1.54	252	537	46.9
14	重庆	413	5825	14.1	1.57	222	412	53.9
15	陕西	392	5992	15.3	1.77	213	390	54.6
16	福建	368	5557	15.1	1.86	172	366	47.0
17	天津	362	5637	15.6	1.95	167	356	46.9
18	黑龙江	307	5348	17.4	1.66	123	303	40.6
19	河南	295	3254	11.0	1.36	116	290	40.0
20	澳门	150	3513	23.4	2.48	94	148	63.5
21	广西	146	2003	13.7	1.56	57	145	39.3
22	河北	140	890	6.4	0.73	40	140	28.6
23	吉林	119	798	6.7	0.8	32	119	26.9
24	江西	92	880	9.6	1.13	25	90	27.8
25	山西	75	583	7.8	1.04	20	74	27.0
26	甘肃	55	368	6.7	1.08	17	55	30.9
27	云南	54	404	7.5	1.17	27	54	50.0
28	贵州	45	330	7.3	0.97	16	45	35.6
29	内蒙古	38	285	7.5	0.95	6	38	15.8
30	新疆	29	143	4.9	0.56	7	28	25.0
31	海南	21	83	4.0	0.62	11	21	52.4
32	青海	17	58	3.4	0.46	3	17	17.6
33	西藏	10	96	9.6	2.41	5	10	50.0
34	宁夏	7	12	1.7	0.35	1	7	14.3
全国		12465	156125	12.5	1.34	5907	12353	47.8

（1）论文数

如表 5 - 2 - 3 所示，我国硬件领域论文数较其他一体化算力网络领域偏少，仅有 5 个地区论文数在千篇以上，北京以 2996 篇的论文数居首，江苏、广东、上海和台湾紧随其后。全国论文数在百篇以下的地区尚有 11 处，其中宁夏最弱，论文数仅有 7 篇，西藏次之。图 5 - 2 - 7 展示了 2017 ~ 2021 年我国硬件领域论文数分布情况，可以看出，北京、江苏和广东继续保持领头羊地位，周边沿海地区以及内陆强省则包围着三大中心，整体由东向西推进，带动我国中西部构建出较完整的研究网络。西部边远省份研究力量薄弱，亟待开发。

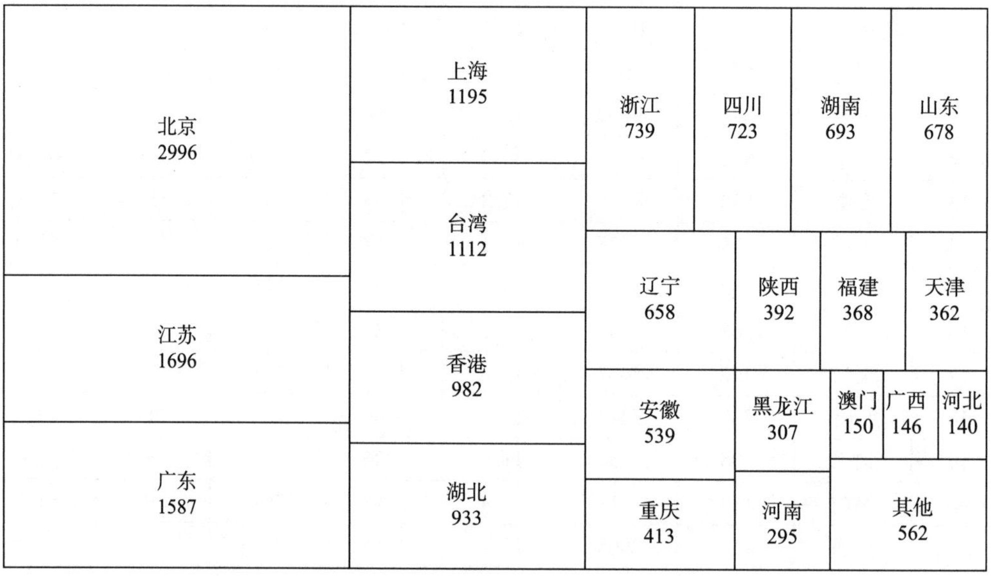

图 5 - 2 - 7 2017 ~ 2021 年我国硬件领域论文数分布情况

注：图中数字表示论文数，单位为篇。

2017 ~ 2021 年我国硬件领域 Q1 期刊中论文数及百分比情况，如图 5 - 2 - 8 所示，依旧是北京的 Q1 期刊中论文数最多，全国唯其 Q1 期刊中论文数在千篇以上。广东虽然论文总量不及江苏，但 Q1 期刊中论文数超过后者。就 Q1 期刊中论文百分比来看，全国有 12 个地域超过全国 Q1 期刊论文百分比，最高为澳门，为 63.5%，最低为宁夏，仅有 14.3%。图 5 - 2 - 8 展示了 2017 ~ 2021 年我国硬件领域 Q1 期刊中论文数和百分比情况。

（2）论文影响力

如表 5 - 2 - 3 所示，北京的论文数和被引频次依旧遥遥领先国内其他地区，引文影响力（14.1）和论文 CNCI 值（1.50）则分别处于全国的并列第 12 位和第 18 位。

图 5 - 2 - 9 反映了我国硬件领域论文数排名前十位的地区的引文影响力分布情况。可以看出，北京、江苏、广东、香港、湖北、四川、浙江、湖南等地在我国硬件领域论文数和影响力表现俱佳。

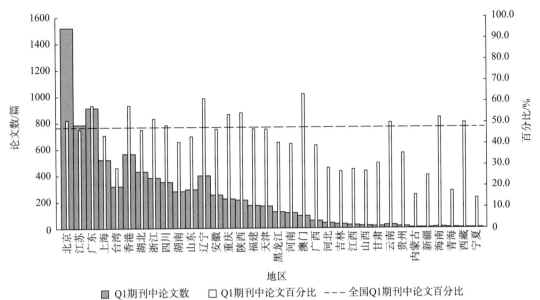

图 5 – 2 – 8　2017 ～ 2021 年我国硬件领域 Q1 期刊中论文数及百分比情况

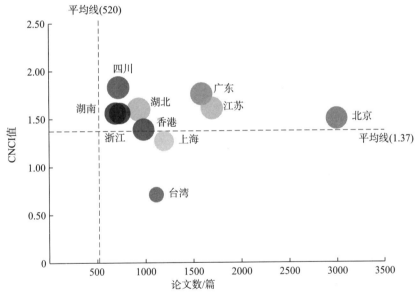

图 5 – 2 – 9　2017 ～ 2021 年我国硬件领域论文数
排名前十位的地区的引文影响力分布情况

注：图中气泡大小表示引文影响力高低。

5.2.4　信息系统领域论文产出情况

2017 ～ 2021 年，我国在信息系统领域共有 80136 篇论文，这是我国在一体化算力网络中论文数最多的一个领域。表 5 – 2 – 4 通过论文数、被引频次、引文影响力、CNCI 值、Q1 期刊中论文数、JIF 期刊中论文数和 Q1 期刊论文占 JIF 期刊论文的百分比等指标，展示了这一领域我国论文产出情况，大致反映论文的数量和质量。

表 5 - 2 - 4 2017~2021 年我国信息系统领域论文产出情况

序号	地区	论文数/篇	被引频次	引文影响力	CNCI 值	Q1 期刊中论文数/篇	JIF 期刊中论文数/篇	Q1 期刊中论文百分比/%
1	北京	17824	182271	10.2	1.09	7443	17617	42.3
2	江苏	11209	113012	10.1	1.09	4547	11126	40.9
3	广东	9053	107840	11.9	1.35	4249	8970	47.4
4	上海	6307	62260	9.9	1.06	2802	6225	45.0
5	湖北	5476	61349	11.2	1.23	2235	5428	41.2
6	台湾	5215	42628	8.2	0.97	1671	5176	32.3
7	浙江	5074	49127	9.7	1.08	1977	5020	39.4
8	四川	4829	58914	12.2	1.37	2192	4808	45.6
9	山东	4738	46197	9.8	1.14	1843	4687	39.3
10	湖南	4364	51298	11.8	1.31	1819	4326	42.0
11	辽宁	3678	37796	10.3	1.15	1570	3635	43.2
12	陕西	3299	28343	8.6	0.94	1384	3289	42.1
13	香港	3192	48044	15.1	1.5	1705	3078	55.4
14	河南	2982	21276	7.1	0.85	895	2951	30.3
15	安徽	2898	26438	9.1	1.1	1219	2879	42.3
16	黑龙江	2598	24323	9.4	0.97	1098	2593	42.3
17	天津	2549	24306	9.5	1.09	1112	2539	43.8
18	福建	2525	27918	11.1	1.29	1093	2513	43.5
19	重庆	2421	24608	10.2	1.15	1108	2409	46.0
20	吉林	1544	10171	6.6	0.77	551	1540	35.8
21	河北	1508	9665	6.4	0.73	510	1502	34.0
22	广西	1282	11247	8.8	0.98	401	1275	31.5
23	江西	1226	11656	9.5	1.08	494	1220	40.5
24	山西	806	7301	9.1	1.15	293	804	36.4
25	澳门	679	11735	17.3	1.78	381	667	57.1
26	甘肃	593	4690	7.9	0.87	196	591	33.2
27	云南	555	4729	8.5	1.02	183	530	34.5
28	贵州	470	3512	7.5	0.91	141	468	30.1

序号	地区	论文数/篇	被引频次	引文影响力	CNCI 值	Q1 期刊中论文数/篇	JIF 期刊中论文数/篇	Q1 期刊中论文百分比/%
29	内蒙古	334	2625	7.9	0.84	112	332	33.7
30	新疆	319	2076	6.5	0.86	79	317	24.9
31	海南	288	2046	7.1	0.95	97	288	33.7
32	青海	109	514	4.7	0.56	22	109	20.2
33	宁夏	99	493	5	0.62	28	97	28.9
34	西藏	26	153	5.9	0.79	8	26	30.8
全国		80136	761337	9.5	1.06	34643	79411	43.6

（1）论文数

如表 5－2－4 所示，信息系统领域全国论文数在千篇以上的地区有 23 个，论文数在 5000 篇以上的地区有 7 个，论文数在万篇以上的则只有北京和江苏两地，分别为 17824 篇和 11209 篇。全国仅宁夏和西藏论文数未超过百篇，西藏最少，仅有 26 篇。图 5－2－10 展示了 2017～2021 年我国信息系统领域论文数分布情况，可以看出，北京、江苏和广东，以及上海、湖北、台湾和浙江等沿海地区形成坚实的研究阵地，并联接其他地区搭建出东中西部遥相呼应的格局，由此带动研究由东向西辐射。

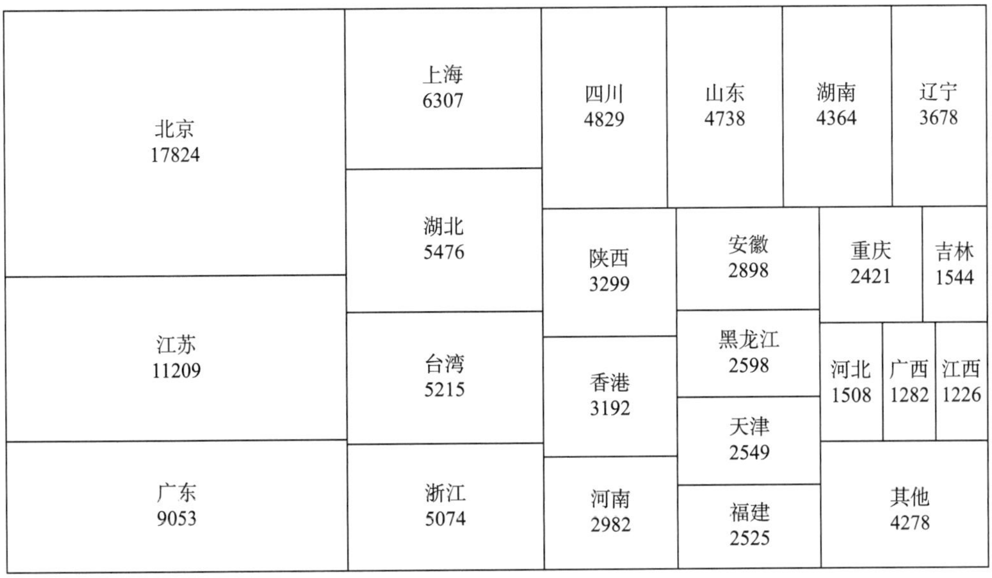

图 5－2－10　2017～2021 年我国信息系统领域论文数分布情况

注：图中数字表示论文数，单位为篇。

2017～2021 年我国信息系统领域 Q1 期刊中论文数及百分比情况如图 5－2－11 所示，可以看出，在论文数上，北京（7443 篇）、江苏（4547 篇）和广东（4249 篇）明显优于其他地区，论文数在千篇以上的还有上海、湖北、四川等地。但就 Q1 期刊中论文百分比来看，全国有 7 个地域超过全国 Q1 期刊中论文百分比，其中最高的为澳门（57.1%）和香港（55.4%），全国也仅此两地百分比在 50.0% 以上；最低为青海，仅为 20.2%。图 5－2－11 展示了 2017～2021 年我国 Q1 期刊中论文数和百分比情况。

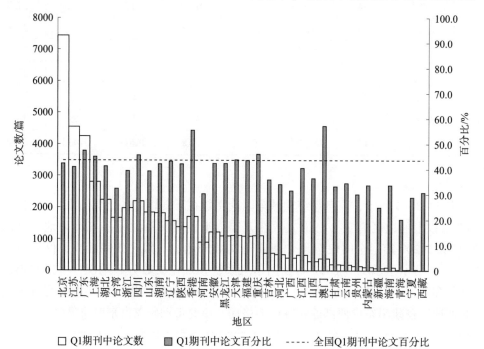

图 5－2－11　2017～2021 年我国信息系统领域 Q1 期刊中论文数及百分比情况

（2）论文影响力

如表 5－2－4 所示，信息系统领域论文的引文影响力普遍不高。引文影响力最高的是澳门，为 17.3，最低的是青海，仅 4.7，全国只有 11 个地区的引文影响力在 10 以上。论文 CNCI 值高于全球平均水平（CNCI＝1.00）的地区全国有 19 个，论文 CNCI 值最高的仍是澳门，为 1.78，而最低同样是青海，仅 0.56。北京的引文影响力（10.2）和论文 CNCI 值（1.09）分别处于全国的第 9 位和并列第 12 位。

图 5－2－12 反映了 2017～2021 年我国信息系统领域论文数排名前十位的地区的引文影响力分布情况。北京、江苏、广东、上海、湖北、浙江、四川、山东、湖南等地的论文数和影响力均在全国平均线上，是我国信息系统领域研究实力较为突出的地区。

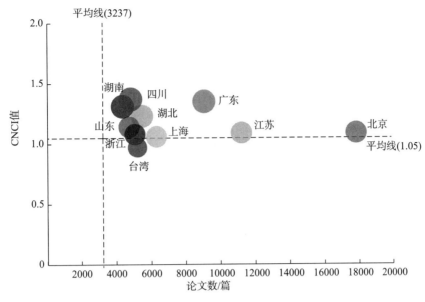

图 5 - 2 - 12　2017～2021 年我国信息系统领域论文数

排名前十位的地区的引文影响力分布情况

注：图中气泡大小表示引文影响力高低。

5.2.5　软件工程领域论文产出情况

2017～2021 年，我国在软件工程领域共有 19029 篇论文，表 5 - 2 - 5 通过论文数、被引频次、引文影响力、CNCI 值、Q1 期刊中论文数、JIF 期刊中论文数和 Q1 期刊论文占 JIF 期刊论文的百分比等指标，展示了这一领域我国论文产出情况，大致反映论文的数量和质量。

表 5 - 2 - 5　2017～2021 年我国软件工程领域论文产出情况

序号	地区	论文数/篇	被引频次	引文影响力	CNCI 值	Q1 期刊中论文数/篇	JIF 期刊中论文数/篇	Q1 期刊中论文百分比/%
1	北京	4519	44464	9.8	1.19	1575	4479	35.2
2	江苏	2466	21681	8.8	1.08	646	2453	26.3
3	广东	2066	18690	9.0	1.19	785	2050	38.3
4	上海	1735	13049	7.5	0.96	520	1720	30.2
5	浙江	1650	13877	8.4	1.08	527	1638	32.2
6	湖北	1327	14288	10.8	1.29	342	1321	25.9
7	香港	1187	13853	11.7	1.43	645	1177	54.8

续表

序号	地区	论文数/篇	被引频次	引文影响力	CNCI 值	Q1 期刊中论文数/篇	JIF 期刊中论文数/篇	Q1 期刊中论文百分比/%
8	山东	1159	9395	8.1	1.09	323	1152	28.0
9	湖南	1122	11943	10.6	1.4	275	1120	24.6
10	台湾	1089	7500	6.9	0.88	325	1084	30.0
11	安徽	867	7560	8.7	1.18	309	863	35.8
12	四川	864	9308	10.8	1.33	271	862	31.4
13	辽宁	737	6084	8.3	0.98	186	735	25.3
14	天津	616	5642	9.2	1.1	196	609	32.2
15	福建	593	5865	9.9	1.29	153	593	25.8
16	陕西	578	4826	8.3	1.07	156	577	27.0
17	河南	570	4323	7.6	1.01	84	570	14.7
18	重庆	435	3383	7.8	0.94	103	434	23.7
19	黑龙江	434	3594	8.3	1.06	100	432	23.1
20	广西	305	2297	7.5	0.94	61	305	20.0
21	吉林	270	1527	5.7	0.68	28	270	10.4
22	江西	265	1864	7.0	0.93	42	265	15.8
23	河北	213	729	3.4	0.51	26	212	12.3
24	澳门	196	2434	12.4	1.59	67	195	34.4
25	山西	185	1400	7.6	0.99	28	185	15.1
26	云南	125	853	6.8	0.97	20	125	16.0
27	甘肃	124	781	6.3	0.83	17	124	13.7
28	贵州	102	771	7.6	1.08	18	102	17.6
29	新疆	70	439	6.3	0.98	13	69	18.8
30	内蒙古	67	457	6.8	0.76	13	67	19.4
31	海南	41	294	7.2	1.58	5	40	12.5
32	宁夏	30	79	2.6	0.47	5	30	16.7
33	青海	21	81	3.9	0.58	1	20	5.0
34	西藏	7	135	19.3	3.78	5	7	71.4
全国		19029	157058	8.3	1.14	5397	18911	28.5

（1）论文数

如表 5 - 2 - 5 所示，我国在软件工程领域有 10 个地区论文数在千篇以上，北京以 4519 篇的论文量位居全国之首，江苏和广东分列全国第二名和第三名，其均为全国论文数在 2000 篇以上的地区。新疆、内蒙古、海南、宁夏、青海和西藏的论文数均未超过百篇，西藏论文数最少，仅有 7 篇。图 5 - 2 - 13 展示了 2017～2021 年我国软件工程领域论文数分布情况，与一体化算力网络其他领域类似，北京、江苏和广东位列前列，引领沿海地区以及湖北、湖南承担研究发文的重任。

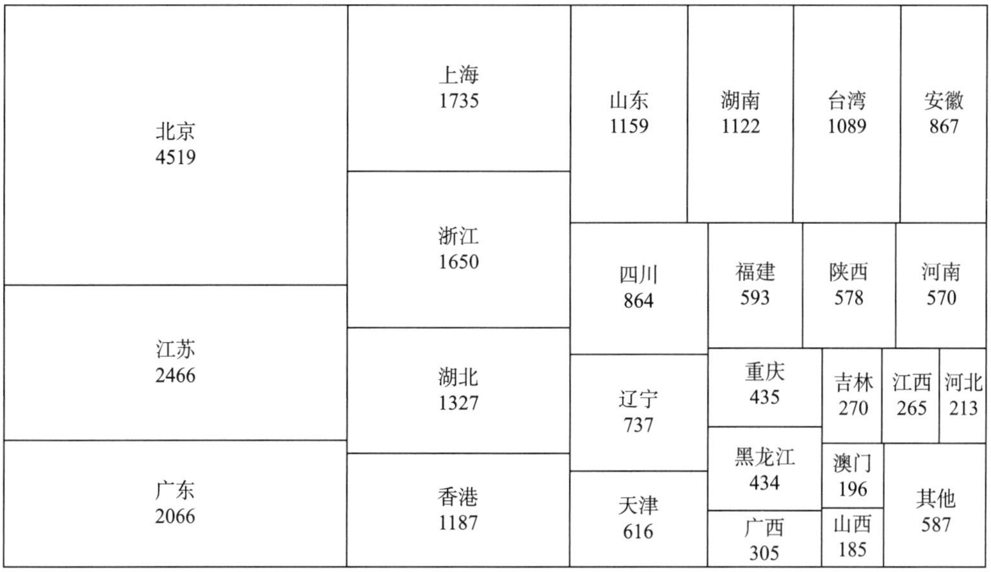

图 5 - 2 - 13　2017～2021 年我国软件工程领域论文数分布情况

注：图中数字表示论文数，单位为篇。

2017～2021 年我国软件工程领域 Q1 期刊中论文数及百分比情况如图 5 - 2 - 14 所示，北京的论文数最多，有 1575 篇，广东、江苏、香港、浙江和上海跟随其后，均在 500 篇以上；但就 Q1 期刊中论文百分比而言，我国有 11 个地区超过全国 Q1 期刊中论文百分比，其中百分比最突出的是西藏和香港，分别为 71.4% 和 54.8%。

（2）论文影响力

如表 5 - 2 - 5 所示，北京的论文数和被引频次依旧处于全国首位，其引文影响力（9.8）和 CNCI 值（1.40）分别处于全国的第 8 位和并列第 9 位，均高于全国平均水平。

图 5 - 2 - 15 反映了 2017～2021 年我国在软件工程领域论文数排名前十位的地区的引文影响力分布情况。可以看出，该领域论文发文量排名前十位的地区引文影响力接近，其中最高的是香港。此外，北京、广东、湖北、湖南等地的论文数和影响力均在全国平均线上，是我国软件工程研究领域实力较强的地区。

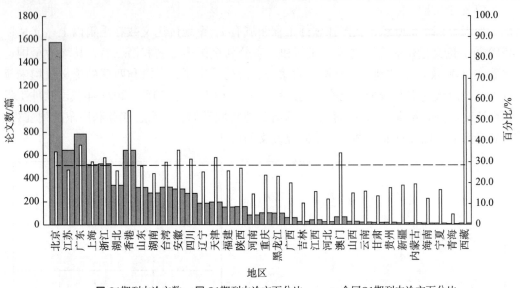

图 5 – 2 – 14　2017～2021 年我国软件工程领域 Q1 期刊中论文数及百分比情况

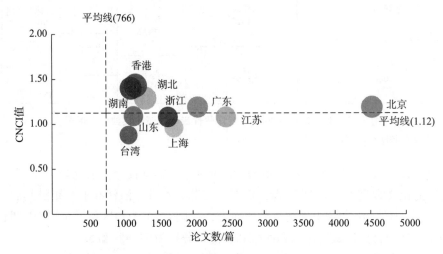

图 5 – 2 – 15　2017～2021 年我国软件工程领域论文数
排名前十位的地区的引文影响力分布情况

注：图中气泡大小表示引文影响力高低。

5.2.6　人工智能领域论文产出情况

2017～2021 年，我国在人工智能领域共有 47869 篇论文，表 5 – 2 – 6 通过论文数、被引频次、引文影响力、CNCI 值、Q1 期刊中论文数、JIF 期刊中论文数和 Q1 期刊论文占 JIF 期刊论文的百分比等指标，展示了这一领域我国论文产出情况，大致反映论文的数量和质量。

表 5－2－6 2017~2021 年我国人工智能领域论文产出情况

序号	地区	论文数/篇	被引频次	引文影响力	CNCI 值	Q1 期刊中论文数/篇	JIF 期刊中论文数/篇	Q1 期刊中论文百分比/%
1	北京	9414	155113	16.5	1.47	5667	9148	61.9
2	广东	6232	102708	16.5	1.65	3927	6048	64.9
3	江苏	6001	97571	16.3	1.47	3309	5834	56.7
4	上海	4037	59366	14.7	1.36	2341	3892	60.1
5	四川	3275	60701	18.5	1.78	1895	3167	59.8
6	湖北	3258	60609	18.6	1.75	1948	3164	61.6
7	山东	3123	50465	16.2	1.62	1702	3039	56.0
8	浙江	3072	46581	15.2	1.54	1736	2959	58.7
9	辽宁	2813	56934	20.2	1.89	1771	2753	64.3
10	香港	2556	57683	22.6	2.01	1905	2457	77.5
11	湖南	2484	40541	16.3	1.53	1271	2428	52.3
12	台湾	2240	23609	10.5	1.05	1004	2135	47.0
13	陕西	2002	33226	16.6	1.49	1148	1967	58.4
14	安徽	1967	36197	18.4	1.6	1139	1918	59.4
15	重庆	1774	26344	14.9	1.45	1028	1718	59.8
16	天津	1711	27816	16.3	1.75	986	1630	60.5
17	福建	1451	21921	15.1	1.3	758	1407	53.9
18	黑龙江	1392	29303	21.1	1.73	771	1359	56.7
19	河南	1248	14907	11.9	1.2	555	1187	46.8
20	河北	883	8808	10.0	0.82	333	829	40.2
21	广西	761	10243	13.5	1.22	346	734	47.1
22	江西	706	8863	12.6	1.22	322	687	46.9
23	吉林	665	8268	12.4	1.1	254	624	40.7
24	澳门	626	14297	22.8	2.06	468	618	75.7
25	山西	561	7563	13.5	1.16	247	546	45.2
26	云南	507	6813	13.4	1.11	223	476	46.8
27	甘肃	414	5668	13.7	1.22	187	395	47.3
28	贵州	296	3273	11.1	1.13	109	284	38.4

序号	地区	论文数/篇	被引频次	引文影响力	CNCI值	Q1期刊中论文数/篇	JIF期刊中论文数/篇	Q1期刊中论文百分比/%
29	新疆	228	2443	10.7	0.97	84	220	38.2
30	内蒙古	149	1432	9.6	0.83	59	141	41.8
31	海南	132	1003	7.6	0.94	73	126	57.9
32	宁夏	74	671	9.1	1.09	36	70	51.4
33	青海	39	186	4.8	0.58	11	33	33.3
34	西藏	15	96	6.4	0.69	7	15	46.7
	全国	47869	717784	15	1.24	26318	46214	56.9

（1）论文数

如表 5-2-6 所示，人工智能领域作为我国一体化算力网络研究中论文成果较为突出的领域，论文数仅次于信息系统领域和电信学领域。全国论文数在千篇以上的地区有 19 个，其中，北京有 9414 篇论文，位居全国之首，其后是广东和江苏，论文数分别为 6232 篇和 6001 篇，上海排在第四名，有 4037 篇论文。宁夏、青海和西藏研究力量较为薄弱，论文数均未超过百篇，西藏论文数最少，仅有 15 篇。图 5-2-16 展示了 2017～2021 年我国人工智能领域论文数分布情况，可以看出，北京、广东和江苏连同沿海地区，以及四川、湖北、湖南、陕西等地区，已形成密集的研究网络，引领周边地区开拓和深入人工智能领域相关研究。

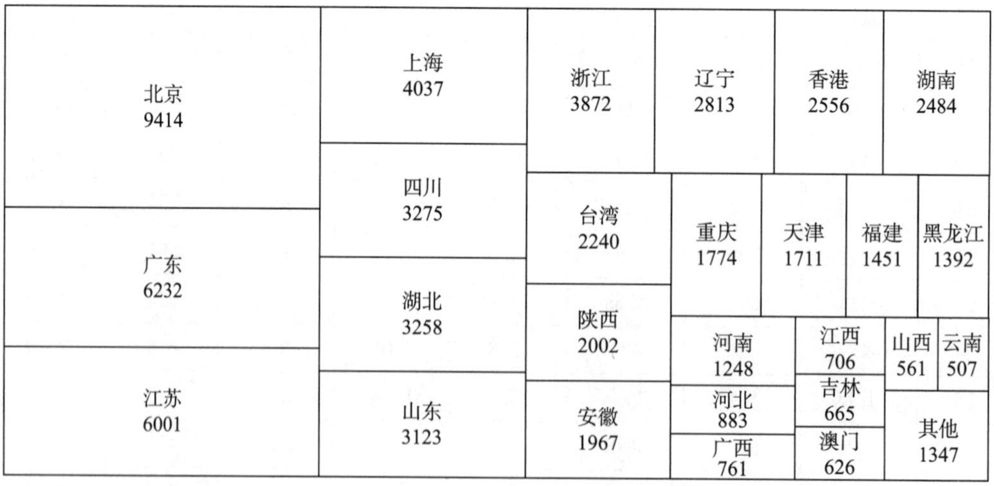

图 5-2-16　2017～2022 年我国人工智能领域论文数分布情况

注：图中数字表示论文数，单位为篇。

2017~2021 年我国人工智能领域 Q1 期刊中论文数及百分比情况如图 5-2-17 所示，可以看出，我国人工智能领域论文质量整体偏高，过半数的论文发表 Q1 期刊上，合计有 26318 篇。北京的论文数依旧大幅度领先于我国其他地区，广东、江苏分列第二名和第三名，均在 3000 篇以上。从 Q1 期刊中论文百分比来看，我国有 14 个地区超过全国 Q1 期刊中论文百分比，香港、澳门排名第一位和第二位，百分比分别为 77.5% 和 75.7%，其后是广东（64.9%）和辽宁（64.3%）。北京占比 62.0%，居全国第五位。

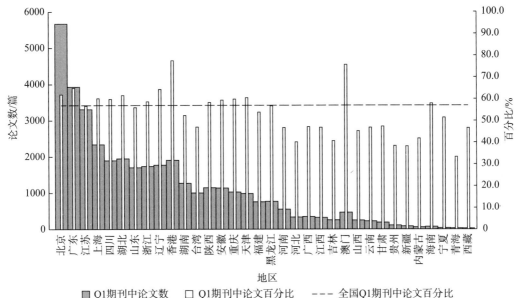

图 5-2-17　2017~2021 年我国人工智能领域 Q1 期刊中论文数及百分比情况

（2）论文影响力

如表 5-2-6 所示，北京的论文数和被引频次仍然遥遥领先国内其他地区，而引文影响力（16.5）和论文 CNCI 值（1.47）则分别处于全国的并列第 9 位和并列第 14 位。图 5-2-18（见文前彩色插图第 1 页）反映了我国人工智能领域论文数排名前十位的地区的引文影响力分布情况。可以看出，各地区论文的引文影响力差距不明显，香港的引文影响力最高，随后是辽宁。该领域论文发文量排名前十位的地区的论文 CNCI 值都高于全球平均水平（CNCI = 1.00），且论文数和影响力均在全国平均线上，是我国人工智能领域研究的实力代表。

5.2.7　跨学科应用领域论文产出情况

2017~2021 年，我国在跨学科应用领域共有 28831 篇论文，表 5-2-7 通过论文数、被引频次、引文影响力、CNCI 值、Q1 期刊中论文数、JIF 期刊中论文数和 Q1 期刊论文占 JIF 期刊论文的百分比等指标，展示了这一领域我国论文产出情况，大致反映论文的数量和质量。

表 5－2－7　2017～2021 年我国跨学科应用领域论文产出情况

序号	地区	论文数/篇	被引频次	引文影响力	CNCI 值	Q1 期刊中论文数/篇	JIF 期刊中论文数/篇	Q1 期刊中论文百分比/%
1	北京	5945	81491	13.7	1.4	2586	5884	43.9
2	江苏	3501	45738	13.1	1.35	1493	3486	42.8
3	广东	3291	54577	16.6	1.7	1745	3261	53.5
4	上海	3028	40460	13.4	1.39	1466	2976	49.3
5	湖北	2181	35900	16.5	1.68	1065	2171	49.1
6	台湾	2181	24071	11.0	1.21	995	2147	46.3
7	浙江	2003	27320	13.6	1.61	901	1991	45.3
8	香港	1878	30322	16.1	1.59	965	1836	52.6
9	四川	1737	27064	15.6	1.6	729	1725	42.3
10	湖南	1683	27150	16.1	1.77	756	1682	44.9
11	山东	1503	18977	12.6	1.49	636	1494	42.6
12	辽宁	1482	23815	16.1	1.51	682	1471	46.4
13	天津	1117	15016	13.4	1.49	513	1106	46.4
14	陕西	1054	14513	13.8	1.63	461	1051	43.9
15	安徽	954	12616	13.2	1.35	427	950	44.9
16	福建	807	12010	14.9	1.59	380	806	47.1
17	重庆	780	11296	14.5	1.54	368	770	47.8
18	黑龙江	599	8588	14.3	1.54	269	599	44.9
19	河南	593	7503	12.7	1.38	250	586	42.7
20	吉林	428	4648	10.9	1.26	142	428	33.2
21	江西	388	5261	13.6	1.34	164	388	42.3
22	河北	384	4133	10.8	1.18	140	383	36.6
23	广西	322	3870	12.0	1.46	130	320	40.6

续表

序号	地区	论文数/篇	被引频次	引文影响力	CNCI 值	Q1 期刊中论文数/篇	JIF 期刊中论文数/篇	Q1 期刊中论文百分比/%
24	甘肃	271	3155	11.6	1.07	99	271	36.5
25	云南	260	2523	9.7	1.11	102	255	40.0
26	山西	247	2160	8.7	0.93	75	246	30.5
27	澳门	237	3754	15.8	1.73	123	235	52.3
28	贵州	156	1692	10.8	1.48	54	156	34.6
29	新疆	142	1607	11.3	1.22	50	142	35.2
30	内蒙古	104	969	9.3	0.99	39	103	37.9
31	海南	70	606	8.7	1.26	33	70	47.1
32	青海	49	684	14.0	1.39	12	49	24.5
33	宁夏	34	429	12.6	1.62	18	34	52.9
34	西藏	10	323	32.3	2.96	5	10	50.0
全国		28831	377963	13.1	1.24	13125	28526	46.0

（1）论文数

如表 5-2-7 所示，我国跨学科应用领域论文数在千篇以上的地区有 14 个，北京以 5945 篇的论文数位居全国之首，江苏、广东和上海则分列全国第二名、第三名和第四名，全国仅此 4 个地区论文数超过 3000 篇。图 5-2-19 展示了 2017～2021 年我国跨学科应用领域论文数分布情况，可以看出，北京、江苏和广东连同沿海地区以及湖北等地区，在我国东部和中部形成优势明显的学术阵地，并逐渐延伸至西部。其中，湖北论文数与台湾持平。海南、青海、宁夏和西藏论文数均未上百，西藏论文数最少，仅有 10 篇。

2017～2021 年我国跨学科应用领域 Q1 期刊中论文数及百分比情况如图 5-2-20 所示，可以看出，北京的论文数最多，广东、江苏、上海和湖北随后，均在千篇以上；但就 Q1 期刊中论文百分比来看，我国有 13 个地区超过全国 Q1 期刊中论文百分比，而北京在全国水平之下。图 5-2-20 展示了 2017～2021 年我国跨学科应用领域 Q1 期刊中论文数和百分比情况。

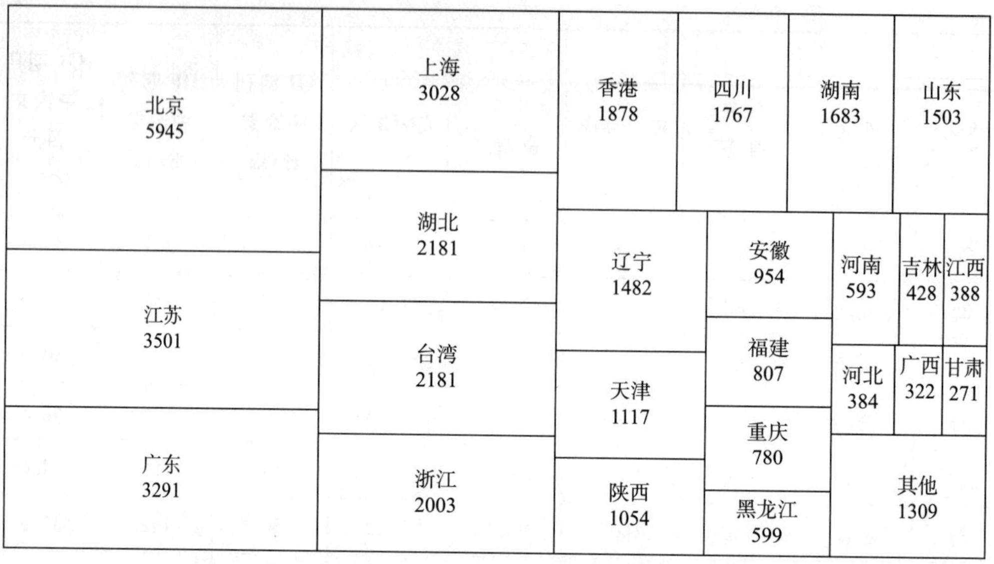

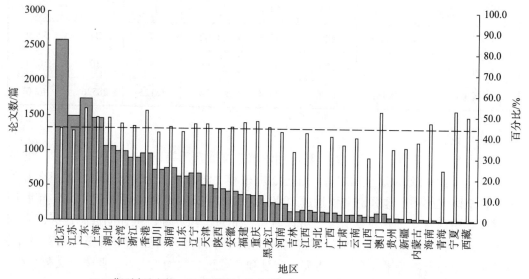

| 北京 5945 | 上海 3028 | 香港 1878 | 四川 1767 | 湖南 1683 | 山东 1503 |

图 5 – 2 – 19　2017～2021 年我国跨学科应用领域论文数分布情况

注：图中数字表示论文数，单位为篇。

图 5 – 2 – 20　2017～2021 年我国跨学科应用领域 Q1 期刊中论文数及百分比情况

（2）论文影响力

如表 5 – 2 – 7 所示，北京的论文数和被引频次依旧领先国内其他地区，但引文影响力（13.7）和论文 CNCI 值（1.40）则分别处于全国的第 14 位和第 19 位。

图 5 – 2 – 21 反映了 2017～2021 年我国跨学科应用领域论文数排名前十位的地区的引文影响力分布情况。可以看出，该领域论文发文量排名前十位的地区引文影响力都

比较接近，其论文 CNCI 值均高于全球平均水平（CNCI = 1.00）。其中，广东、湖北、浙江、香港、四川、湖南等地的论文数和影响力均在全国平均线以上，研究实力优于我国其他地区。

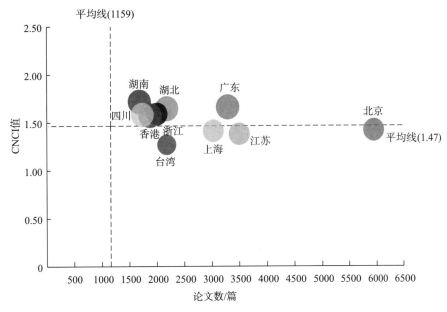

图 5 - 2 - 21　2017 ～ 2021 年我国跨学科应用领域论文数排名前十位的地区的引文影响力分布情况

注：图中气泡表示引文影响力高低。

5.2.8　电信学领域论文产出情况

2017 ～ 2021 年，我国在电信学领域共有 75513 篇论文，为我国一体化算力网络论文数排名第二位的领域。表 5 - 2 - 8 通过论文数、被引频次、引文影响力、CNCI 值、Q1 期刊中论文数、JIF 期刊中论文数和 Q1 期刊论文占 JIF 期刊论文的百分比等指标，展示了这一领域我国论文产出情况，大致反映论文的数量和质量。

表 5 - 2 - 8　2017 ～ 2021 年我国电信学领域论文产出情况

序号	地区	论文数/篇	被引频次	引文影响力	CNCI 值	Q1 期刊中论文数/篇	JIF 期刊中论文数/篇	Q1 期刊中论文百分比/%
1	北京	16972	200171	11.8	1.18	5894	16802	35.1
2	江苏	11591	134927	11.6	1.18	3851	11494	33.5
3	广东	8853	111317	12.6	1.37	3502	8783	39.9

序号	地区	论文数/篇	被引频次	引文影响力	CNCI 值	Q1 期刊中论文数/篇	JIF 期刊中论文数/篇	Q1 期刊中论文百分比/%
4	上海	5776	63938	11.1	1.12	2118	5705	37.1
5	四川	5450	68359	12.5	1.27	1865	5417	34.4
6	浙江	4430	47342	10.7	1.15	1389	4405	31.5
7	湖北	4406	49549	11.2	1.16	1356	4360	31.1
8	台湾	4289	37829	8.8	0.97	1310	4252	30.8
9	山东	3833	35682	9.3	1.04	862	3821	22.6
10	湖南	3655	42988	11.8	1.24	964	3636	26.5
11	陕西	3423	30430	8.9	0.96	922	3418	27.0
12	辽宁	3270	36096	11.0	1.13	980	3251	30.1
13	香港	2854	47355	16.6	1.6	1623	2806	57.8
14	黑龙江	2668	25192	9.4	0.95	629	2661	23.6
15	河南	2582	19475	7.5	0.88	486	2563	19.0
16	安徽	2496	22581	9.0	1.04	772	2483	31.1
17	重庆	2419	27643	11.4	1.19	727	2404	30.2
18	福建	2174	25722	11.8	1.24	606	2167	28.0
19	天津	2172	20912	9.6	1.05	558	2158	25.9
20	河北	1466	9713	6.6	0.72	270	1463	18.5
21	吉林	1367	8943	6.5	0.75	281	1364	20.6
22	广西	1114	9486	8.5	0.91	204	1112	18.3
23	江西	1033	10513	10.2	1.03	229	1029	22.3
24	山西	694	4930	7.1	0.93	100	691	14.5
25	澳门	672	10180	15.1	1.84	314	662	47.4
26	甘肃	491	4215	8.6	0.94	83	491	16.9
27	云南	411	3266	7.9	0.98	68	411	16.5
28	贵州	355	2635	7.4	0.84	43	354	12.1
29	内蒙古	302	2225	7.4	0.82	51	302	16.9

序号	地区	论文数/篇	被引频次	引文影响力	CNCI 值	Q1 期刊中论文数/篇	JIF 期刊中论文数/篇	Q1 期刊中论文百分比/%
30	新疆	259	1629	6.3	0.76	26	259	10.0
31	海南	242	1718	7.1	0.89	57	242	23.6
32	青海	84	355	4.2	0.53	4	84	4.8
33	宁夏	82	446	5.4	0.74	10	82	12.2
34	西藏	31	182	5.9	0.78	14	31	45.2
全国		75513	787911	10.4	1.07	22732	74915	30.3

（1）论文数

电信学领域是我国一体化算力网络论文数较多的领域，全国论文数在千篇以上的地区有 23 个，而论文数超过 5000 篇的地区分别是北京（16972 篇）、江苏（11591 篇）、广东（8853 篇）、上海（5776 篇）和四川（5450 篇）。西部地区论文数较少，尤其青海、宁夏、西藏的论文数均未超过 100 篇，西藏最少，仅有 31 篇。图 5-2-22 展示了 2017~2021 年我国电信学领域论文数分布情况，可以看出，全国以北京、江苏和广东为中心，联接沿海地区并向内陆延伸，四川的论文数超越湖北，坐实中西部领头羊之位。

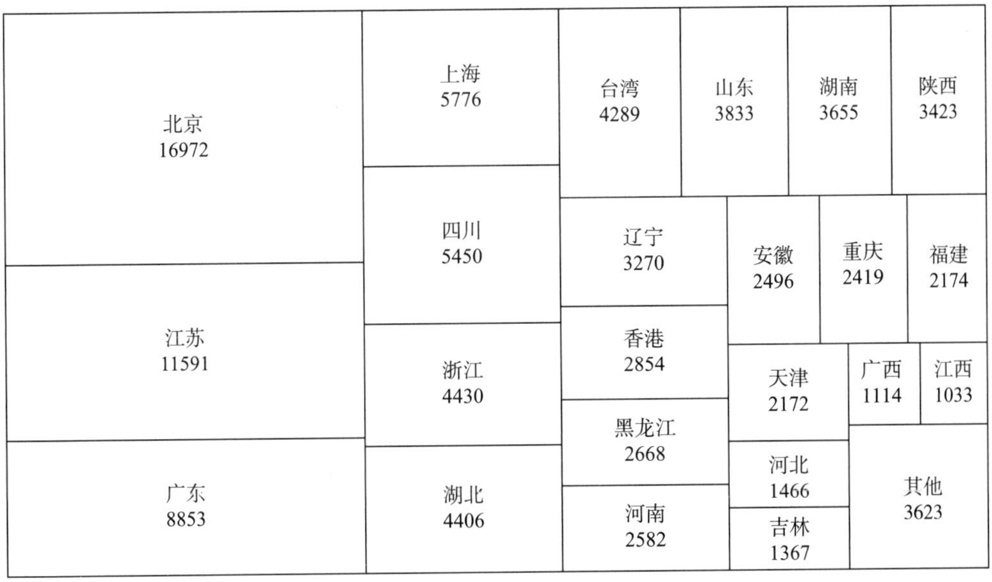

图 5-2-22　2017~2021 年我国电信学领域论文数分布情况

注：图中数字表示论文数，单位为篇。

2017～2021 年我国电信学领域 Q1 期刊中论文数及百分比情况如图 5-2-23 所示，可以看出，北京的论文数最多，有 5894 篇，江苏、广东、上海、四川、香港、浙江、湖北和台湾依次随后，论文数均在千篇之上。就 Q1 期刊中论文百分比来看，我国有 12 个地区超过全国 Q1 期刊中论文百分比，其中，香港、澳门和西藏依次排名前三位。

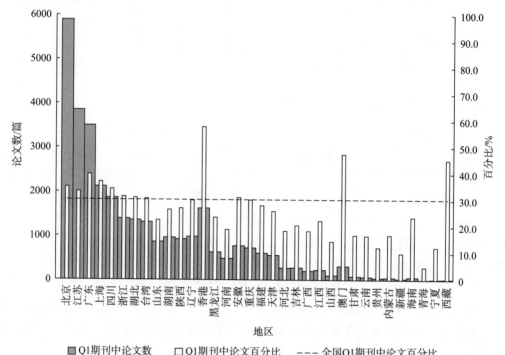

图 5-2-23　2017～2021 年我国电信学领域 Q1 期刊中论文数及百分比情况

（2）论文影响力

如表 5-2-8 所示，北京的论文数和被引频次处于领先地位，而引文影响力（11.8）和论文 CNCI 值（1.40）则分别排名全国并列第 5 位和并列第 8 位，影响力水平较其他领域有上升。

图 5-2-24 反映了 2017～2021 年我国在电信学领域论文数排名前十位的地区的引文影响力分布情况。可以看出，图中各地的引文影响力差距不大。就论文 CNCI 值而言，台湾未达到全球平均水平（CNCI=1.00），最高的是广东。该图除了台湾，其他地区的论文数和影响力均在全国平均线上，在电信学领域表现出较强的研究实力。

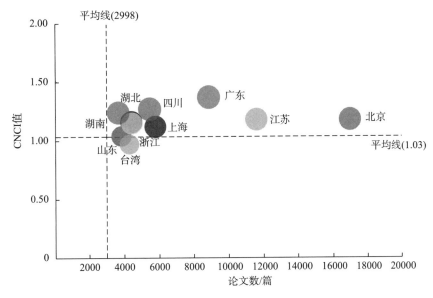

图 5 - 2 - 24　2017～2021 年我国电信学领域论文数

排名前十位的地区的引文影响力分布情况

注：图中气泡大小表示引文影响力高低。

5.3 "东数西算"八大枢纽节点所在地区论文产出情况

5.3.1　论文产出整体概况

按各枢纽所在区域统计，如表 5 - 3 - 1 所示，"东数西算"八大枢纽节点在 2017～2021 年共发表一体化算力网络相关论文 132698 篇，占全国发文总量的 69.0%。长三角枢纽论文数最多，有 57050 篇，占全国发文总量的 29.7%。该枢纽囊括江苏、上海、浙江和安徽，而前三地的论文数在全国均排名前十位，分别位居第二名、第四名和第七名。京津冀枢纽和粤港澳大湾区枢纽随后，三大东部枢纽的论文数同其对一体化算力网络的科研实力相辅相成。成渝枢纽所在地区的用户规模较大，应用需求强烈，一体化算力网络研究实力不俗，论文数也明显超过了内蒙古枢纽、贵州枢纽、甘肃枢纽和宁夏枢纽四个西部枢纽。

表 5 - 3 - 1　2017～2021 年"东数西算"八大枢纽论文产出情况

枢纽节点	论文数/篇	占全国论文百分比/%	CNCI 值	Q1 期刊论文数/篇	Q1 期刊中论文百分比/%
长三角枢纽	57050	29.7	1.25	26492	47.2
京津冀枢纽	49421	25.7	1.24	23202	47.8

枢纽节点	论文数/篇	占全国论文百分比/%	CNCI 值	Q1 期刊论文数/篇	Q1 期刊中论文百分比/%
粤港澳大湾区枢纽	30943	16.1	1.54	17275	57.0
成渝枢纽	17854	9.3	1.42	8733	49.7
甘肃枢纽	1440	0.7	1.03	508	36.0
贵州枢纽	1011	0.5	1.07	335	33.7
内蒙古枢纽	674	0.4	0.86	229	34.5
宁夏枢纽	230	0.1	0.81	85	38.0
八大枢纽总量	132698	69.0	1.26	62515	48.0
全国总量	192217	100	1.20	86305	45.7

注：表中论文数因合作论文按枢纽节点分别统计，故各枢纽论文数之和大于八大枢纽论文总量；本章同类表同本注释。

从引文影响力来看，我国一体化算力网络相关论文整体 CNCI 值为 1.20，八大枢纽论文合集的 CNCI 值为 1.26，超过全国论文整体 CNCI 值。其中，粤港澳大湾区枢纽和成渝枢纽又超过八大枢纽论文合集的论文 CNCI 值，分别为 1.54 和 1.42，说明这两大枢纽在一体化算力网络领域的论文虽数量不领先，但论文影响力有着较为明显的优势。八大枢纽中内蒙古枢纽和宁夏枢纽研究实力较弱，不仅论文数少，论文影响力也不足，离全球平均水平（CNCI = 1.00）尚有距离。

Q1 期刊为学科领域中影响因子最高的期刊集合，Q1 期刊中论文数的多少反映该领域论文质量的高低。长三角枢纽整体论文数最多，其中，Q1 期刊中论文数也最多，但就 Q1 期刊中论文百分比来看，粤港澳大湾区枢纽百分比最大，这与其论文 CNCI 值最高较为一致，其次是成渝枢纽。内蒙古枢纽、贵州枢纽、甘肃枢纽和宁夏枢纽这四大西部枢纽的 Q1 期刊中论文百分比，较前四大枢纽有一定差距。

在年度趋势方面，如图 5-3-1 和图 5-3-2 所示，除了宁夏枢纽和内蒙古枢纽分别在 2018 年和 2021 年论文数出现下降，其他六大枢纽均呈逐年递增趋势。如图 5-3-3 所示，从 2017~2021 年的平均增长率来看，只有京津冀枢纽低于全国平均增长率，论文数较少的西部四大枢纽的增长率更高，其中贵州枢纽增长最快。

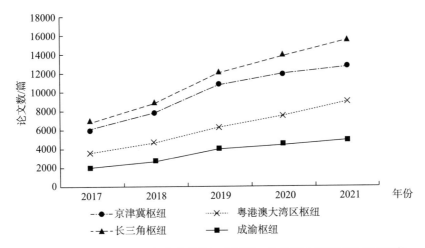

图 5 - 3 - 1　2017～2021 年京津冀等四大枢纽一体化算力网络研究发文趋势

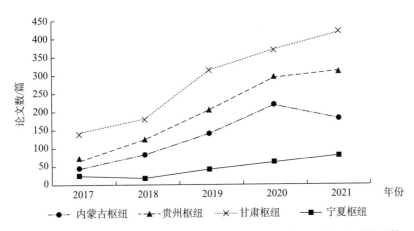

图 5 - 3 - 2　2017～2021 年内蒙古等四大枢纽一体化算力网络研究发文趋势

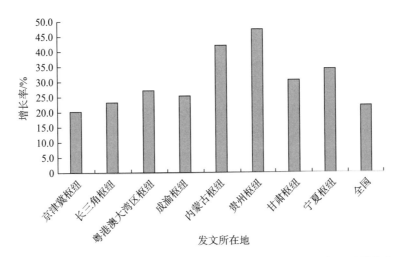

图 5 - 3 - 3　2017～2021 年"东数西算"全国及八大枢纽论文数平均增长率

5.3.2 研究领域分布

（1）京津冀枢纽

2017～2021年，京津冀枢纽在一体化算力网络相关领域的论文数有49421篇。表5-3-2展示了2017～2021年京津冀枢纽在一体化算力网络各研究领域中的论文数和占比情况。可以看出，信息系统领域的发文最多，排名第一位，电信学领域排名第二位，人工智能领域排名第三位；论文数最少的是控制论领域。京津冀枢纽在各研究领域论文数排名与全国排名保持一致。从一体化算力网络各研究领域发文占比来看，京津冀枢纽在各研究领域的发展较为均衡，硬件领域和软件工程领域发文占比最多，说明该枢纽在全国范围内这2个领域的研究实力最强，人工智能领域的论文数在全国该领域论文占比中相对较少。

表5-3-2 2017～2021年京津冀枢纽在各研究领域的论文数和占比情况

研究领域	论文数/篇	占枢纽发文百分比/%	占全国领域发文百分比/%
信息系统	21038	42.6	26.3
电信学	19898	40.3	26.4
人工智能	11456	23.2	23.9
跨学科应用	7155	14.5	24.8
理论与方法	5488	11.1	24.7
软件工程	5169	10.5	27.2
硬件	3387	6.9	27.2
控制论	1414	2.9	24.9

注：表中论文数因合作论文按各研究领域分别统计，故各研究领域论文数之和大于各研究领域论文总量；本章同类表同本注释。

京津冀枢纽在各研究领域2017～2021年发文趋势如图5-3-4所示。电信学领域起点最高，其次是信息系统领域，二者在2018年发文增长势头迅猛，2019年增幅放缓，2020年出现下降，但论文数仍处于领先地位。其他领域在2017～2021年均呈逐年递增趋势，其中人工智能领域进入2019年后发文增长提升明显，显然这一领域已成为近年京津冀枢纽节点所在地区的研究热点。

图5-3-5展示了2017～2021年京津冀枢纽在各研究领域中的论文数、论文CNCI值、国际合作论文数、横向合作论文数和Q1期刊中论文数的分布情况。可以看出，京津冀枢纽在信息系统领域和电信学领域的论文数包括合作论文均有着明显的数量优势，但论文影响力最高的却是控制论领域，其次是硬件领域。论文数最多的信息系统领域反而论文CNCI值最低。在人工智能领域，虽然论文数无法比肩前2个领域，但体现高质量论文的Q1期刊中论文数超过电信学领域。

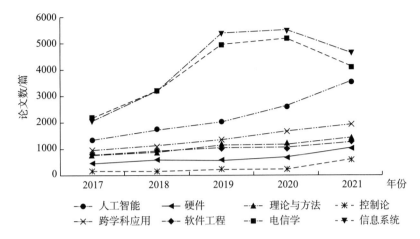

图 5 - 3 - 4　2017～2021 年京津冀枢纽在各研究领域的发文趋势

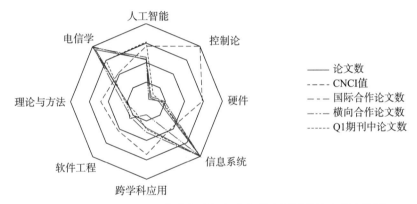

图 5 - 3 - 5　2017～2021 年京津冀枢纽在各研究领域的论文分布情况

注：雷达图数值从中心向外侧递增，多边形线段交点代表图形分析维度，雷达图面积可评估论文分布情况；本章同类图同本注释。

如表 5 - 3 - 3 所示，在八大枢纽中，京津冀枢纽在各研究领域的论文数均排名第二位。其中，在国际合作论文数和横向合作论文数方面仅控制论领域排名第三位，其他均为第二位；Q1 期刊中论文数则均排名第三位；论文 CNCI 值在各研究领域的排名处于中间位置，其中控制论和跨学科应用领域较为靠后，均排名第五位。可以看出，京津冀枢纽在一体化算力网络的各研究领域中各方面表现都较为均衡。

表 5 - 3 - 3　2017～2021 年京津冀枢纽在各研究领域的论文排名情况

研究领域	论文数排名	国际合作论文数排名	横向合作论文数排名	CNCI 值排名	Q1 期刊中论文数排名
理论与方法	2	2	2	4	3

研究领域	论文数排名	国际合作论文数排名	横向合作论文数排名	CNCI 值排名	Q1 期刊中论文数排名
控制论	2	3	3	5	3
硬件	2	2	2	3	3
信息系统	2	2	2	3	3
软件工程	2	2	2	3	3
人工智能	2	2	2	3	3
跨学科应用	2	2	2	5	3
电信学	2	2	2	3	3

（2）长三角枢纽

长三角枢纽是"东数西算"八大枢纽中论文数最多的节点，共发文 57050 篇。表 5 - 3 - 4 展示了 2017～2021 年长三角枢纽在各研究领域的论文数和占比情况。可以看出，信息系统领域的论文数最多，排名第一位，电信学领域排名第二位，人工智能领域排名第三位，论文数最少的是控制论领域。各研究领域论文数排名同全国排名保持一致。从一体化算力网络各研究领域发文占比来看，控制论领域是长三角枢纽发文占比最大的研究领域，说明该枢纽在全国范围内控制论领域的研究实力较强，其次是软件工程领域和跨学科应用领域，占全国领域发文百分比均在 30.0% 以上，人工智能和理论与方法 2 个领域相对较弱。

表 5 - 3 - 4　2017～2021 年长三角枢纽在各研究领域的论文数和占比情况

研究领域	论文数/篇	占枢纽发文百分比/%	占全国领域发文百分比/%
信息系统	23243	40.7	29.0
电信学	22226	39.0	29.4
人工智能	13776	24.1	28.8
跨学科应用	8700	15.2	30.2
理论与方法	6428	11.3	28.9
软件工程	6149	10.8	32.3
硬件	3716	6.5	29.8
控制论	1898	3.3	33.4

长三角枢纽在各研究领域 2017～2021 年的发文趋势如图 5 - 3 - 6 所示，电信学领域起点最高，其次是信息系统领域，2 个领域的发文在 2018 年实现快速增长，进入 2019 年后增长有所放缓，2020 年则出现回落。理论与方法领域的发文在 2019 年有轻微

下滑，但在 2020 年以后又恢复了上涨势头。其他领域在 2017～2021 年均呈逐年递增趋势。与京津冀枢纽一样，在长三角枢纽，人工智能领域自进入 2019 年以后论文数就提升明显，可见人工智能已成为热门研究领域。

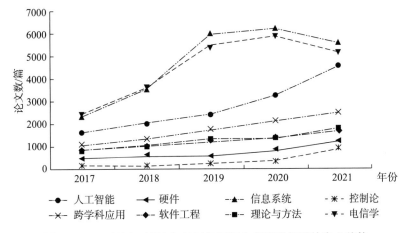

图 5 - 3 - 6　2017～2021 年长三角枢纽在各研究领域的发文趋势

图 5 - 3 - 7 展示了 2017～2021 年长三角枢纽在各研究领域中的论文数、论文 CNCI 值、国际合作论文数、横向合作论文数和 Q1 期刊中论文数的分布情况。可以看出，长三角枢纽在信息系统领域和电信学领域的发文包括合作论文在数量上优势明显，而控制论领域依然处于论文数最少，论文 CNCI 值却遥遥领先的状态。在长三角枢纽，论文 CNCI 值最低的是软件工程领域。相比京津冀枢纽，长三角枢纽在人工智能领域发表的 Q1 期刊中论文数更多。

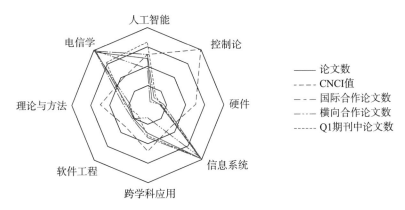

图 5 - 3 - 7　2017～2021 年长三角枢纽在各研究领域的论文分布情况

如表 5 - 3 - 5 所示，在八大枢纽中，长三角枢纽在各研究领域的论文数和国际合作论文数均排名第一位，横向合作论文数基本排名第三位；在 Q1 期刊中论文数方面，控制论领域排名第一位，其余领域的 Q1 期刊中论文数均排名第二位；在论文 CNCI 值方面，长三角枢纽处于八大枢纽中间位置，其中控制论领域排名第二位，而跨学科应用领域排名第六位。

表 5 – 3 – 5　2017~2021 年长三角枢纽在各研究领域的论文排名情况

研究领域	论文数排名	国际合作论文数排名	横向合作论文数排名	CNCI 值排名	Q1 期刊中论文数排名
理论与方法	1	1	3	3	2
控制论	1	1	2	2	1
硬件	1	1	3	5	2
信息系统	1	1	3	4	2
软件工程	1	1	3	5	2
人工智能	1	1	3	4	2
跨学科应用	1	1	3	6	2
电信学	1	1	3	4	2

（3）粤港澳大湾区枢纽

粤港澳大湾区枢纽是"东数西算"三大东部枢纽之一，2017~2021 年，该枢纽的论文数为 30943 篇，仅低于长三角枢纽和京津冀枢纽。表 5 – 3 – 6 展示了 2017~2021 年粤港澳大湾区枢纽在一体化算力网络各研究领域中的论文数和占比情况。可以看出，信息系统领域的论文数最多，排名第一位，电信学领域排名第二位，人工智能领域排名第三位；论文数最少的是控制论领域。各研究领域论文数排名同全国排名保持一致。从一体化算力网络各研究领域发文占比来看，控制论领域是粤港澳大湾区发文占比最高的领域，其次是硬件领域，二者同为粤港澳大湾区枢纽在一体化算力网络的优势研究领域。相比京津冀枢纽和长三角枢纽，粤港澳大湾区枢纽在信息系统和电信学领域的论文数相对较少。

表 5 – 3 – 6　2017~2019 年粤港澳大湾区枢纽在各研究领域的论文数和占比情况

研究领域	论文数/篇	占枢纽发文百分比/%	占全国领域发文百分比/%
信息系统	11821	38.2	14.8
电信学	11272	36.4	14.9
人工智能	8340	27.0	17.4
跨学科应用	4891	15.8	17.0
理论与方法	3892	12.6	17.5
软件工程	3099	10.0	16.3
硬件	2409	7.8	19.3
控制论	1291	4.2	22.7

粤港澳大湾区枢纽在各研究领域 2017～2021 年的发文趋势如图 5 - 3 - 8 所示，电信学领域起点最高，其次是信息系统领域，2 个领域的发文趋势同长三角枢纽一样，都是先快后慢，并在 2020 年以后出现下降。硬件领域在 2018 年发文略有下滑，但在 2019 年以后恢复上涨，在 2020 年以后涨幅与控制论领域并行。增长最明显的是人工智能领域，增长幅度逐年提升，论文数在 2021 年远超电信学领域，逼近信息系统领域。

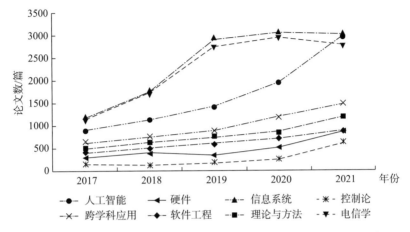

图 5 - 3 - 8　2017～2021 年粤港澳大湾区枢纽在各研究领域的发文趋势

图 5 - 3 - 9 展示了 2017～2021 年粤港澳大湾区枢纽在各研究领域中的论文数、论文 CNCI 值、国际合作论文数、横向合作论文数和 Q1 期刊中论文数的分布情况。可以看出，粤港澳大湾区枢纽的论文数、合作论文数以及 Q1 期刊中论文数均在信息系统和电信学 2 个领域表现出明显优势，其次是人工智能领域。在论文 CNCI 值方面，除了控制论领域依旧领先，其他领域都比较均衡，其中，理论与方法领域的论文 CNCI 值略高。

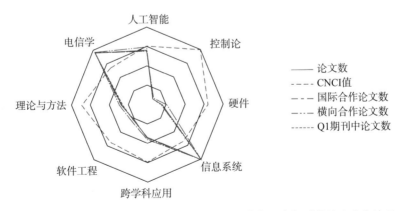

图 5 - 3 - 9　2017～2021 年粤港澳大湾区枢纽在各研究领域的论文分布情况

如表 5 - 3 - 7 所示，在八大枢纽中，粤港澳大湾区枢纽在各研究领域的论文数均排名第三位；国际合作论文数中只有控制论领域超越了京津冀枢纽排名第二位，其余均排名第三位。值得关注的是，粤港澳大湾区枢纽的横向合作论文数方面全领域均排名第一位，这说明粤港澳大湾区枢纽同企业的横向合作更为活跃，研产联系更加紧密。另外，在 Q1 期刊中论文数方面，除了控制论领域排名第二位，其余均排名第一位，体现粤港澳大湾区枢纽的论文数量和质量较好。在论文 CNCI 值方面，有 4 个领域排名第一位，2 个领域排名第二位，1 个领域排名第三位，只有控制论领域排名较靠后。

表 5 – 3 – 7   2017～2021 年粤港澳大湾区枢纽在各研究领域的论文排名情况

研究领域	论文数排名	国际合作论文数排名	横向合作论文数排名	CNCI 值排名	Q1 期刊中论文数排名
理论与方法	3	3	1	1	1
控制论	3	2	1	6	2
硬件	3	3	1	2	1
信息系统	3	3	1	1	1
软件工程	3	3	1	1	1
人工智能	3	3	1	2	1
跨学科应用	3	3	1	3	1
电信学	3	3	1	1	1

（4）成渝枢纽

成渝枢纽虽处于我国西南地区，但在一体化算力网络的研究实力不俗，2017～2021 年该枢纽论文数有 17854 篇。表 5 – 3 – 8 展示了 2017～2021 年成渝枢纽在一体化算力网络各研究领域中的论文数和占比情况。与京津冀枢纽、长三角枢纽和粤港澳大湾区枢纽不同，成渝枢纽论文数排名第一位的是电信学领域。成渝枢纽论文发文量排名第二位的是信息系统领域，排名第三位的是人工智能领域，论文数最少的是控制论领域。从一体化算力网络各研究领域发文占比来看，电信学领域和人工智能领域为成渝枢纽的优势研究领域，软件工程领域则相对较弱。

表 5 – 3 – 8   2017～2021 年成渝枢纽在各研究领域的论文数和占比情况

研究领域	论文数/篇	占枢纽发文百分比/%	占全国领域发文百分比/%
电信学	7640	42.8	10.1
信息系统	7030	39.4	8.8
人工智能	4840	27.1	10.1
跨学科应用	2427	13.6	8.4
理论与方法	1715	9.6	7.7
软件工程	1257	7.0	6.6
硬件	1097	6.1	8.8
控制论	470	2.6	8.3

成渝枢纽在各研究领域 2017~2021 年发文趋势如图 5-3-10 所示，电信学领域起点最高，信息系统领域的论文数在 2017~2018 年与电信学领域齐头猛进，且逐渐缩小差距，2 个领域在 2019 年的论文数皆达顶峰，2019 年以后又同步下降。其他领域基本呈逐年递增趋势，理论与方法领域和软件工程领域在 2017~2018 年略有下降。人工智能领域作为我国近两年研究热点，成渝枢纽在该领域的发文不仅逐年上涨，后期涨幅较其他领域也更为明显，在 2020~2021 年的论文数已远超电信学领域和信息系统领域。

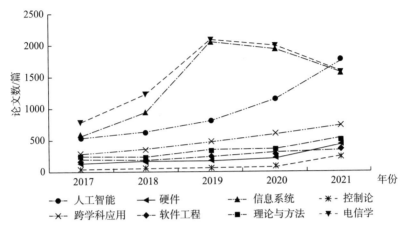

图 5-3-10 2017~2021 年成渝枢纽在各研究领域的发文趋势

图 5-3-11 展示了 2017~2021 年成渝枢纽在各研究领域中的论文数、论文 CNCI 值、国际合作论文数、横向合作论文数和 Q1 期刊中论文数的分布情况。可以看出，成渝枢纽在电信学领域和信息系统领域的论文数包括合作论文数上优势明显；控制论领域仍为论文数最少而论文 CNCI 值最高的研究领域；在人工智能领域，成渝枢纽 Q1 期刊中论文数高于电信学领域，但横向合作论文数偏少。

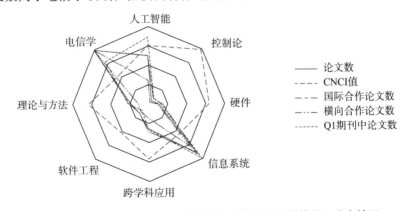

图 5-3-11 2017~2021 年成渝枢纽在各研究领域的论文分布情况

如表 5-3-9 所示，在八大枢纽中，成渝枢纽在各研究领域的论文数、国际合作论文数、横向论文数、Q1 期刊中论文数方面均排名第四位；而论文 CNCI 值方面，所有领域排名均在前三位以内，其中硬件领域和人工智能领域排名第一位。

表 5 - 3 - 9　2017～2021 年成渝枢纽在各研究领域的论文排名情况

研究领域	论文数排名	国际合作论文数排名	横向合作论文数排名	CNCI 值排名	Q1 期刊中论文数排名
理论与方法	4	4	4	2	4
控制论	4	4	4	3	4
硬件	4	4	4	1	4
信息系统	4	4	4	2	4
软件工程	4	4	4	2	4
人工智能	4	4	4	1	4
跨学科应用	4	4	4	2	4
电信学	4	4	4	2	4

（5）内蒙古枢纽

内蒙古枢纽作为"东数西算"西部枢纽之一，研究实力薄弱，2017～2021 年论文数仅为 674 篇。表 5 - 3 - 10 展示了 2017～2021 年内蒙古枢纽在一体化算力网络各领域中的论文数和占比情况。同全国发文保持一致，内蒙古枢纽在信息系统领域的论文数最多，排名第一位，电信学领域排名第二位，人工智能领域排名第三位，论文数最少的是控制论领域。从一体化算力网络各研究领域发文占比来看，内蒙古枢纽在各研究领域占比都未达到 0.5%，其中控制论领域尤为薄弱，发文仅占全国同领域论文总量的 0.1%。

表 5 - 3 - 10　内蒙古枢纽在各研究领域的论文数和占比情况

研究领域	论文数/篇	占枢纽发文百分比/%	占全国领域发文百分比/%
信息系统	334	49.6	0.4
电信学	302	44.8	0.4
人工智能	149	22.1	0.3
跨学科应用	104	15.4	0.4
理论与方法	73	10.8	0.3
软件工程	67	9.9	0.4
硬件	38	5.6	0.3
控制论	4	0.6	0.1

从 2017～2021 年一体化算力网络各研究领域发文趋势来看，如图 5 - 3 - 12 所示，内蒙古枢纽各研究领域在 2020 年以前论文数总体呈上升态势，其中信息系统领域起点最高，上升最快；电信学领域追随其后，但其涨跌的幅度也较大，2020 年 2 个领域论文数出现明显下滑，但数量仍在其他领域之上。此外，人工智能领域、跨学科应用领域和理论与方法领域 3 个领域论文数均在 2020 年以后有所回落，控制论领域仅在 2018

年和 2021 年有论文发表。

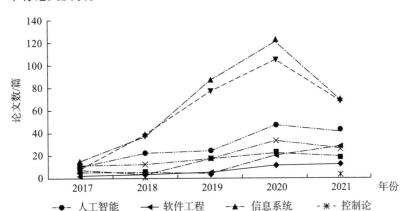

图 5 - 3 - 12　2017 ~ 2021 年内蒙古枢纽在各研究领域的发文趋势

图 5 - 3 - 13（见文前彩色插图第 2 页）展示了 2017 ~ 2021 年内蒙古枢纽在各研究领域中的论文数、CNCI 值、国际合作论文数、横向合作论文数和 Q1 期刊中论文数的分布情况。可以看出，内蒙古枢纽的论文数为 674 篇，分散到各研究领域的数量更少，且各研究领域之间的不平衡感较为明显。如信息系统领域和电信学领域分别有 334 篇和 302 篇论文，除了人工智能领域和跨学科应用领域，其他 4 个领域论文数均未过百，其中控制论领域仅有 4 篇，且无横向合作论文，然而其论文 CNCI 值最高。当论文数量过少时，论文 CNCI 值这一指标并不能真实反映论文影响力的高低。此外，除了理论与方法领域，其他领域的论文 CNCI 值均未达到全球平均水平。

如表 5 - 3 - 11 所示，在八大枢纽中，内蒙古枢纽在各研究领域的论文数均排名第七位，其他领域也以排名第六位和第七位为主，只有控制论领域的论文 CNCI 值的排名进入前四位，而人工智能领域和跨学科应用领域的论文 CNCI 值排在最后一位。

表 5 - 3 - 11　2017 ~ 2021 年内蒙古枢纽在各研究领域的论文排名情况

研究领域	论文数排名	国际合作论文数排名	横向合作论文数排名	CNCI 值排名	Q1 期刊论文数排名
理论与方法	7	7	7	6	7
控制论	7	7	5	4	7
硬件	7	6	6	7	7
信息系统	7	7	6	7	7
软件工程	7	5	6	7	7
人工智能	7	7	6	8	7
跨学科应用	7	7	6	8	7
电信学	7	6	6	7	6

（6）贵州枢纽

贵州枢纽作为"东数西算"西部枢纽之一，研究实力薄弱，2017～2021年论文数为1011篇。表5-3-12展示了2017～2021年贵州枢纽在一体化算力网络各研究领域中的论文数和占比情况。可以看出，贵州枢纽在信息系统领域的发文最多，排名第一位，电信学领域排名第二位，人工智能领域排名第三位，发文最少的是控制论领域。从一体化算力网络各研究领域发文占比来看，贵州枢纽各研究领域占比都在1.0%以下，其中控制论领域最为薄弱，仅占全国同领域论文总量的0.2%。

表5-3-12　2017～2021年贵州枢纽在各研究领域的论文数和占比情况

研究领域	论文数/篇	占枢纽发文百分比/%	占全国领域发文百分比/%
信息系统	470	46.5	0.6
电信学	355	35.1	0.5
人工智能	296	29.3	0.6
跨学科应用	156	15.4	0.5
理论与方法	118	11.7	0.5
软件工程	102	10.1	0.5
硬件	45	4.5	0.4
控制论	12	1.2	0.2

贵州枢纽在各研究领域2017～2021年的发文趋势如图5-3-14所示。可以看出，贵州枢纽各研究领域的发文趋势大部分在2020年之前呈上升态势，但各研究领域升势不均衡，硬件领域、控制论领域、软件工程领域均都有过滑落。而进入2020年后则有5个领域出现下降趋势，之前增长最快的信息系统领域和电信学领域下降最为明显，此外还有理论与方法领域和软件工程领域。

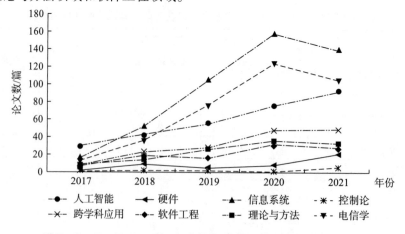

图5-3-14　2017～2021年贵州枢纽在各研究领域的发文趋势

图 5 - 3 - 15 展示了 2017 ~ 2021 年贵州枢纽一体化算力网络在各研究领域中论文数、论文 CNCI 值、国际合作论文数、横向合作论文数和 Q1 期刊中论文数的分布情况。可以看出，贵州枢纽在信息系统领域和电信学领域的论文数排名靠前，人工智能领域的论文数则接近电信学领域。与其他枢纽不同的是，贵州枢纽在控制论领域的各项指标均为各研究领域中最低，包括反映论文影响力的论文 CNCI 值，其论文 CNCI 值排名第一为跨学科应用领域。此外，贵州枢纽在控制论领域无横向合作论文。

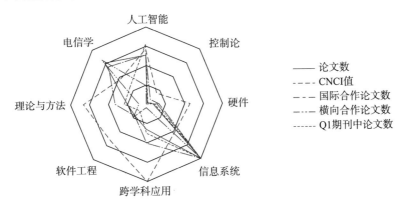

图 5 - 3 - 15　2017 ~ 2021 年贵州枢纽在各研究领域的论文分布情况

如表 5 - 3 - 13 所示，在八大枢纽中，贵州枢纽各研究领域的指标排名以第五位和第六位为主。论文数排名均为第六位；横向合作论文数除了跨学科应用领域，其他领域均排名第五位；论文 CNCI 值中，跨学科应用领域和软件工程领域均排名第四位，控制论领域排名第八位。

表 5 - 3 - 13　2017 ~ 2021 年贵州枢纽在各研究领域的论文排名情况

研究领域	论文数排名	国际合作论文数排名	横向合作论文数排名	CNCI 值排名	Q1 期刊论文数排名
理论与方法	6	5	5	5	6
控制论	6	6	5	8	6
硬件	6	6	5	6	6
信息系统	6	6	5	5	6
软件工程	6	5	5	4	5
人工智能	6	6	5	6	6
跨学科应用	6	5	6	4	6
电信学	6	7	5	6	7

（7）甘肃枢纽

甘肃枢纽作为"东数西算"的西部枢纽之一，其发文实力强于贵州枢纽、内蒙古枢纽和宁夏枢纽，2017 ~ 2021 年共发文 1440 篇。表 5 - 3 - 14 展示了 2017 ~ 2021 年甘肃枢纽在一体化算力网络各研究领域中的论文数和占比情况。可以看出，信息系统领域的发文最多，排名第一位，电信学领域排名第二位，人工智能领域排名第三，发文最少的是控制论领域。从一体化算力网络各研究领域发文占比来看，甘肃枢纽各研究领域占比均在 1.0% 以下，其中硬件领域研究实力最弱，论文数仅为全国同领域论文总量的 0.4%。

表 5-3-14　2017~2021 年甘肃枢纽在各研究领域的论文数和占比情况

研究领域	论文数/篇	占枢纽发文百分比/%	占全国领域发文百分比/%
信息系统	593	41.2	0.7
电信学	491	34.1	0.7
人工智能	414	28.8	0.9
跨学科应用	271	18.8	0.9
理论与方法	181	12.6	0.8
软件工程	124	8.6	0.7
硬件	55	3.8	0.4
控制论	40	2.8	0.7

甘肃枢纽在各研究领域 2017~2021 年的发文趋势如图 5-3-16 所示，各研究领域的发文趋势整体呈上升趋势。人工智能领域起点最高，信息系统领域和电信学领域论文数增长最为迅猛，2018~2019 年尤为明显，但进入 2020 年以后电信学领域论文数出现下降，软件工程领域在 2017~2018 年的论文数也出现轻微下降。自 2019 年起人工智能领域发文增长幅度便呈领先态势，对应了全国研究热点的变化。

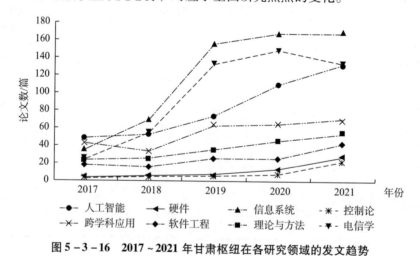

图 5-3-16　2017~2021 年甘肃枢纽在各研究领域的发文趋势

图 5-3-17 展示了 2017~2021 年甘肃枢纽在各研究领域中论文数、论文 CNCI 值、国际合作论文数、横向合作论文数和 Q1 期刊中论文数的分布情况。可以看出，信

息系统领域和电信学领域的论文数排名靠前,而人工智能领域的论文数更加接近电信学领域。控制论领域依旧表现为论文数最少而论文 CNCI 值最高。此外,控制论领域和硬件领域无横向合作论文。

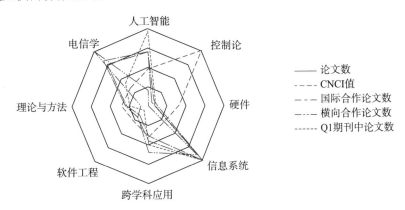

图 5 – 3 – 17 2017～2021 年甘肃枢纽在各研究领域的论文分布情况

如表 5 – 3 – 15 所示,在八大枢纽中,甘肃枢纽各研究领域指标排名多见第五、第六和第七,整体排名偏后,只有控制论领域的论文 CNCI 值在八大枢纽中排名第一。横向合作论文方面,控制论领域和硬件领域排名均最末。

表 5 – 3 – 15 2017～2021 年甘肃枢纽在各研究领域的论文排名情况

研究领域	论文数排名	国际合作论文数排名	横向合作论文数排名	CNCI 值排名	Q1 期刊论文数排名
理论与方法	5	6	7	7	5
控制论	5	5	5	1	5
硬件	5	6	8	5	5
信息系统	5	5	7	6	5
软件工程	5	7	6	6	6
人工智能	5	5	7	5	5
跨学科应用	5	6	5	7	5
电信学	5	5	6	5	5

(8) 宁夏枢纽

宁夏枢纽是"东数西算"各大枢纽中研究实力最为薄弱的一个,2017～2021 年论文数为 230 篇,仅为全国论文量的 0.1%。表 5 – 3 – 16 展示了 2017～2021 年宁夏枢纽在一体化算力网络各研究领域中的论文数和占比情况。该枢纽各研究领域的论文数排名与其他七大枢纽论文数排名略有不同之处,即软件工程领域的论文数超过理论与方法领域,其他则保持一致。从一体化算力网络各研究领域发文占比来看,宁夏枢纽各研究领域占比大多为 0.1%，人工智能领域和软件工程领域略高，但也只为全国同领域论文总量的 0.2%。

表 5 – 3 – 16 2017~2021 年宁夏枢纽在各研究领域的论文数和占比情况

研究领域	论文数/篇	占枢纽发文百分比/%	占全国领域发文百分比/%
信息系统	99	43.0	0.1
电信学	82	35.7	0.1
人工智能	74	32.2	0.2
跨学科应用	34	14.8	0.1
软件工程	30	13.0	0.2
理论与方法	21	9.1	0.1
硬件	7	3.0	0.1
控制论	3	1.3	0.1

从 2017~2021 年一体化算力网络各研究领域发文趋势来看，如图 5 – 3 – 18 所示（见文前彩色插图第 2 页），宁夏枢纽在各研究领域论文数均有升降，起伏明显。起点最高是人工智能领域和跨学科应用领域，而增长最快的是信息系统领域和电信学领域，但二者在 2020 年以后呈现下降趋势。人工智能领域自 2018 年便稳步上升，进入 2020 年以后上升势头更加明显，且当年的论文数超过信息系统领域和电信学领域。此外，控制论领域和硬件领域在 2019 年以前无论文发表。

图 5 – 3 – 19 展示了 2017~2021 年宁夏枢纽在各研究领域中的论文数、论文 CNCI 值、国际合作论文数、横向合作论文数和 Q1 期刊中论文数的分布情况。可以看出宁夏枢纽各研究领域论文数的分布类似东部枢纽，发文主要集中信息系统领域、电信学领域和人工智能领域。在 Q1 期刊中论文数方面，人工智能领域的论文数超过其他领域，八大枢纽中仅此一家。在论文 CNCI 值方面，跨学科应用领域排名第一位，人工智能领域随后，其余领域的论文 CNCI 值均未及全球平均水平。控制论领域无横向合作论文。

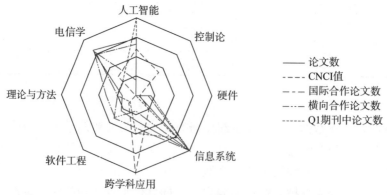

图 5 – 3 – 19 2017~2021 年宁夏枢纽在各研究领域的论文分布情况

如表 5 – 3 – 17 所示，在八大枢纽中，宁夏枢纽各研究领域指标排名多为最末，只有跨学科应用领域的论文 CNCI 值在八大枢纽中排名第·位。

表 5 – 3 – 17　2017～2021 年宁夏枢纽在各研究领域的论文排名情况

研究领域	论文数排名	国际合作论文数排名	横向合作论文数排名	CNCI 值排名	Q1 期刊论文数排名
理论与方法	8	8	5	8	8
控制论	8	8	5	7	8
硬件	8	8	6	8	8
信息系统	8	8	8	8	8
软件工程	8	8	6	8	8
人工智能	8	8	8	7	8
跨学科应用	8	8	6	1	8
电信学	8	8	8	8	8

第6章 基于专利的我国一体化算力网络创新能力分析

发明专利量不仅能反映产业结构及调整方向，而且能反映重点技术及热点技术方向。例如，某技术发明专利量较大，说明该技术受产业研发主体重视，是产业的重点技术，而当某技术发明专利占比升高时，显示该方向是产业研发主体的关注重点，可能是未来的热点方向。

本章通过统计一体化算力网络相关领域的已授权的发明专利量，对一体化算力网络相关领域的发明专利布局分析、产业链创新资源分布、龙头企业研发情况分析、著名科研机构分析、协同创新方向分析以及专利运用分析等，了解一体化算力网络相关领域的重要技术及未来的热点发展方向。

6.1 发明专利布局分析

为了解我国一体化算力网络相关领域未来的发展趋势及关注程度，本节对2017～2021年我国发明专利的发展趋势、发明专利量及占比等方面进行综合比较分析。

2017～2021年我国一体化算力网络相关领域的发明专利授权情况如表6-1-1所示，广东在一体化算力网络相关领域的创新水平处于领先地位，数量为139413件，占广东历年来一体化算力网络相关领域发明专利总量的62.1%，说明广东在该领域的创新研发集中在这几年，并且离不开政府的政策引导及相关研发投入。对比排名第二位的北京，2017年广东的发明专利量略低于北京，从2018年起，广东开始反超北京，并呈现快速增长的趋势。排名前三位的广东、北京、台湾2019～2021年的年均发明专利量均超2万件，3个地区专利之和占全国发明专利超一半比例，为57.4%。

紧随其后的是江苏、上海、浙江、湖北、四川、山东、陕西、福建、安徽，以上地区在2017～2021年的发明专利量之和均超万件，排名前十位的地区在2017～2021年的发明专利之和占全国的比例为87.9%。湖南、重庆、辽宁、河南、天津在2017～2021年的年均发明专利量为1100～1800件，黑龙江、河北、吉林、江西、广西、山西、云南、贵州、香港在2017～2021年的年均发明专利量为200～900件，其他地区在一体化算力网络领域均有一定数量的发明专利授权，数量相对较少的为青海、西藏、澳门，2017～2021年的发明专利总量均不过百件。

表 6 - 1 - 1　2017～2021 年我国一体化算力网络相关领域
发明专利授权趋势及占比情况
单位：件

序号	地区	2017 年	2018 年	2019 年	2020 年	2021 年	合计	2017～2021 年各地区占比/%	2017～2021 年占总量的百分比/%
1	广东	16063	19870	25733	32169	45578	139413	21.3	62.1
2	北京	17600	19809	22987	27806	38413	126615	19.3	66.7
3	台湾	25584	20106	20188	20819	23051	109748	16.8	53.2
4	江苏	6594	7325	7876	10035	15314	47144	7.2	69.0
5	上海	6676	7447	8081	9203	11744	43151	6.6	60.7
6	浙江	3442	4069	5192	8773	12489	33965	5.2	72.0
7	湖北	2108	2628	4098	5670	7471	21975	3.4	78.0
8	四川	2611	2898	3440	4685	6801	20435	3.1	71.8
9	山东	2211	2655	3233	3783	4865	16747	2.6	74.1
10	陕西	2309	2380	3121	3789	4872	16471	2.5	69.0
11	福建	1584	1803	2053	2297	2984	10721	1.6	71.6
12	安徽	1372	1542	1672	2682	3451	10719	1.6	78.5
13	湖南	984	1274	1379	1954	3119	8710	1.3	76.5
14	重庆	923	941	1241	1638	2371	7114	1.1	72.9
15	辽宁	969	876	1148	1383	1897	6273	1.0	70.2
16	河南	641	832	925	1316	2545	6259	1.0	79.8
17	天津	1041	948	928	1090	1903	5910	0.9	65.3
18	黑龙江	823	731	781	894	1265	4494	0.7	62.2
19	河北	538	562	617	933	1371	4021	0.6	73.7
20	吉林	420	401	509	744	1019	3093	0.5	68.0
21	江西	284	302	337	568	973	2464	0.4	79.2
22	广西	358	403	376	481	767	2385	0.4	76.8
23	山西	193	230	259	361	478	1521	0.2	70.8
24	云南	148	184	221	235	474	1262	0.2	78.3
25	贵州	136	167	216	280	402	1201	0.2	75.2
26	香港	157	149	175	216	372	1069	0.2	26.4
27	甘肃	105	94	87	139	234	659	0.1	68.1

序号	地区	2017 年	2018 年	2019 年	2020 年	2021 年	合计	2017 ~ 2021 年各地区占比/%	2017 ~ 2021 年占总量的百分比/%
28	内蒙古	63	62	70	96	151	442	0.1	70.6
29	新疆	51	72	86	100	125	434	0.1	70.5
30	海南	21	39	58	102	141	361	0.1	82.6
31	宁夏	21	46	40	38	69	214	0	78.4
32	青海	5	7	21	23	38	94	0	78.3
33	西藏	2	4	7	17	32	62	0	92.5
34	澳门	6	7	3	3	5	24	0	42.1
合计		96043	100863	117158	144322	196784	655170	100.0	64.1

从表 6-1-1 还可以看出，全国在 2017~2021 年一体化算力网络相关领域发明专利量基本保持逐年增长的趋势，且各地区在 2017~2021 年发明专利量占历年来一体化算力网络相关领域发明专利总量的百分比较高，说明全国关于一体化算力网络相关领域的创新在近几年快速发展。

2017~2021 年全国与广东一体化算力网络发明专利的授权年度分布情况如图 6-1-1 所示。2017~2021 年广东一体化算力网络相关领域的发明专利量与全国的占比分别为 16.7%、19.7%、22.0%、22.3% 和 23.2%，占比呈现逐年上升的趋势，这与政府有序推进广东省数据中心科学合理布局、集约绿色发展，加快建设全国一体化大数据中心协同创新体系国家枢纽节点和大数据中心集群的举措密不可分。例如，支持建设国家超级计算广州中心、国家超级计算深圳中心提升能力，支持珠海横琴建设人工智能超算中心，支持广州、深圳、珠海、佛山、东莞、中山等地建设边缘计算资源池节点。构建数据安全存储、数据授权、数据存证、可信传输、数据验证、数据溯源、隐私计

图 6-1-1　2017~2021 年我国与广东一体化算力网络发明专利的授权年度分布情况

算、联合建模、算法核查、融合分析等数据新型基础设施，支撑数据资源汇聚融合和
创新应用。

6.2　产业链创新资源分布

2017～2021年我国一体化算力网络产业授权发明专利的分布情况如表6-2-1所
示，绝大部分的地区在下一代信息网络产业的创新水平相对更高，其中广东、北京、
四川、陕西、湖南、重庆、辽宁、河南、黑龙江、广西、内蒙古、新疆、海南、宁夏、
青海、西藏在下一代信息网络产业的发明专利布局占比均在50.0%及以上。仅台湾和
吉林在电子核心产业的发明专利量占比更高，澳门在新兴软件和新型信息技术服务的
发明专利量占比相对更突出。

2017～2021年全国一体化算力网络相关领域发明专利总量排名第一位的广东，其
下一代信息网络产业发明专利量的占比为58.6%；紧接着是电子核心产业，占比为
20.9%；人工智能产业、新兴软件和新型信息技术服务产业的占比分别为12.7%、
10.8%；互联网与云计算、大数据服务产业和数字创意产业的占比相对较低，分别为
9.9%、8.1%。发明专利总量排名第二位的北京，其各产业的发明专利分布情况，基
本和广东保持一致。发明专利总量排名第三位的台湾，在各产业的发明专利分布情况
较前两名差异性较大，其发明专利集中在下一代信息网络产业和电子核心产业，在其
他三大产业的分布极少。分析全国各产业总量的分布情况，下一代信息网络产业的发
明专利量仍然是领先水平，占比为48.8%，其与电子核心产业占比之和超过80.0%，
新兴软件和新型信息技术服务产业，互联网与云计算、大数据服务产业和人工智能产
业布局相对较平均，数字创意产业的发明专利布局最少，仅占7.5%。

2017～2021年全国一体化算力网络各产业授权发明专利的分布及占比情况如
图6-2-1所示，广东在各产业的发明专利布局跟全国几乎保持一致，其中广东占全
国百分比最高的是下一代信息网络产业，比例为25.6%，广东在下一代信息网络产业
贡献了超1/4的发明专利量。新兴软件和新型信息技术服务产业和数字创意产业的占
比次之，约占1/5的全国发明专利量，具体比例分别为21.9%、23.1%。

图6-2-2为2017～2021年我国一体化算力网络产业发明专利授权量排名前十位
的IPC分类，专利布局最多的是G06（计算；推算或计数），数量为263330件，占排名
前十位的IPC分类发明专利总量的37.0%，紧随其后的是H04（电通信技术）和H01
（基本电气元件），发明专利量分别为188860件、108006件，这三者IPC分类占排名前
十位的IPC分类发明专利总量的近80.0%，另外在G01（测量；测试）、G02（光学）、
G05（控制；调节）、G08（信号装置）、G09（教育；密码术；显示；广告；印鉴）、
H03（基本电子电路）、H05（其他类目不包含的电技术）领域也有一定量的专利布局。

表 6-2-1　2017~2021 年我国一体化算力网络各产业授权发明专利的分布情况

序号	地区	合计	下一代信息网络产业	下一代信息网络产业占比/%	电子核心产业	电子核心产业占比/%	新兴软件和新型信息技术服务产业	新兴软件和新型信息技术服务产业占比/%	互联网与云计算、大数据服务产业	互联网与云计算、大数据服务产业占比/%	人工智能产业	人工智能产业占比/%	数字创意产业	数字创意产业占比/%
1	广东	139413	81745	58.6	29083	20.9	15085	10.8	13824	9.9	17652	12.7	11352	8.1
2	北京	126615	73617	58.1	24334	19.2	16503	13.0	18025	14.2	20634	16.3	10052	7.9
3	台湾	109748	31941	29.1	68870	62.8	3561	3.2	5075	4.6	8092	7.4	7645	7.0
4	江苏	47144	21197	45.0	15956	33.9	5705	12.1	5821	12.4	7502	15.9	2718	5.8
5	上海	43151	19714	45.7	16397	38.0	4166	9.7	4338	10.1	4876	11.3	2337	5.4
6	浙江	33965	16964	50.0	7333	21.6	4465	13.2	4689	13.8	6373	18.8	3205	9.4
7	湖北	21975	9035	41.1	8521	38.8	2304	10.5	2435	11.1	3021	13.8	1856	8.5
8	四川	20435	10600	51.9	5346	26.2	2803	13.7	2515	12.3	3135	15.3	1608	7.9
9	山东	16747	8101	48.4	3722	22.2	2205	13.2	2559	15.3	3084	18.4	1601	9.6
10	陕西	16471	8584	52.1	4313	26.2	2055	12.5	2005	12.2	2852	17.3	1275	7.7
11	安徽	10721	4288	40.0	4016	37.5	1100	10.3	1176	11.0	1848	17.2	628	5.9
12	福建	10719	4494	41.9	3887	36.3	1116	10.4	1332	12.4	1490	13.9	855	8.0
13	湖南	8710	4684	53.8	1989	22.8	1235	14.2	1415	16.3	1658	19.0	552	6.3
14	重庆	7114	3865	54.3	1599	22.5	915	12.9	898	12.6	1349	19.0	396	5.6
15	河南	6273	3607	57.5	1255	20.0	791	12.6	1073	17.1	1004	16.0	348	5.6
16	辽宁	6259	3268	52.2	1300	20.8	1051	16.8	1103	17.6	1369	21.9	487	7.8
17	天津	5910	2912	49.3	1357	23.0	691	11.7	825	14.0	1206	20.4	584	9.9
18	黑龙江	4494	2505	55.7	920	20.5	584	13.0	678	15.1	993	22.1	296	6.6

续表

序号	地区	合计	下一代信息网络产业	下一代信息网络产业占比/%	电子核心产业	电子核心产业占比/%	新兴软件和新型信息技术服务产业	新兴软件和新型信息技术服务产业占比/%	互联网与云计算、大数据服务产业	互联网与云计算、大数据服务产业占比/%	人工智能产业	人工智能产业占比/%	数字创意产业	数字创意产业占比/%
19	河北	4021	1675	41.7	1615	40.2	432	10.8	393	9.8	553	13.8	164	4.1
20	吉林	3093	1169	37.8	1247	40.3	357	11.5	322	10.4	534	17.3	215	7.0
21	江西	2464	1006	40.8	848	34.4	361	14.7	287	11.7	503	20.4	169	6.9
22	广西	2385	1240	52.0	518	21.7	327	13.7	370	15.5	407	17.1	150	6.3
23	山西	1521	671	44.1	591	38.9	185	12.2	192	12.6	210	13.8	79	5.2
24	云南	1262	686	54.4	218	17.3	202	16.0	237	18.8	309	24.5	92	7.3
25	贵州	1201	578	48.1	332	27.6	235	19.6	156	13.0	146	12.2	95	8.0
26	香港	1069	474	44.3	314	29.4	87	8.1	72	6.7	168	15.7	235	22.0
27	甘肃	659	315	47.8	213	32.3	76	11.5	98	14.9	117	17.8	35	5.3
28	内蒙古	442	254	57.5	83	18.8	67	15.2	77	17.4	79	17.9	23	5.2
29	新疆	434	217	50.0	120	27.7	58	13.4	90	20.7	75	17.3	26	6.0
30	海南	361	224	62.1	34	9.4	53	14.7	70	19.4	76	21.1	33	9.1
31	宁夏	214	113	52.8	29	13.6	33	15.4	47	22.0	51	23.8	12	5.6
32	青海	94	49	52.1	14	14.9	19	20.2	12	12.8	21	22.3	4	4.3
33	西藏	62	47	75.8	7	11.3	5	8.1	16	25.8	13	21.0	4	6.5
34	澳门	24	6	25.0	6	25.0	9	37.5	3	12.5	3	12.5	4	16.7
合计		655170	319845	48.8	206387	31.5	68841	10.5	72228	11.0	91403	14.0	49135	4.5

注：表中专利量因按各产业分别统计，故各产业专利量之和大于产业专利总量；本章同类表同本注释。

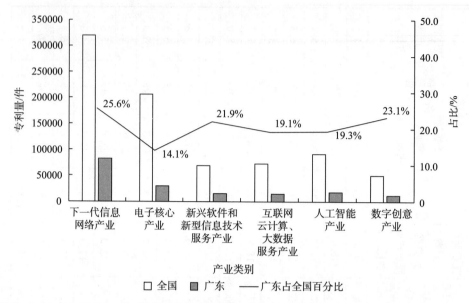

图 6－2－1　2017～2021 年全国与广东一体化算力网络各产业授权发明专利的分布及占比情况

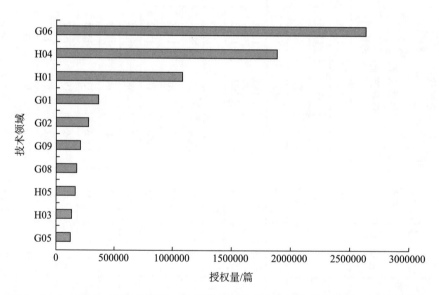

图 6－2－2　2017～2021 年我国一体化算力网络产业发明专利授权量 IPC 分类排名

6.3　企业研发情况分析

本节将对 2017～2021 年我国一体化算力网络产业发明专利授权量排名前 20 位的企业作为分析对象，结合一体化算力网络六大产业分析龙头企业的研发情况。

从表 6－3－1 中可以看到，2017～2021 年我国一体化算力网络产业发明专利授权量排名前 20 位的企业的发明专利授权量，约占我国一体化算力网络产业发明授权的

17.6%。根据发明专利授权量的差异，可以明显看出，排名前 20 位的企业大致可分为两个梯度：第一个梯度位于排名第一位与排名第二位的企业，华为技术有限公司与京东方科技集团股份有限公司的发明专利授权量差值为 10101 件；第二梯度位于排名第四位与排名第五位的企业，腾讯科技（深圳）有限公司与中兴通讯股份有限公司的发明专利授权量差值为 3614 件。在排名前 20 位的企业中，排名前四的企业的发明专利授权量就占到排名前 20 位发明专利授权量的 47.2%。

表 6－3－1　2017～2021 年我国一体化算力网络产业
发明专利授权量排名前 20 位的企业

单位：件

排名	申请人	专利量	差值
1	华为技术有限公司	21614	—
2	京东方科技集团股份有限公司	11513	10101
3	OPPO 广东移动通信有限公司	11048	465
4	腾讯科技（深圳）有限公司	10277	771
5	中兴通讯股份有限公司	6663	3614
6	联想（北京）有限公司	5968	695
7	国家电网有限公司	5635	333
8	台湾积体电路制造股份有限公司	5577	58
9	维沃移动通信有限公司	5048	529
10	中芯国际集成电路制造（上海）有限公司	4108	940
11	中国移动通信集团有限公司	3643	465
12	友达光电股份有限公司	3423	220
13	TCL 华星光电技术有限公司	3127	296
14	百度在线网络技术（北京）有限公司	3070	57
15	北京小米移动软件有限公司	2955	115
16	北京奇虎科技有限公司	2839	116
17	中国联合网络通信集团有限公司	2344	495
18	努比亚技术有限公司	2278	66
19	奇智软件（北京）有限公司	2266	12
20	小米科技有限责任公司	2060	206

从表 6-3-2 可以看到 2017～2021 年我国一体化算力网络产业发明专利授权量排名前 20 位的企业中，华为技术有限公司、OPPO 广东移动通信有限公司及腾讯科技（深圳）有限公司在多个相关产业都处于较领先的地位。对六大产业作进一步分析可以发现，华为技术有限公司、OPPO 广东移动通信有限公司、腾讯科技（深圳）有限公司及中兴通讯股份有限公司在下一代信息网络产业中的研究相对领先；京东方科技集团股份有限公司、台湾积体电路制造股份有限公司、中芯国际集成电路制造（上海）有限公司、友达光电股份有限公司及 TCL 华星光电技术有限公司在电子核心产业中的研究相对领先；腾讯科技（深圳）有限公司、OPPO 广东移动通信有限公司、国家电网有限公司及联想（北京）有限公司在新兴软件和新型信息技术服务产业中的研究相对领先；华为技术有限公司、腾讯科技（深圳）有限公司及国家电网有限公司在互联网与云计算、大数据服务产业中的研究相对领先；OPPO 广东移动通信有限公司、腾讯科技（深圳）有限公司及联想（北京）有限公司在人工智能产业中的研究相对领先；腾讯科技（深圳）有限公司在数字创意产业中的研究有相对突出的研究成果数量。

表 6-3-2　2017～2021 年我国一体化算力网络产业发明专利
授权量排名前 20 位的企业细分产业分析

单位：件

排名	申请人	专利量	下一代信息网络产业	电子核心产业	新兴软件和新型信息技术服务产业	互联网与云计算、大数据服务产业	人工智能产业	数字创意产业
1	华为技术有限公司	21614	18182	2127	871	1820	905	557
2	京东方科技集团股份有限公司	11513	1129	10433	132	62	682	144
3	OPPO 广东移动通信有限公司	11048	7764	1483	1300	727	1508	695
4	腾讯科技（深圳）有限公司	10277	6316	267	1929	1714	1470	2164
5	中兴通讯股份有限公司	6663	6009	428	243	340	121	200
6	联想（北京）有限公司	5968	3214	646	1102	518	1388	334
7	国家电网有限公司	5635	3676	811	1112	1408	599	141
8	台湾积体电路制造股份有限公司	5577	615	5135	93	143	14	6
9	维沃移动通信有限公司	5048	3740	486	875	223	486	238
10	中芯国际集成电路制造（上海）有限公司	4108	243	3850	26	65	13	1
11	中国移动通信集团有限公司	3643	3068	278	241	358	215	130
12	友达光电股份有限公司	3423	209	3292	11	9	85	5
13	TCL 华星光电技术有限公司	3127	79	3025	8	10	4	36

排名	申请人	专利量	下一代信息网络产业	电子核心产业	新兴软件和新型信息技术服务产业	互联网与云计算、大数据服务产业	人工智能产业	数字创意产业
14	百度在线网络技术（北京）有限公司	3070	2225	65	415	832	609	278
15	北京小米移动软件有限公司	2955	2026	307	377	176	426	249
16	北京奇虎科技有限公司	2839	2165	125	427	827	232	221
17	中国联合网络通信集团有限公司	2344	1981	211	177	288	105	73
18	努比亚技术有限公司	2278	1624	204	531	155	170	152
19	奇智软件（北京）有限公司	2266	1808	103	324	731	152	128
20	小米科技有限责任公司	2060	1297	169	336	343	313	173

注：表中数据因部分专利涉及多个产业，存在交叉情况，故各产业专利量之和不等于产业专利总量；本章同类表同本注释。

6.4　高校/科研院所研发情况分析

本节将对2017～2021年我国一体化算力网络产业发明专利授权量排名前20位的高校/科研院所作为分析对象，结合一体化算力网络六大产业分析各科研机构的研发情况。

从表6-4-1中可以看到，2017～2021年我国一体化算力网络产业发明专利授权量排名前20位的高校/科研院所的发明专利授权量占我国一体化算力网络产业发明授权的8.2%。根据发明专利授权量的差异可以看出，排名前20位的高校/科研院所发明专利授权量主要集中在1500～3000件，电子科技大学、西安电子科技大学在一体化算力网络产业发明授权量更是突破了5000件，在高校/科研院所中分别排名第一位和第二位。

表6-4-1　2017～2021年我国一体化算力网络产业
发明专利授权量排名前20位的高校/科研院所

单位：件

排名	申请人	专利量	差值
1	电子科技大学	5582	——
2	西安电子科技大学	5052	530

排名	申请人	专利量	差值
3	清华大学	4176	876
4	东南大学	3540	636
5	北京航空航天大学	3474	66
6	浙江大学	3383	91
7	华中科技大学	2925	458
8	北京邮电大学	2859	66
9	西安交通大学	2385	474
10	华南理工大学	2357	28
11	北京理工大学	2106	251
12	上海交通大学	2017	89
13	国防科技大学	1930	87
14	南京邮电大学	1914	16
15	哈尔滨工业大学	1886	28
16	天津大学	1797	89
17	武汉大学	1705	92
18	南京航空航天大学	1674	31
19	北京大学	1588	86
20	台湾"工业技术研究院"	1516	72

从表6-4-2可以看到2017~2021年我国一体化算力网络产业发明专利授权量排名前20位的高校/科研院所中，电子科技大学、西安电子科技大学、北京航空航天大学及浙江大学在多个相关产业都处于较领先的地位。电子科技大学、西安电子科技大学及北京邮电大学在下一代信息网络产业中的研究相对领先；电子科技大学在电子核心产业中的研究处于相对突出的地位；北京航空航天大学、清华大学及东南大学在新兴软件和新型信息技术服务产业中的研究相对领先；北京航空航天大学、清华大学及华中科技大学在互联网与云计算、大数据服务产业中的研究相对领先；浙江大学、西安电子科技大学、北京航空航天大学、清华大学及电子科技大学在人工智能产业中的研究处于较突出的领先地位；西安电子科技大学及浙江大学在数字创意产业中的研究有相对突出的研究成果数量。

表 6 - 4 - 2　2017~2021 年我国一体化算力网络产业发明专利
授权量排名前 20 位的高校/科研院所细分产业分析

单位：件

序号	申请人	专利量	下一代信息网络产业	电子核心产业	新兴软件和新型信息技术服务产业	互联网与云计算、大数据服务产业	人工智能产业	数字创意产业
1	电子科技大学	5582	2615	2061	440	494	876	234
2	西安电子科技大学	5052	2559	1347	471	455	966	407
3	清华大学	4176	2112	1045	543	569	888	267
4	东南大学	3540	1883	1069	522	435	488	113
5	北京航空航天大学	3474	1971	528	680	631	958	279
6	浙江大学	3383	1626	669	452	498	981	383
7	华中科技大学	2925	1362	875	314	515	610	220
8	北京邮电大学	2859	2267	253	242	240	398	96
9	西安交通大学	2385	1350	575	416	377	493	146
10	华南理工大学	2357	941	745	284	264	644	166
11	北京理工大学	2106	1180	340	304	304	535	199
12	上海交通大学	2017	1094	442	257	281	413	150
13	国防科技大学	1930	1307	279	218	326	393	78
14	南京邮电大学	1914	1133	470	167	190	315	97
15	哈尔滨工业大学	1886	1036	447	263	256	405	118
16	天津大学	1797	835	423	171	230	476	211
17	武汉大学	1705	954	205	277	292	460	222
18	南京航空航天大学	1674	990	233	358	285	462	73
19	北京大学	1588	748	467	149	198	305	167
20	台湾"工业技术研究院"	1516	698	659	83	119	152	87

6.5　协同创新产出

当企业认识到某一技术是未来的发展方向时，会先在企业内部进行技术攻关，当自身技术攻关不可行，例如缺少设备或人才时，企业会选择与其他单位或个人进行合作，共同进行技术研发。因此，企业的协同创新信息能够揭示技术发展方向。本节将对 2017~2021 年我国一体化算力网络产业协同创新所涉及的发明授权专利进行统计分析，以期发现各产业研发的热点、重点或难点。

如表6-5-1所示，对2017~2021年我国一体化算力网络产业协同创新发布情况统计发现，在六大产业中，下一代信息网络产业所涉及的发明授权专利量最多，占协同创新总量的43.8%；其次是电子核心产业，占比为14.4%。新兴软件和新型信息技术服务产业，互联网与云计算、大数据服务产业，人工智能产业占比分别为13.0%、13.2%和11.6%，数字创意产业的发明授权专利量最低，仅占比4.2%，可见下一代信息网络产业是一体化算力网络相关领域重要的研发方向。

表6-5-1　2017~2021年我国一体化算力网络产业协同创新分布情况

产业类别	专利量/件	占比/%
下一代信息网络产业	8251	43.8
电子核心产业	2707	14.4
新兴软件和新型信息技术服务产业	2444	13.0
互联网与云计算、大数据服务产业	2483	13.2
人工智能产业	2178	11.6
数字创意产业	786	4.2

注：表中部分专利因涉及多个产业，故各产业数据存在交叉情况；本章同类表同本注释。

6.6　发明专利运用分析

企业的专利储备可通过三个渠道获取，最主要的渠道应来自企业的内部创新；另外两个渠道可以从外部收购价值高的第三方专利，或者通过专利实施许可使用别人的专利技术。通过了解2017~2021年我国一体化算力网络各产业的专利实施许可（以下简称"许可"）及申请权或专利权转移（以下简称"转让"）信息，可以发现我国企业所关注的热点技术，也从侧面反映技术的发展方向。

如表6-6-1所示，在2017~2021年我国一体化算力网络各产业中，下一代信息网络产业的专利许可及转让量最多，为39823件，占该领域发明授权专利量的11.7%。这表明我国一体化算力网络产业企业对下一代信息网络产业技术最为关注，其是我国一体化算力网络产业的重要发展方向。

表6-6-1　2017~2021年我国一体化算力网络产业专利许可及转让热点方向

产业类别	专利许可及转让量/件	专利量/件	占比/%
下一代信息网络产业	39823	340704	11.7
电子核心产业	18970	239702	7.9

产业类别	专利许可及转让量/件	专利量/件	占比/%
新兴软件和新型信息技术服务产业	8458	71724	11.8
互联网与云计算、大数据服务产业	10504	76040	13.8
人工智能产业	11271	96903	11.6
数字创意产业	5577	31277	17.8

电子核心产业的专利许可及转让量为 18970 件，占该领域发明授权专利量的 7.9%，是六大产业中许可及转让数量占各自授权量比例最小的产业。数字创意产业的专利许可及转让量是六大产业中最少的，仅有 5577 件，但占该产业领域发明授权专利量的比例是最高的，为 17.8%。剩余三大产业的专利许可及转让量占各自领域授权量的比例相差甚微，占比为 12% 左右。

6.7　国家高价值专利统计口径

壹专利价值度是奥凯知识产权大数据人工智能算法研究院研发的专利价值评估体系，评估数值区间为 1 ~ 99，从专利质量、技术性、经济性、发展前景、科研能力五大方面，结合多个指标使用层次分析法（AHP）与客观赋权法（CRITIC）对专利进行量化评估而得到的专利综合评分，对用户从海量专利中快速筛选出高价值专利有一定的参考作用。

根据"壹专利"检索分析平台的专利价值度统计，如图 6 - 7 - 1 所示（见文前彩色插图第 3 页），我国一体化算力网络相关产业专利两极分化明显，价值度在 29 及以下的授权发明专利比较多，60 ~ 79 的专利比较集中。在高价值专利方面，广东相对全国来说，优势明显。在价值度为 90 ~ 99 的专利中，广东的占比超过全国的 50.0%，在价值度为 80 ~ 89 的专利中，广东的占比为 35.2%。仅分析广东在一体化算力网络中的专利价值度发现，价值度在 59 及以上的授权发明专利，占整个广东价值度在 10 分以上的授权发明专利总和的 55.6%，可见在一体化算力网络中的广东的发明授权专利价值度普遍较高。

中国专利奖由国家知识产权局和世界知识产权组织（WIPO）共同主办，是中国唯一的专门对授予专利权的发明创造给予奖励的政府部门奖，也是中国专利领域的最高荣誉，得到世界知识产权组织的认可。如表 6 - 7 - 1 和图 6 - 7 - 2 所示，对 2017 ~ 2021 年我国一体化算力网络产业中国专利奖分布情况进行统计。可以看出，2017 年之后授权的专利，获得中国专利奖的共计 435 项，广东获得 147 项，排名第一位，占全国超 1/3。其中，金奖共计 18 项，广东获得 6 项，排名第一位，占全国金奖的 1/3。银奖共计 38 项，北京获得 19 项，排名第一位，占全国银奖的 1/2。优秀奖共计 379 项，广东获得 133 项，超过全国优秀奖的 1/3。

表 6 – 7 – 1　2017 ~ 2021 年我国一体化算力网络产业中国专利奖整体分布情况　单位：件

排名	地区	金奖	银奖	优秀奖	总计
1	广东	6	8	133	147
2	北京	5	19	85	109
3	江苏	2	1	38	41
4	上海	1	2	18	21
5	湖北	0	1	15	16
6	山东	0	2	10	12
7	安徽	0	1	9	10
8	浙江	1	1	8	10
9	湖南	1	1	7	9
10	福建	0	0	8	8
11	陕西	1	0	7	8
12	四川	0	0	7	7
13	辽宁	0	0	6	6
14	黑龙江	0	2	4	6
15	江西	0	0	5	5
16	吉林	0	0	4	4
17	天津	0	0	4	4
18	重庆	0	0	4	4
19	广西	0	0	3	3
20	河南	0	0	3	3
21	甘肃	1	0	0	1
22	青海	0	0	1	1
总计		18	38	379	435

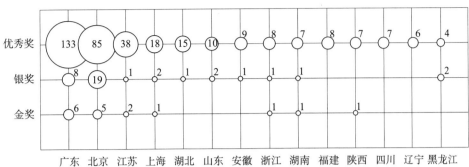

图 6 – 7 – 2　2017～2021 年我国一体化算力网络产业中国专利奖数量分布情况

注：图中数字表示专利获奖量。

如图 6 – 7 – 3 所示，对 2017～2021 年我国一体化算力网络产业获奖专利 IPC 分类排名前十位的技术领域进行统计，获奖专利技术主要集中在 G06F［电数字数据处理（基于特定计算模型的计算机系统入 G06N）］，专利数量有 132 件，远超排名第二位的 H01L（半导体器件）的 51 件，其他获奖专利的领域分别是 G06K［图形数据读取（图像或视频识别或理解 G06V）；数据的呈现；记录载体；处理记录载体］、H04L（数字信息的传输，例如电报通信）、G06T（一般的图像数据处理或产生）、G06Q（专门适用于行政、商业、金融、管理、监督或预测目的的数据处理系统或方法；其他类目不包含的专门适用于行政、商业、金融、管理、监督或预测目的的处理系统或方法〔8〕）等。

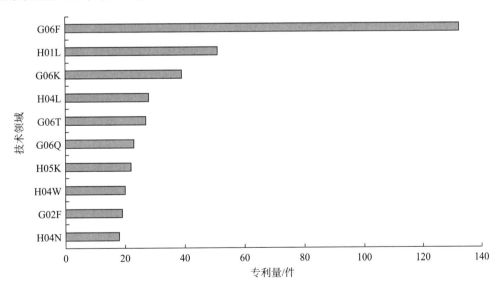

图 6 – 7 – 3　2017～2021 年我国一体化算力网络产业获奖专利 IPC 分类排名前十位的技术领域

如图 6 – 7 – 4 所示，在 2017～2021 年我国一体化算力网络产业获得中国专利奖排名前十位的专利权人中，国家电网有限公司获奖专利最多，年均获奖专利近 3 件；其次是百度在线网络技术（北京）有限公司，2017～2021年获奖专利数为10件，年均2件专利获奖；获奖数量紧跟其后的是中国信息通信科技集团有限公司和中国科学院，分别为9件和8件；中兴通讯股份有限公司、中国移动通信集团有限公司、京东方科技集团股份有限公司、京信网络系统股份有限公司的获奖专利均为5件。

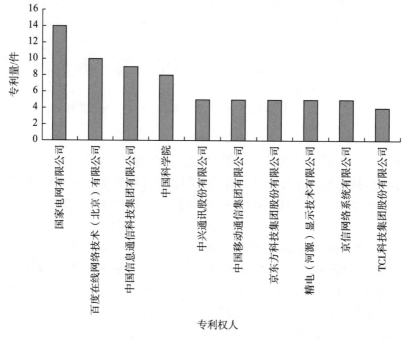

图 6-7-4　2017～2021年我国一体化算力网络产业专利获奖排名前十位的专利权人

表6-7-2展示了2018～2021年我国一体化算力网络产业获得中国专利金奖的18件专利的相关信息。

表 6-7-2　2018～2021年我国一体化算力网络产业获中国专利奖金奖的专利

序号	地区	奖励届次（年份）	专利名称（专利号）	申请日	申请人
1	广东	第二十届（2018年）	腔体式微波器件（ZL201410225678.X）	2014年5月26日	京信通信系统（中国）有限公司、京信通信技术（广州）有限公司、京信通信系统（广州）有限公司、天津京信通信系统有限公司
2	北京	第二十一届（2019年）	一种传输导频信号和信号测量的方法、系统及设备（ZL201210476801.6）	2012年11月20日	电信科学技术研究院有限公司

续表

序号	地区	奖励届次 （年份）	专利名称 （专利号）	申请日	申请人
3	北京	第二十一届 （2019 年）	一种实现 CPT 原子频率标准的方法及装置 （ZL201510956144.9）	2015 年 12 月 17 日	北京无线电计量测试研究所
4	甘肃	第二十一届 （2019 年）	一种脑电与温度相结合的抑郁人群判定方法 （ZL201610709400.9）	2016 年 8 月 23 日	兰州大学
5	广东	第二十一届 （2019 年）	调制处理方法及装置 （ZL201310019608.4）	2013 年 1 月 18 日	中兴通讯股份有限公司
6	广东	第二十一届 （2019 年）	天线控制系统和多频共用天线 （ZL201280065830.1）	2012 年 12 月 28 日	京信网络系统股份有限公司
7	北京	第二十二届 （2020 年）	基于人工智能的人机交互方法和系统 （ZL201510563338.2）	2015 年 9 月 7 日	百度在线网络技术（北京）有限公司
8	北京	第二十二届 （2020 年）	一种倒装焊耐潮湿防护工艺方法 （ZL201410827891.8）	2014 年 12 月 26 日	北京时代民芯科技有限公司、北京微电子技术研究所
9	江苏	第二十二届 （2020 年）	一种闪烁脉冲的数字化方法 （ZL201510003057.1）	2015 年 1 月 5 日	苏州瑞派宁科技有限公司
10	江苏	第二十二届 （2020 年）	液晶组合物及液晶显示器件 （ZL201510197266.4）	2015 年 4 月 23 日	江苏和成显示科技股份有限公司
11	北京	第二十三届 （2021 年）	一种基于频域互相关的分布式时差测量方法 （ZL201710549903.9）	2017 年 7 月 6 日	中国人民解放军火箭军研究院、中国航天科工集团八五一一研究所
12	广东	第二十三届 （2021 年）	一种射频接收机及接收方法 （ZL201410387196.4）	2014 年 8 月 7 日	华为技术有限公司

续表

序号	地区	奖励届次（年份）	专利名称（专利号）	申请日	申请人
13	广东	第二十三届（2021 年）	用于并行冗余协议网络中的时钟输出控制方法和系统（ZL201710115849.7）	2017 年 2 月 28 日	南方电网科学研究院有限责任公司、北京四方继保自动化股份有限公司
14	湖南	第二十三届（2021 年）	一种基于动态库拦截的通用计算虚拟化实现方法（ZL201410034982.6）	2014 年 1 月 25 日	湖南大学
15	上海	第二十三届（2021 年）	子带配置的指示方法及装置、子带接入方法及装置（ZL201610615466.1）	2016 年 7 月 29 日	展讯通信（上海）有限公司
16	浙江	第二十三届（2021 年）	一种媒体流可靠传输和接收的方法以及装置（ZL201310426244.1）	2013 年 9 月 17 日	浙江宇视科技有限公司
17	广东	第二十三届（2021 年）	切换方法及装置（ZL201610951190.4）	2016 年 11 月 2 日	中兴通讯股份有限公司
18	陕西	第二十三届（2021 年）	基于铯原子饱和吸收谱的半导体自动稳频激光器（ZL201610459243.0）	2016 年 6 月 22 日	中国科学院国家授时中心

第7章 基于专利的我国一体化算力网络的产业科技创新能力分析

国家知识产权局办公室 2021 年公布的《战略性新兴产业分类与国际专利分类参照关系表（2021）（试行）》中，新一代信息技术产业下面包含下一代信息网络产业，电子核心产业，新兴软件和新型信息技术服务产业，互联网与云计算、大数据服务产业，人工智能产业。本章基于以上五大产业和数字创意产业，对一体化算力网络相关领域的授权发明专利进行统计分析。

7.1 下一代信息网络产业

7.1.1 下一代信息网络产业专利授权量分布

我国下一代信息网络产业的发明专利年度授权趋势如表 7-1-1 所示，可以看出，2017~2021 年，我国下一代信息网络产业总共授权了 319845 件专利。其中，广东、北京属于第一梯队，专利授权量在 70000 件以上；台湾、江苏、上海、浙江、湖北属于第二梯队，专利授权量在 10000~40000 件；四川、山东、陕西、安徽、福建、湖南、重庆、河南、辽宁、天津、黑龙江、河北、吉林、江西、广西属于第三梯队，专利授权量在 1000~9999 件；山西、云南、贵州、香港、甘肃、内蒙古、新疆、海南、宁夏、青海、西藏、澳门属于第四梯队，专利授权量在 0~999 件。整体来看，广东、北京获得授权的专利最多，远超其他地区，是 2017~2021 年下一代信息网络产业当之无愧的技术中心，这与经济、政策都有一定关系。

表 7-1-1　2017~2021 年我国下一代信息网络产业的发明专利年度授权趋势　　单位：件

排名	地区	2017 年	2018 年	2019 年	2020 年	2021 年	合计
1	广东	9044	11260	15101	19421	26919	81745
2	北京	10335	11780	13675	15879	21948	73617
3	台湾	7409	5562	5693	6004	7273	31941
4	江苏	2795	3152	3397	4643	7210	21197
5	上海	2661	3355	3669	4236	5793	19714
6	浙江	1628	1981	2624	4387	6344	16964

排名	地区	2017 年	2018 年	2019 年	2020 年	2021 年	合计
7	湖北	1322	1449	1759	2442	3628	10600
8	四川	1067	1129	1651	2129	3059	9035
9	山东	1157	1258	1719	1969	2481	8584
10	陕西	1053	1333	1660	1754	2301	8101
11	安徽	503	671	734	1016	1760	4684
12	福建	630	729	868	962	1305	4494
13	湖南	529	549	682	1093	1435	4288
14	重庆	492	471	698	876	1328	3865
15	河南	334	443	522	744	1564	3607
16	辽宁	475	462	626	732	973	3268
17	天津	485	460	459	547	961	2912
18	黑龙江	458	410	447	497	693	2505
19	河北	213	239	298	353	572	1675
20	吉林	181	194	218	261	386	1240
21	江西	142	147	192	300	388	1169
22	广西	106	107	112	236	445	1006
23	山西	89	95	126	126	250	686
24	云南	81	92	101	162	235	671
25	贵州	62	58	104	144	210	578
26	香港	80	61	67	95	171	474
27	甘肃	46	42	35	72	120	315
28	内蒙古	38	37	48	44	87	254
29	新疆	14	25	41	63	81	224
30	海南	29	41	42	50	55	217
31	宁夏	8	26	24	20	35	113
32	青海	3	3	9	15	19	49
33	西藏	2	4	7	11	23	47
34	澳门	2	3	1	0	0	6
合计		43473	47628	57409	71283	100052	319845

　　我国绝大部分地区的发明专利授权量逐年增加，表明我国技术创新能力不断增强。与 2017 年相比，2021 年我国大部分地区的发明专利授权量增加了至少一倍。在 2017 ～ 2021 年发明专利授权总量的第一梯队和第二梯队中，河南增加约 3.7 倍，浙江省增加约 2.9 倍，这些地区的产业创新呈现增强态势，产业创新发展迅猛。

7.1.2　下一代信息网络产业专利授权量排名前 20 位的申请人

　　表 7 - 1 - 2 展示了我国下一代信息网络产业发明专利授权量排名前 20 位的申请人情况。华为技术有限公司获得授权的专利技术最多，远超其他申请人，具有明显的优势地位。OPPO 广东移动通信有限公司、腾讯科技（深圳）有限公司、中兴通讯股份有限公司紧随其后，分别居第二位、第三位和第四位，与其他申请人的发明专利授权量有明显差距，具有一定的优势地位。

表 7 - 1 - 2　2017 ～ 2021 年我国下一代信息网络产业发明专利授权量排名前 20 位的申请人

排名	申请人	专利量/件
1	华为技术有限公司	18182
2	OPPO 广东移动通信有限公司	7764
3	腾讯科技（深圳）有限公司	6316
4	中兴通讯股份有限公司	6009
5	维沃移动通信有限公司	3740
6	国家电网有限公司	3676
7	联想（北京）有限公司	3214
8	中国移动通信集团有限公司	3068
9	电子科技大学	2615
10	西安电子科技大学	2559
11	北京邮电大学	2267
12	百度在线网络技术（北京）有限公司	2225
13	北京奇虎科技有限公司	2165
14	清华大学	2112
15	北京小米移动软件有限公司	2026
16	中国联合网络通信集团有限公司	1981
17	北京航空航天大学	1971
18	东南大学	1883
19	新华三技术有限公司	1871
20	奇智软件（北京）有限公司	1808

在排名前 20 位的申请人中，企业有 14 家，涉及 5 种行业。其中，制造业有 4 家，分别是华为技术有限公司、OPPO 广东移动通信有限公司、中兴通讯股份有限公司、新华三技术有限公司；信息传输、软件和信息技术服务业有 7 家，分别是腾讯科技（深圳）有限公司、联想（北京）有限公司、中国移动通信集团有限公司、百度在线网络技术（北京）有限公司、中国联合网络通信集团有限公司、北京小米移动软件有限公司、奇智软件（北京）有限公司；电力、热力、燃气及水生产和供应业有 1 家，是国家电网有限公司；批发和零售业有 1 家，是维沃移动通信有限公司；科学研究和技术服务业有 1 家，是北京奇虎科技有限公司。由此可见，信息传输、软件和信息技术服务业与下一代信息网络产业最为紧密。除此以外，制造业企业在下一代信息网络产业发明专利授权量排名中表现亮眼的机构，说明制造业的发展逐步与下一代信息网络产业产生联系，值得关注。

在排名前 20 位的申请人中，高校共有 6 所，分别是电子科技大学、西安电子科技大学、北京邮电大学、清华大学、北京航空航天大学和东南大学，这些高校在下一代信息网络行业的自主创新能力较强。其中电子科技大学、西安电子科技大学分别居第九名和第十名，说明从当下拥有实际受到保护的技术范围角度来看，这两所高校实力较强。

从地域分布来看，发明专利授权量排名前 20 位的申请人大部分分布在北京和广东。从数量上看，北京拥有更多的申请人；从质量上看，位于广东的 5 家企业正好排名前五位，说明广东的申请人有着更强的创新动能。总而言之，在下一代信息网络产业，北京和广东都有着强烈的创新优势。

图 7 - 1 - 1 展示了 2017~2021 年我国下一代信息网络产业主要申请人的专利技术领域分布情况，该产业相关的技术领域描述如表 7 - 1 - 3 所示。

从创新主体来看，图 7 - 1 - 1 中的主要申请人对 10 个技术领域皆有涉猎。部分申请人的专利发明有明显的侧重点，例如，新华三技术有限公司在 H04L 12/00 的专利较多，该公司在该领域获得授权的专利量占该公司总授权量的 76.5%；OPPO 广东移动通信有限公司、维沃移动通信有限公司对 H04M 1/00 较为关注，2 个公司在该领域获得授权的专利量分别占该公司总授权量的 38.5% 左右。也有主体对各个领域保持着均衡地创新，各技术领域授权量较为均衡，例如电子科技大学、西安电子科技大学。北京邮电大学、东南大学对 G06F 3/00 领域涉猎不深，新华三技术有限公司、西安电子科技大学、北京邮电大学、清华大学、东南大学对 H04M 1/00 领域少有涉猎。图 7 - 1 - 1 中的 6 所高校在 H04M 1/00、G06F 3/00 领域创新均较少。在 H04M 1/00 领域中，除了电子科技大学专利授权量超过 10 件，其余高校专利授权量均不足 10 件；在 G06F 3/00 领域中，所有高校在该领域的专利授权量均不到该校在所有领域总授权量的 2.0%，说明其对 H04M 1/00、G06F 3/00 领域的关注可能不够。

技术领域	华为技术有限公司	OPPO广东移动通信有限公司	腾讯科技(深圳)有限公司	维沃移动通信有限公司	中兴通讯股份有限公司	国家电网有限公司	联想(北京)有限公司	百度在线网络技术(北京)有限公司	北京奇虎科技有限公司	新华三技术有限公司	奇智软件(北京)有限公司	中国移动通信集团有限公司	北京小米移动软件有限公司	中国联合网络通信集团有限公司	清华大学	北京航空航天大学	电子科技大学	西安电子科技大学	北京邮电大学	东南大学
G06K 9/00	98	404	335	133	13	97	77	127	33	4	16	37	103	16	148	167	221	217	105	98
G06F 21/00	197	702	480	254	47	97	236	99	311	21	241	67	114	45	44	34	59	77	56	21
H04M 1/00	382	3031	281	1432	200	29	421	54	117	1	103	64	472	62	2	4	14	4	4	8
G06F 3/00	386	810	438	631	86	31	879	136	112	10	95	29	227	12	33	16	15	14	5	8
G06F 17/00	430	137	699	12	78	981	171	636	559	8	558	65	13	65	380	498	237	265	86	311
G06F 16/00	546	351	1791	219	88	342	195	804	466	34	533	215	224	126	219	158	151	101	175	108
G06F 9/00	629	514	595	259	96	83	380	137	265	53	197	81	162	40	54	55	50	44	40	20
H04W 4/00	932	380	206	166	537	73	95	62	96	37	88	357	160	310	61	40	89	106	151	71
H04L 29/00	1248	322	1140	98	513	345	151	203	321	437	271	378	167	378	148	89	135	166	205	73
H04L 12/00	2767	252	1329	153	1107	613	153	133	235	1409	192	506	186	471	221	127	219	193	362	82

申请人

图7-1-1　2017~2021年我国下一代信息网络产业主要申请人的专利技术领域分布情况

注：图中数字表示专利量，单位为件。图中各技术领域因存在数据交叉情况，故各技术领域的专利申请量之和大于专利申请总量；本章同类表同本注释。

表7-1-3　下一代信息网络产业相关的技术领域描述

技术领域	描述
H04L 12/00	数据交换网络（存储器、输入/输出设备或中央处理单元之间的信息或其他信号的互连或传送入 G06F 13/00）
H04L 29/00	H04L 1/00 至 H04L 27/00 单个组中不包含的装置、设备、电路和系统
H04W 4/00	专门适用于无线通信网络的业务；设施
G06F 9/00	程序控制装置，例如，控制单元（用于外部设备的程序控制入 G06F 13/10）
G06F 16/00	信息检索；数据库结构；文件系统结构
G06F 17/00	特别适用于特定功能的数字计算设备或数据处理设备或数据处理方法（信息检索，数据库结构或文件系统结构，G06F 16/00）
G06F 3/00	用于将所要处理的数据转变成为计算机能够处理的形式的输入装置；用于将数据从处理机传送到输出设备的输出装置，例如，接口装置〔4〕G06F 5/00 无须改变所处理的数据的位数或内容的数据变换的方法或装置〔4〕

续表

技术领域	描述
H04M 1/00	分局设备，例如用户使用的（交换机提供的用户服务或设备入 H04M 3/00；预付费电话硬币箱入 H04M 17/00；电流供给装置入 H04M 19/08）
G06F 21/00	防止未授权行为的保护计算机、其部件、程序或数据的安全装置
G06K 9/00	用于阅读或识别印刷或书写字符或者用于识别图形，例如，指纹的方法或装置（用于图表阅读或者将诸如力或现状态的机械参量的图形转换为电信号的方法或装置入 G06K 11/00；语音识别入 G10L 15/00）

从创新领域来看，图 7 - 1 - 1 中的所有申请人在 H04L 29/00、H04L 12/00 领域获得授权的专利较多，其中在 H04L 12/00 领域获得授权的专利最多，共 10710 件，占所有主体总授权量的 13.8%。说明 H04L 12/00 领域热度较高，各申请人对该领域都保持着较高关注。

表 7 - 1 - 4 展示了 2017～2021 年我国下一代信息网络产业发明专利主要申请人的合作情况。可以看出，部分申请人与其他企业或高校保持着密切的合作，其中国家电网有限公司、中国移动通信集团有限公司的合作机构较多，其合作对象主要为同体系内企业和研究院。不同类型的创新主体之间亦有合作，校企合作较为常见，例如北京奇虎科技有限公司与北京邮电大学、重庆邮电大学存在合作关系。此外，下一代信息网络产业发明专利授权量排名前 20 位的申请人之间亦有合作，例如北京奇虎科技有限公司与北京邮电大学存在直接合作关系；国家电网有限公司通过同体系内企业和研究院与北京邮电大学、电子科技大学产生间接合作关系。

表 7 - 1 - 4　2017～2021 年我国下一代信息网络
产业发明专利主要申请人的合作情况

单位：件

序号	申请人	合作公司、机构
1	国家电网有限公司	中国电力科学研究院有限公司
		国网江苏省电力有限公司
		全球能源互联网研究院有限公司
		国网信息通信产业集团有限公司
		国网浙江省电力公司
		南瑞集团有限公司
		国网江苏省电力有限公司电力科学研究院
		国网福建省电力有限公司
		国网湖南省电力有限公司供电服务中心（计量中心）
		国网山东省电力公司电力科学研究院

序号	申请人	合作公司、机构
2	北京奇虎科技有限公司	奇智软件（北京）有限公司
		奇安信科技集团股份有限公司
		奇酷互联网络科技（深圳）有限公司
		北京驰马科技有限公司
		上海聚流软件科技有限公司
		北京奇智商务咨询有限公司
		北京邮电大学
		重庆邮电大学
3	奇智软件（北京）有限公司	北京奇虎科技有限公司
		上海聚流软件科技有限公司
4	中国移动通信集团有限公司	中国移动通信有限公司研究院
		中国移动通信集团浙江有限公司
		中国移动通信集团广东有限公司
		中移（杭州）信息技术有限公司
		中国移动通信集团江苏有限公司
		中国移动通信集团设计院有限公司
		中移（苏州）软件技术有限公司
		中国移动通信集团山东有限公司
		中国移动通信集团湖北有限公司
		咪咕文化科技有限公司
5	清华大学	华为技术有限公司
		国家电网有限公司
		上海清申科技发展有限公司
		深圳清华大学研究院
		陕西汉德车桥有限公司
		北京辰安科技股份有限公司
		北京数字电视国家工程实验室有限公司
		中车信息技术有限公司
		南方电网科学研究院有限责任公司
		清华四川能源互联网研究院

序号	申请人	合作公司、机构
6	华为技术有限公司	中国科学院计算技术研究所
		清华大学
		中国科学技术大学
		复旦大学
		北京大学
		浙江大学
		北京邮电大学
		上海交通大学
		电子科技大学
		华中科技大学
7	北京邮电大学	国家电网有限公司
		中国电子科技集团公司第五十四研究所
		中国空间技术研究院
		国网信息通信产业集团有限公司
		中国电力科学研究院有限公司
		北京国电通网络技术有限公司
		中兴通讯股份有限公司
		北邮感知技术研究院（江苏）有限公司
		国家计算机网络与信息安全管理中心
		国网辽宁省电力有限公司
8	西安电子科技大学	西安中电科西电科大雷达技术协同创新研究院有限公司
		中国电子科技集团公司第五十四研究所
		西安电子科技大学昆山创新研究院
		西安空间无线电技术研究所
		华为技术有限公司
		中国航空工业集团公司西安航空计算技术研究所
		西安建筑科技大学
		陕西理工大学
		中兴通讯股份有限公司
		中国电子科技集团公司第二十研究所

序号	申请人	合作公司、机构
9	东南大学	国家电网有限公司
		国网江苏省电力有限公司
		东南大学无锡集成电路技术研究所
		国网江苏省电力有限公司电力科学研究院
		全球能源互联网研究院有限公司
		焦点科技股份有限公司
		中国电力科学研究院有限公司
		华为技术有限公司
		大唐移动通信设备有限公司
		国网江苏省电力有限公司南京供电分公司
10	电子科技大学	中国电子科技集团公司第五十四研究所
		南方电网科学研究院有限责任公司
		电子科技大学成都研究院
		华为技术有限公司
		同方电子科技有限公司
		电子科技大学广东电子信息工程研究院
		国网四川省电力公司电力科学研究院
		成都光航信科技有限公司
		中国铁建电气化局集团北方工程有限公司
		国家电网有限公司

7.1.3　下一代信息网络产业授权发明专利的法律事件

表 7 - 1 - 5 展示了 2017～2021 年下一代信息网络产业全国和广东的授权发明专利发生的法律事件情况。可以看出，全国共发生下一代信息网络产业授权发明专利法律事件 79981 件，其中广东发生法律事件 22411 件，占全国总量的 28.0%，说明广东发生的发明专利法律事件较多，在全国范围内占比较大。下一代信息网络产业授权发明专利发生的法律事件包括转让、变更、质押、许可、保全、诉讼共 6 类。对广东来说，变更的情况最多，有 11720 件，占比为 33.0%；质押的情况最少，有 604 件，占比为 18.5%；转让、许可、保全、诉讼占比均在 20.0%～30.0%。

表 7 - 1 - 5 2017～2021 年下一代信息网络产业全国和广东的授权发明专利法律事件

法律事件	全国专利量/件	广东专利量/件	广东占比/%
转让	38423	9534	24.8
变更	35566	11720	33.0
质押	3264	604	18.5
许可	2167	445	20.5
保全	535	102	19.1
诉讼	26	6	23.1
合计	79981	22411	28

注：表中因同一件专利可能有不同的法律事件，故合计数据大于各项的加值；本章同类表同本注释。

7.1.4 下一代信息网络产业专利价值度、中国专利奖分析

图 7 - 1 -2 展示了 2017～2021 年下一代信息网络产业全国和广东的专利价值度的分布情况。将价值度高低分为十个区间。放眼全国，下一代信息网络产业获得授权的发明专利价值度集中在 60～69、70～79 两个区间，也有相当数量的发明专利价值度不佳，其价值度集中在 1～9、10～19、20～29 三个区间。价值度在 80～89、90～99 的优质专利总量不多，说明该产业的发明专利的总价值度还有一定的提升空间。

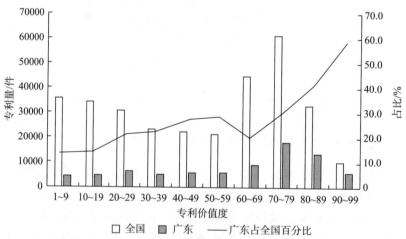

图 7 - 1 - 2 2017～2021 年下一代信息网络产业全国和广东的专利价值度分布

从广东的角度来看，下一代信息网络产业获得授权的发明专利价值度集中在 70～79、80～89 两个区间，分别占比 30.0% 和 41.6%，优于集中在 60～69、70～79 的全国总体情况。60～69 及以下价值度区间的专利授权量较少，每个区间均不超过 10000件，说明获得授权的专利中低价值度的较少，但仍有进步的空间。值得一提的是，发明专利价值度在 90～99 这一区间的，广东占比为 58.2%，超过全国在该区间总数的一

半，说明广东在该产业的发明专利授权量呈现高质量的状态，处于全国领先地位。

可以看出，广东的下一代信息网络产业专利价值度总体较高，高价值专利数量位居全国前列。

如表 7 – 1 – 6 所示，2017～2021 年下一代信息网络产业获得中国专利奖的专利共有 189 件。其中，北京、广东的获奖总量分别为 63 件和 52 件，分别排名第一位和第二位，均远超排名第三位的江苏（11 件），呈现断层优势，说明这两个地区获得授权的专利不但总数多，而且质量优。获得金奖的地区有 4 个，获得银奖的地区有 8 个，其余地区只获得优秀奖，表明这些地区在专利创新方面还有极大的成长空间。

表 7 – 1 – 6　2017～2021 年下一代信息网络产业中国专利奖地区分布　　单位：件

排名	地区	金奖	银奖	优秀奖	合计
1	北京	3	9	51	63
2	广东	4	4	44	52
3	江苏	1	1	9	11
4	上海	1	1	7	9
5	山东	0	2	6	8
6	湖北	0	1	5	6
7	四川	0	0	5	5
8	黑龙江	0	1	4	5
9	浙江	0	1	3	4
10	湖南	0	0	4	4
11	广西	0	0	3	3
12	河南	0	0	3	3
13	重庆	0	0	3	3
14	陕西	0	0	3	3
15	吉林	0	0	2	2
16	天津	0	0	2	2
17	安徽	0	0	2	2
18	辽宁	0	0	2	2
19	江西	0	0	1	1
20	福建	0	0	1	1
合计		9	20	160	189

2017～2021 年我国下一代信息网络产业专利获奖排名前十位的申请人如图 7 – 1 – 3 所示（见文前彩色插图第 3 页）。排名第一位的是国家电网有限公司，有 6 件专利获

奖；中国移动通信集团有限公司有 5 件专利获奖；电信科学技术研究院有限公司、百度在线网络技术（北京）有限公司各有 4 件专利获奖；OPPO 广东移动通信有限公司、中兴通讯股份有限公司、展讯通信（上海）有限公司、重庆市勘测院各有 3 件专利获奖；东软集团股份有限公司、国防科技大学各有 2 件专利获奖。

在排名前十位的申请人中，信息传输、软件和信息技术服务业企业有 4 家，分别是中国移动通信集团有限公司、百度在线网络技术（北京）有限公司、展讯通信（上海）有限公司、东软集团股份有限公司；制造业企业有 2 家，是 OPPO 广东移动通信有限公司、中兴通讯股份有限公司；电力、热力、燃气及水生产和供应业企业有 1 家，是国家电网有限公司；批发和零售业企业有 1 家，是电信科学技术研究院有限公司；科学研究和技术服务业机构有 1 家，是重庆市勘测院；高校有 1 所，是国防科技大学。在获奖排名前十位的主体中，企业有 8 家。可以看出，2017～2021 年我国在该产业的中国专利奖的获奖机构主力仍然是企业，企业是创新创造的源头活水，勇于承担社会责任，为社会贡献了强大的科技力量。

2019～2022 年我国下一代信息网络产业获得中国专利奖金奖的专利如表 7-1-7 所示，获奖专利共有 9 件。申请年份集中在 2012～2017 年，说明这是下一代信息网络产业创新的黄金时段。申请人所在地主要在北京、广东、江苏和上海，其中广东有金奖专利 4 件，北京有金奖专利 3 件，上海、江苏各有金奖专利 1 件，说明广东、北京在高质量专利创造上具有优势地位，广东、北京也具有产业技术创新的独特优势。

表 7-1-7　2019～2022 年我国下一代信息网络产业获得中国专利奖金奖的专利

地区	奖励届次（年份）	专利名称（专利号）	申请日	申请人
广东	第二十一届（2019 年）	调制处理方法及装置（ZL201310019608.4）	2013 年 1 月 18 日	中兴通讯股份有限公司
北京	第二十一届（2019 年）	一种传输导频信号和信号测量的方法、系统及设备（ZL201210476801.6）	2012 年 11 月 20 日	电信科学技术研究院有限公司
北京	第二十二届（2020 年）	基于人工智能的人机交互方法和系统（ZL201510563338.2）	2015 年 9 月 7 日	百度在线网络技术（北京）有限公司
江苏	第二十二届（2020 年）	一种闪烁脉冲的数字化方法（ZL201510003057.1）	2015 年 1 月 5 日	苏州瑞派宁科技有限公司
广东	第二十三届（2021 年）	切换方法及装置（ZL201610951190.4）	2016 年 11 月 2 日	中兴通讯股份有限公司

地区	奖励届次 （年份）	专利名称 （专利号）	申请日	申请人
上海	第二十三届 （2021 年）	子带配置的指示方法及装置、子带接入方法及装置 （ZL201610615466.1）	2016 年 7 月 29 日	展讯通信（上海）有限公司
广东	第二十三届 （2021 年）	一种射频接收机及接收方法 （ZL201410387196.4）	2014 年 8 月 7 日	华为技术有限公司
广东	第二十三届 （2021 年）	用于并行冗余协议网络中的时钟输出控制方法和系统 （ZL201710115849.7）	2017 年 2 月 28 日	南方电网科学研究院有限责任公司、北京四方继保自动化股份有限公司
北京	第二十三届 （2021 年）	一种基于频域互相关的分布式时差测量方法 （ZL201710549903.9）	2017 年 7 月 6 日	中国人民解放军火箭军研究院、中国航天科工集团八五一一研究所

7.2　电子核心产业

7.2.1　电子核心产业专利授权量分布

我国电子核心产业的发明专利年度授权趋势如表 7-2-1 所示，可以看出，2017~2021 年我国电子核心产业总共授权了 206387 件专利。其中，台湾属于第一梯队，总共授权了 68870 件专利，远超其他地区，展现出独特的专利创新优势；广东、北京属于第二梯队，授权的专利数量在 20000~30000 件，与排名第四位的上海产生了断层优势，也体现了广东、北京的创新能力；上海、江苏属于第三梯队，授权的专利量在 10000~19999 件；湖北、浙江、四川、陕西、安徽、福建、山东、湖南、河北、重庆、天津、辽宁、河南、吉林属于第四梯队，授权的专利量在 1000~9999 件；黑龙江、江西、山西、广西、贵州、香港、云南、甘肃、新疆、内蒙古、海南、宁夏、青海、西藏、澳门属于第五梯队，授权的专利量在 999 件及以下，这些地区的电子核心产业发明创造乏力，还有很大的进步空间。

表 7 - 2 - 1　2017～2021 年我国电子核心产业的发明专利年度授权趋势　　　单位：件

排名	地区	2017 年	2018 年	2019 年	2020 年	2021 年	合计
1	台湾	16176	12849	12849	13001	13995	68870
2	广东	4249	4783	5518	6334	8199	29083
3	北京	4117	4041	4686	5196	6294	24334
4	上海	3251	3131	3294	3432	3289	16397
5	江苏	2550	2730	2903	3248	4525	15956
6	湖北	675	1042	1677	2406	2721	8521
7	浙江	1049	1110	1272	1821	2081	7333
8	四川	773	812	998	1207	1556	5346
9	陕西	621	620	802	1010	1260	4313
10	安徽	595	661	634	959	1167	4016
11	福建	600	656	803	844	984	3887
12	山东	583	627	750	837	925	3722
13	湖南	299	382	355	419	534	1989
14	河北	241	205	228	385	556	1615
15	重庆	236	262	284	355	462	1599
16	天津	276	237	207	232	405	1357
17	辽宁	265	226	211	270	328	1300
18	河南	181	235	207	230	402	1255
19	吉林	185	163	232	298	369	1247
20	黑龙江	200	165	170	170	215	920
21	江西	132	119	151	195	251	848
22	山西	86	105	112	137	151	591
23	广西	86	103	59	88	182	518
24	贵州	57	73	60	73	69	332
25	香港	54	49	63	69	79	314
26	云南	28	38	53	42	57	218
27	甘肃	42	31	32	46	62	213
28	新疆	11	24	23	24	38	120
29	内蒙古	14	7	14	24	24	83
30	海南	6	4	5	7	12	34
31	宁夏	2	5	6	6	10	29

排名	地区	2017 年	2018 年	2019 年	2020 年	2021 年	合计
32	青海	0	2	3	3	6	14
33	西藏	0	0	0	3	4	7
34	澳门	0	0	2	1	3	6
合计		37640	35497	38663	43372	51215	206387

　　2017～2021 年，我国大部分地区电子核心产业发明专利授权量呈逐步增加态势，产业创新稳步向好，充满活力。与 2017 年相比，2021 年湖北发明专利授权量增加了约 4 倍，广东、浙江、四川、陕西、安徽的发明专利授权量均有所增长，表明这些地区在电子核心产业活力充足。上海的发明专利授权量保持持续稳定，每年均在 3000 多件，表明上海在电子核心产业持续发力，发挥稳定。

7.2.2　电子核心产业专利授权量排名前 20 位的申请人

　　电子核心产业发明专利授权量排名前 20 位的申请人如表 7 - 2 - 2 所示，2017～ 2021 年，排名前 20 位的申请人共获得 47107 件授权专利。其中，京东方科技集团股份有限公司获得授权的专利共有 10433 件，与排名第二位的台湾积体电路制造股份有限公司的 5135 件的专利授权量相比，表现突出，也远超其他申请人，具有明显的创新优势。

表 7 - 2 - 2　2017～2021 年我国电子核心产业发明专利授权量排名前 20 位的申请人

排名	申请人	专利量/件
1	京东方科技集团股份有限公司	10433
2	台湾积体电路制造股份有限公司	5135
3	中芯国际集成电路制造（上海）有限公司	3850
4	友达光电股份有限公司	3292
5	TCL 华星光电技术有限公司	3025
6	华为技术有限公司	2127
7	电子科技大学	2061
8	半导体能源研究所株式会社	1818
9	武汉华星光电技术有限公司	1693
10	中芯国际集成电路制造（北京）有限公司	1489
11	OPPO 广东移动通信有限公司	1483
12	西安电子科技大学	1347
13	天马微电子股份有限公司	1346

排名	申请人	专利量/件
14	武汉华星光电半导体显示技术有限公司	1207
15	合肥鑫晟光电科技有限公司	1200
16	北京京东方光电科技有限公司	1179
17	东京威力科创股份有限公司	1124
18	上海天马微电子有限公司	1110
19	厦门天马微电子有限公司	1110
20	长江存储科技有限责任公司	1078

在排名前 20 位的申请人中，既有企业也有高校。18 家企业主要集中在制造业、科学研究和技术服务业 2 个行业中。其中制造业企业有 14 家，分别是京东方科技集团股份有限公司、台湾积体电路制造股份有限公司、中芯国际集成电路制造（上海）有限公司、友达光电股份有限公司、华为技术有限公司、半导体能源研究所株式会社、中芯国际集成电路制造（北京）有限公司、OPPO 广东移动通信有限公司、天马微电子股份有限公司、武汉华星光电半导体显示技术有限公司、合肥鑫晟光电科技有限公司、东京威力科创股份有限公司、上海天马微电子有限公司、厦门天马微电子有限公司；科学研究和技术服务业企业有 4 家，分别是 TCL 华星光电技术有限公司、武汉华星光电技术有限公司、北京京东方光电科技有限公司、长江存储科技有限责任公司。由此可见，制造业与电子核心产业联系最为紧密。科学研究和技术服务业企业的加入也为电子核心产业提供了强大的助力。

高校共有 2 所，分别是电子科技大学、西安电子科技大学。说明从当下拥有实际受到保护的技术范围角度来看，电子科技大学实力较强。

从地域分布来看，申请人所在地的分布状态较为分散，整体呈多点散发状态，没有出现地域性集聚。说明在电子核心产业，广东、北京、台湾、湖北等地均呈现出良好的发展势头，拥有较强的创新动能，其电子核心产业的发展也值得期待。

图 7-2-1 展示了 2017~2021 年电子核心产业主要申请人的专利技术领域分布情况，该产业相关的技术领域描述如表 7-2-3 所示。

从创新主体来看，个别申请人对某些领域未有涉猎，该领域的专利授权量为 0。例如台湾积体电路制造股份有限公司、中芯国际集成电路制造（上海）有限公司、中芯国际集成电路制造（北京）有限公司、长江存储科技有限责任公司、东京威力科创股份有限公司对 G06F 3/00 领域未有涉猎，中芯国际集成电路制造（北京）有限公司、长江存储科技有限责任公司对 H01L 51/00 领域未有涉猎；中芯国际集成电路制造（北京）有限公司、长江存储科技有限责任公司、东京威力科创股份有限公司对 G09G 3/00 领域未有涉猎；西安电子科技大学对 H05K 3/00 领域未有涉猎；长江存储科技有限责任公司对 H05K 3/00、G02F 1/00 领域未有涉猎。部分申请人则集中在某几个领域进行专利申请，例如东京威力科创股份有限公司着眼于 H01L 21/00 领域的专利发明，该领域的专利授权量占该企业总授权量的 93.5%；长江存储科技有限责任公司在 H01L 27/00 领域申请较多总授权量的 60%；西安电子科技大学对 H01L 29/00、H01L 21/00 领域较为关注，两个领域的专利授权量共占该企业总授权量的 46.12%；台湾积体电路制造股份有限公司、中芯国际集成电路制造（上海）有限公司对 H01L 21/00 领域关注较多，2 家企业在该领域的专利授权量远超其他领域。

技术领域	京东方科技集团股份有限公司	台湾积体电路制造股份有限公司	中芯国际集成电路制造（上海）有限公司	友达光电股份有限公司	TCL华星光电技术有限公司	半导体能源研究所株式会社	武汉华星光电技术有限公司	中芯国际集成电路制造（北京）有限公司	天马微电子股份有限公司	合肥鑫晟光电科技有限公司	北京东方光电半导体显示技术有限公司	武汉华星光电半导体显示技术有限公司	长江存储科技有限责任公司	东京威力科创股份有限公司	厦门天马微电子有限公司	上海天马微电子有限公司	电子科技大学	OPPO广东移动通信有限公司	西安电子科技大学	华为技术有限公司
H05K 3/00	27	14	2	28	2	2	6	0	2	2	1	9	0	7	2	3	13	58	0	18
H01L 33/00	105	8	0	96	42	47	16	0	3	6	11	0			4	23	10	3	28	5
H01L 23/00	199	1422	539	61	25	64	15	203	21	22	15	24	124	21	18	18	39	15	30	71
H01L 29/00	424	1319	928	102	86	744	43	450	17	46	28	20	34	16	12	17	452	1	302	45
G06F 3/00	1154	0	0	446	95	64	128	0	455	225	278	136	0	0	329	344	1	301	1	107
H01L 51/00	1415	6	1	170	184	258	109	0	139	136	22	460	0	8	24	140	24	6	3	2
H01L 21/00	1485	3600	3071	178	363	656	233	1181	82	175	103	144	392	1042	44	77	216	5	320	71
H01L 27/00	2767	1002	807	484	443	480	294	421	281	286	163	596	814	17	154	381	94	42	20	27
G09G 3/00	2907	1	0	1164	995	309	416	0	336	352	350	121	0	0	221	184	5	143	4	43
G02F 1/00	2944	1	3	1343	1445	351	805	1	515	315	488	53	0	2	580	353	105	97	10	76

申请人

图 7 - 2 - 1　2017～2021 年我国电子核心产业主要申请人的专利技术领域分布情况

注：图中数字表示专利量，单位为件。

表 7 - 2 - 3　电子核心产业相关的技术领域描述

技术领域	描述
G02F 1/00	控制来自独立光源的光的强度、颜色、相位、偏振或方向的器件或装置
G09G 3/00	仅考虑与除阴极射线管以外的目视指示器连接的控制装置和电路
H01L 27/00	由在一个共用衬底内或其上形成的多个半导体或其他固态组件组成的器件
H01L 21/00	专门适用于制造或处理半导体或固体器件或其部件的方法或设备

技术领域	描述
H01L 51/00	使用有机材料作有源部分或使用有机材料与其他材料的组合作有源部分的固态器件；专门适用于制造或处理这些器件或其部件的工艺方法或设备
G06F 3/00	用于将所要处理的数据转变成为计算机能够处理的形式的输入装置；用于将数据从处理机传送到输出设备的输出装置
H01L 29/00	专门适用于整流、放大、振荡或切换，并具有至少一个电位跃变势垒或表面势垒的半导体器件；具有至少一个电位跃变势垒或表面势垒
H01L 23/00	半导体或其他固态器件的零部件（H01L 25/00 优先）
H01L 33/00	至少有一个电位跃变势垒或表面势参的专门适用于光发射的半导体器件：专门适用于制造或处理这些半导体器件或其部件的方法或设备，这些半导体器件的零部件（H01L 51/00 优先；由一个公共衬底中或其上形成有多个半导体组件并包括具有至少一个电位跃变势垒或表面势垒，专门适用于光发射的器件入 H01L 27/15；半导体激光器入 H01S 5/00）
H05K 3/00	用于制造印刷电路的设备或方法

从创新领域来看，绝大部分主体对 H01L 21/00 领域关注较多，以台湾积体电路制造股份有限公司、中芯国际集成电路制造（上海）有限公司为最，京东方科技集团股份有限公司、中芯国际集成电路制造（北京）有限公司次之，说明 H01L 21/00 领域热度较高，各申请人对该领域都保持着较高关注。部分申请人对 G06F 3/00、G09G 3/00 领域缺乏关注，有 5 家企业在 G06F 3/00 领域的专利授权量为 0，有 4 家企业在 G09G 3/00 领域的专利授权量为 0。说明 G06F 3/00、G09G 3/00 领域对这些申请人缺乏吸引力，相关领域专利发明积极性不高。

电子核心产业发明专利主要申请人的合作情况如表 7－2－4 所示，可以看出，主要申请人之间的合作较为少见。部分企业主体与投资持股的同体系内企业产生跨地域合作，例如京东方科技集团股份有限公司、中芯国际集成电路制造（上海）有限公司、厦门天马微电子有限公司。

表 7－2－4　2017～2021 年我国电子核心产业发明专利主要申请人的合作情况

序号	申请人	合作公司、机构
1	京东方科技集团股份有限公司	合肥鑫晟光电科技有限公司
		北京京东方光电科技有限公司
		北京京东方显示技术有限公司
		成都京东方光电科技有限公司
		合肥京东方光电科技有限公司

续表

序号	申请人	合作公司、机构
1	京东方科技集团股份有限公司	鄂尔多斯市源盛光电有限责任公司
		重庆京东方光电科技有限公司
		福州京东方光电科技有限公司
		合肥京东方显示技术有限公司
		北京京东方技术开发有限公司
2	中芯国际集成电路制造（上海）有限公司	中芯国际集成电路制造（北京）有限公司
		中芯国际集成电路新技术研发（上海）有限公司
		中芯国际集成电路制造（天津）有限公司
		中芯集成电路（宁波）有限公司
		上海集成电路研发中心有限公司
		中国科学院微电子研究所
		常州瑞择微电子科技有限公司
		比利时微电子研究中心
3	天马微电子股份有限公司	上海天马微电子有限公司
		厦门天马微电子有限公司
		上海天马有机发光显示技术有限公司
		上海中航光电子有限公司
		成都天马微电子有限公司
4	上海天马微电子有限公司	天马微电子股份有限公司
		上海中航光电子有限公司
		成都天马微电子有限公司
		厦门天马微电子有限公司
5	厦门天马微电子有限公司	天马微电子股份有限公司
		上海天马微电子有限公司
6	TCL 华星光电技术有限公司	武汉华星光电技术有限公司
		中山大学
		西安交通大学
7	电子科技大学	电子科技大学广东电子信息工程研究院
		四川蓝彩电子科技有限公司
		南方电网科学研究院有限责任公司
		四川绿然电子科技有限公司

序号	申请人	合作公司、机构
7	电子科技大学	重庆中科渝芯电子有限公司
		上海朕芯微电子科技有限公司
		四川英创力电子科技股份有限公司
		四川上特科技有限公司
		成都北斗天线工程技术有限公司
		成都线易科技有限责任公司
8	西安电子科技大学	西安中电科西电大雷达技术协同创新研究院有限公司
		西安电子科技大学昆山创新研究院
		中国电子科技集团公司第五十四研究所
		中国科学院物理研究所
		三万星空（西安）信息技术有限公司
		中国电子科技集团公司第五十八研究所
		中国电子科技集团公司第十四研究所
		中国航空工业集团公司西安航空计算技术研究所
		北京卫星环境工程研究所
		广西大学

7.2.3 电子核心产业授权发明专利的法律事件

表 7 - 2 - 5 展示了 2017 ~ 2021 年电子核心产业全国和广东的授权发明专利法律事件的分布情况。可以看出，全国共发生电子核心产生授权发明专利法律事件 37371 件，其中广东发生法律事件 10564 件，占全国总量的 28.3%。从发生法律事件的种类看，在转让、变更、质押、许可、保全、诉讼 6 类法律事件中，广东发生的诉讼类事件占全国在该类事件总量的 42.9%，说明广东的发明专利纷争较多，在全国范围内位居前列。质押类事件最少，占全国在该类事件总量的 20.3%。转让、许可、保全、变更 4 类法律事件占全国在该类事件总量的比例均在 21.0% ~ 35.0%。

表 7 - 2 - 5　2017 ~ 2021 年电子核心产业全国和广东的授权发明专利法律事件

法律事件	全国专利量/件	广东专利量/件	广东占比/%
转让	18392	4371	23.8%
变更	16166	5587	34.6%
质押	1741	353	20.3%

法律事件	全国专利量/件	广东专利量/件	广东占比/%
许可	903	213	23.6%
保全	155	34	22%
诉讼	14	6	42.9%
合计	37371	10564	28.3%

7.2.4 电子核心产业专利价值度、中国专利奖分析

2017～2021 年电子核心产业全国和广东的专利价值度分布情况如图 7-2-2 所示。从全国范围来看，电子核心产业获得授权的发明专利价值度高度集中在 1～9、10～19、20～29、70～79 四个区间，这说明全国范围内该产业内发明专利价值度整体偏低，缺乏高质量发明专利，高质量创新常年乏力。

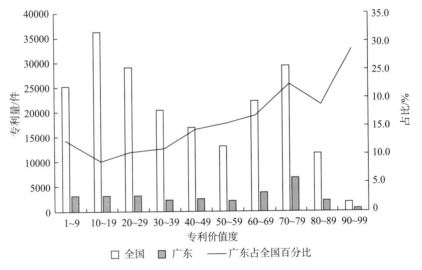

图 7-2-2 2017～2021 年电子核心产业全国和广东的专利价值度分布

从广东的角度来看，各价值度区间发明专利授权量占比较少，最高为 28.7%，最低仅为 12.0%，说明广东在电子核心产业的发明创造投入不大。同时，1～9、10～19、20～29 三个低价值度区间专利总量较少，占全国比例也较低，分别为 12.0%、8.7% 和 10.3%；专利价值度在 70～79、90～99 区间的专利授权量分别占全国的 22.4% 和 28.7%。说明广东的高价值度专利占比较多，总体质量较高。

总而言之，全国范围内电子核心产业发明专利价值度有待提升，广东亦可求质保量，不断加强在电子核心产业的关注和投入。

2017～2021 年电子核心产业中国专利奖地区分布如表 7-2-6 所示，获得中国专利奖的专利共有 163 件，其中金奖 6 件，银奖 10 件，优秀奖 147 件。可以看出，广东

省获得中国专利奖的专利有 75 件，远超排名第二位的江苏（26 件）。广东的获奖专利中，仅有 2 件获得金奖，金奖率仅为 2.7%。相比较而言，排名第三位的北京虽仅有 16 件专利获奖，但有 2 件专利获得金奖，金奖率为 12.5%；排名第八位的陕西虽仅有 4 件专利获奖，但有金奖专利 1 件，金奖率为 25.0%。这说明，虽然广东获奖专利最多，但获得金奖的专利比例较少，在今后的发展规划中，可以不断调整提升自身专利质量，争取更大的进步。

表 7-2-6　2017~2021 年电子核心产业中国专利奖地区分布　　单位：件

排名	地区	金奖	银奖	优秀奖	合计
1	广东	2	3	70	75
2	江苏	1	0	25	26
3	北京	2	5	9	16
4	上海	0	0	9	9
5	湖北	0	0	6	6
6	福建	0	0	6	6
7	江西	0	0	4	4
8	陕西	1	0	3	4
9	天津	0	0	3	3
10	吉林	0	0	2	2
11	安徽	0	0	2	2
12	山东	0	0	2	2
13	浙江	0	0	2	2
14	湖南	0	1	1	2
15	四川	0	0	1	1
16	辽宁	0	0	1	1
17	重庆	0	0	1	1
18	黑龙江	0	1	0	1
合计		6	10	147	163

　　图 7-2-3 展示了 2017~2021 年的我国电子核心产业专利获奖排名前十位的申请人分布情况。并列排名第一位的是京东方科技集团股份有限公司和精电（河源）显示技术有限公司，各有 5 件专利获奖；排名第二位的是胜宏科技（惠州）股份有限公司，有 4 件专利获奖；并列排名第三位的是 TCL 华星光电技术有限公司、乐健科技（珠海）有限公司、华灿光电（苏州）有限公司和惠科股份有限公司，各有 3 件专利获奖；并列排名第四位的是上海微电子装备（集团）股份有限公司、中芯国际集成电路制造

（上海）有限公司和京信网络系统股份有限公司。

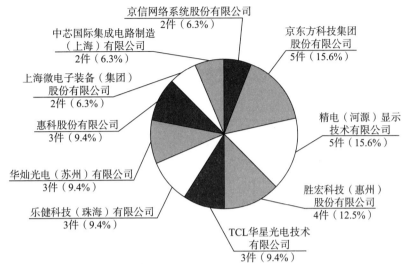

图 7－2－3　2017～2021 年我国电子核心产业专利获奖排名前十位的申请人

注：图示仅为展示，图中百分比未配平；本章同类图同本注释。

从地域分布来看，位于广东的申请人最多，共有 5 家企业，分别是精电（河源）显示技术有限公司、胜宏科技（惠州）股份有限公司、TCL 华星光电技术有限公司、乐健科技（珠海）有限公司和惠科股份有限公司；另有 2 家企业位于北京，分别是京东方科技集团股份有限公司、京信网络系统股份有限公司；还有 2 家企业位于上海，分别是上海微电子装备（集团）股份有限公司、中芯国际集成电路制造（上海）有限公司；1 家企业位于江苏，是华灿光电（苏州）有限公司。总体来看，在电子核心产业专利获奖排名前十位的申请人中，有一半位于广东，说明广东在该产业的发明创造上取得良好的成绩。

表 7－2－7 展示了 2018～2021 年我国电子核心产业获中国专利奖金奖的专利，获奖专利共有 6 件，申请年份集中在 2012～2016 年。申请人所在地主要有广东、北京、江苏、陕西。从行业分布来看，申请人多处于制造业、科学研究和技术服务业，制造业如京信通信技术（广州）有限公司、江苏和成显示科技股份有限公司，科学研究和技术服务业如北京时代民芯科技有限公司。这说明制造业、科学研究和技术服务业仍是电子核心产业创造的主要动力。

表 7－2－7　2018～2021 年我们电子核心产业获中国专利奖金奖的专利

地区	奖励届次（年份）	专利名称（专利号）	申请日	申请人
广东	第二十届（2018 年）	腔体式微波器件（ZL201410225678.X）	2014 年 5 月 26 日	京信通信系统（中国）有限公司、京信通信技术（广州）有限公司

地区	奖励届次 （年份）	专利名称 （专利号）	申请日	申请人
广东	第二十一届 （2019 年）	天线控制系统和多频共 用天线 （ZL201280065830.1）	2012 年 12 月 28 日	京信网络系统（中国） 有限公司
江苏	第二十二届 （2020 年）	液晶组合物及液晶显示 器件 （ZL201510197266.4）	2015 年 4 月 23 日	江苏和成显示科技股 份有限公司
北京	第二十一届 （2019 年）	一种实现 CPT 原子频率 标准的方法及装置 （ZL201510956144.9）	2015 年 12 月 17 日	北京无线电计量测试 研究所
北京	第二十二届 （2020 年）	一种倒装焊耐潮湿防护 工艺方法 （ZL201410827891.8）	2014 年 12 月 26 日	北京时代民芯科技有 限公司、北京微电子 技术研究所
陕西	第二十三届 （2021 年）	基于铯原子饱和吸收谱的 半导体自动稳频激光器 （ZL201610459243.0）	2016 年 6 月 22 日	中国科学院国家授时 中心

7.3 新兴软件和新型信息技术服务产业

7.3.1 新兴软件和新型信息技术服务产业专利授权量分布

我国新兴软件和新型信息技术服务产业的发明专利年度授权趋势如表 7 - 3 - 1 所示。可以看出，2017 ~ 2021 年我国在新兴软件和新型信息技术服务产业共有 68841 件专利获得授权。其中，北京、广东属于第一梯队，获得授权的专利数量在 15000 件以上；江苏、浙江、上海、台湾、四川、湖北、山东、陕西、湖南、福建、安徽、辽宁属于第二梯队，获得授权的专利数量在 1000 ~ 6000 件；重庆、河南、天津、黑龙江、河北、江西、吉林、广西、贵州、云南、山西、香港、甘肃、内蒙古、新疆、海南、宁夏、青海、澳门、西藏属于第三梯队，获得授权的专利数量在 999 件及以下。属于第一梯队的北京和广东占据榜单前两位，获得授权的专利数量远超其他地区，在新兴软件和新型信息技术服务产业具有强烈的优势地位。其他地区获得授权的发明专利总量差距较大，例如，排名第一位的北京有 16503 件发明专利获得授权，排位最末的西藏仅有 5 件专利获得授权，说明新兴软件和新型信息技术服务产业在各地区的发展并不平衡。这与地区产业基础、经济和政策有很大关系。

表 7 - 3 - 1　2017~2021 年我国新兴软件和新型信息技术
服务产业的发明专利年度授权趋势　　　　　　　　单位：件

序号	地区	2017 年	2018 年	2019 年	2020 年	2021 年	合计
1	北京	1665	2021	2130	4355	6332	16503
2	广东	1371	1870	2476	3671	5697	15085
3	江苏	445	536	627	1583	2514	5705
4	浙江	227	358	474	1322	2084	4465
5	上海	364	544	464	1069	1725	4166
6	台湾	599	495	598	841	1028	3561
7	四川	195	200	272	852	1284	2803
8	湖北	133	149	258	750	1014	2304
9	山东	209	233	311	634	818	2205
10	陕西	131	144	180	738	862	2055
11	湖南	57	72	100	380	626	1235
12	福建	136	155	155	275	395	1116
13	安徽	87	119	111	306	477	1100
14	辽宁	80	54	99	349	469	1051
15	重庆	72	66	82	285	410	915
16	河南	39	68	87	205	392	791
17	天津	75	68	49	175	324	691
18	黑龙江	39	39	41	182	283	584
19	河北	25	42	36	139	190	432
20	江西	16	21	24	107	193	361
21	吉林	27	27	21	136	146	357
22	广西	29	41	32	95	130	327
23	贵州	14	26	29	71	95	235
24	云南	16	13	15	49	109	202
25	山西	9	11	12	68	85	185
26	香港	10	4	5	21	47	87
27	甘肃	2	8	3	20	43	76
28	内蒙古	3	10	4	26	24	67

序号	地区	2017 年	2018 年	2019 年	2020 年	2021 年	合计
29	新疆	4	2	8	22	22	58
30	海南	0	5	4	19	25	53
31	宁夏	3	5	3	6	16	33
32	青海	0	0	4	4	11	19
33	澳门	4	4	1	0	0	9
34	西藏	0	0	0	1	4	5
合计		6086	7410	8715	18756	27874	68841

7.3.2　新兴软件和新型信息技术服务产业专利授权量排名前 20 位的申请人

表 7 - 3 - 2 展示了 2017～2021 年我国新兴软件和新型信息技术服务产业的发明专利授权量排名前 20 位的申请人情况。腾讯科技（深圳）有限公司获得授权的专利数量最多，共有 1929 件专利获得授权，远高于排名第二位申请人的 1300 件，在该产业具有优势地位。OPPO 广东移动通信有限公司、国家电网有限公司和联想（北京）有限公司分别排名第二位、第三位和第四位，获得授权的专利数量均在 1000 件以上，表现亮眼。

表 7 - 3 - 2　2017～2021 年我国新兴软件和新型信息技术服务产业
发明专利授权量排名前 20 位的申请人

排名	申请人	专利量/件
1	腾讯科技（深圳）有限公司	1929
2	OPPO 广东移动通信有限公司	1300
3	国家电网有限公司	1112
4	联想（北京）有限公司	1102
5	维沃移动通信有限公司	875
6	华为技术有限公司	871
7	北京航空航天大学	680
8	清华大学	543
9	努比亚技术有限公司	531
10	东南大学	522
11	西安电子科技大学	471
12	浙江大学	452
13	电子科技大学	440
14	北京奇虎科技有限公司	427

排名	申请人	专利量/件
15	西安交通大学	416
16	百度在线网络技术（北京）有限公司	415
17	北京小米移动软件有限公司	377
18	南京航空航天大学	358
19	小米科技有限责任公司	336
20	奇智软件（北京）有限公司	324

在发明专利授权量排名前20位的申请人中，有12家企业、8所高校。12家企业主要涉及各个行业，信息传输、软件和信息技术服务业有5家，分别是腾讯科技（深圳）有限公司、联想（北京）有限公司、百度在线网络技术（北京）有限公司、北京小米移动软件有限公司、奇智软件（北京）有限公司；制造业有3家，分别是OPPO广东移动通信有限公司、华为技术有限公司、努比亚技术有限公司；电力、热力、燃气及水生产和供应业有1家，是国家电网有限公司；批发和零售业有1家，是维沃移动通信有限公司；科学研究和技术服务业有2家，分别是北京奇虎科技有限公司、小米科技有限责任公司。由此可见，信息传输、软件和信息技术服务业与新兴软件和新型信息技术服务产业联系最为紧密，制造业企业也与新兴软件和新型信息技术服务产业保持着较为密切的联系。

8所高校分别是北京航空航天大学、清华大学、东南大学、西安电子科技大学、浙江大学、电子科技大学、西安交通大学和南京航空航天大学。其中综合类、理工类高校各有4所，说明这些高校在新兴软件和新型信息技术服务产业的自主创新能力较强。

新兴软件和新型信息技术服务产业排名前20位的申请人的专利技术领域分布情况如图7-3-1所示，该产业相关的技术领域描述如表7-3-3所示。

从创新主体来看，部分申请人的发明创造有着明显的发力点，如OPPO广东移动通信有限公司、联想（北京）有限公司、维沃移动通信有限公司和努比亚技术有限公司均着力于G06L 3/00领域的研发，在该领域的专利授权量分别为880件、890件、761件和439件，占该公司总授权量的比重在一半以上；又如国家电网有限公司致力于G06Q 50/00和G06Q 10/00领域的发明创造，该公司在这2个领域的专利授权量远超其他领域，有着明显的数量优势。另外，高校普遍青睐于G06F 30/00领域的创造。

从创新领域来看，大部分申请人对G06F 30/00领域关注较多，其中北京航空航天大学有限公司在该领域获得授权的专利量最多。也有个别领域没有受到各申请人的青睐，如G08G 1/00领域，东南大学在该领域获得授权的专利量最多，但也只有120件，其次的是清华大学和百度在线网络技术（北京）有限公司，均为42件。说明各申请人对该领域的关注度均较低。

技术领域	腾讯科技（深圳）有限公司	OPPO广东移动通信有限公司	联想（北京）有限公司	国家电网有限公司	维沃移动通信有限公司	华为技术有限公司	北京航空航天大学	努比亚技术有限公司	东南大学	清华大学	西安电子科技大学	北京奇虎科技有限公司	百度在线网络技术（北京）有限公司	电子科技大学	浙江大学	西安交通大学	北京小米移动软件有限公司	小米科技有限责任公司	南京航空航天大学	奇智软件（北京）有限公司
G06F 30/00	17	1	0	296	0	8	374	1	169	219	112	0	13	162	199	300	3	1	228	0
G06Q 50/00	20	4	1	515	1	5	52	0	110	93	9	3	11	12	79	32	4	0	14	1
G08G 1/00	39	18	5	7	9	34	33	0	120	42	13	7	42	10	26	3	6	15	12	4
G06Q 10/00	87	15	14	516	24	31	104	5	139	114	21	13	31	30	101	39	15	12	33	8
G06Q 20/00	266	53	13	20	57	37	13	26	1	5	9	25	20	10	9	1	31	11	0	15
H04L 9/00	345	41	29	139	14	312	62	20	73	62	270	48	42	140	24	14	23	24	27	24
G06F 9/00	346	359	198	25	156	166	10	90	2	15	7	183	61	11	7	6	92	66	4	146
H04L 29/00	375	35	25	99	16	172	40	18	28	35	172	60	46	87	26	11	22	17	10	36
G06L 3/00	409	880	890	8	761	213	6	439	5	11	3		74	89	4	5	221	200	3	67
G06L 11/00	416	62	20	52	4	75	82	17	14	27	13	86	111	21	15	10	17	18	18	69

申请人

图 7 - 3 - 1　2017～2021 年我国新兴软件和新型信息技术服务产业主要申请人的专利技术领域分布情况

注：图中数字表示专利量，单位为件。

表 7 - 3 - 3　新兴软件和新型信息技术服务产业相关的技术领域描述

技术领域	描述
G06F 11/00	错误检测：错误校正；监控（在记录载体上作以核对其正确性的方式或装置入 G06K 5/00；基于记录载体和传感器之间的相对运动而实现的信息存储中所用的方法或装置入 G11B，例如 G11B 20/18；静态存储中所用的方法或装置入 G11C 29/00）〔4〕
G06F 3/00	用于将所要处理的数据转变成计算机能够处理的形式的转入装置；用于将数据从处理机传送到输出设备的输出装置，例如，接口装置〔4〕［2006.01］
H04L 29/00	H04L 1/00 至 H04L 27/00 单个组中不包含的装置、设备、电路和系统〔5〕［2006.01］
G06F 9/00	程序控制装置，例如，控制单元（用于外部设备的程序控制入 G06F 13/10）［1，4，2006.01，2018.01］
H04L 9/00	保密或安全通信装置

技术领域	描述
G06Q 20/00	支付体系结构、方案或协议（用于执行或登入支付业务的设备入 G07F 7/08，G07F 19/00；电子现金出纳机入 G07G 1/12）〔8，2012.01〕
G06Q 10/00	行政；管理〔8，2012.01〕〔2012.01〕
G08Q 1/00	道路车辆的交通控制系统（道路标志或交通信号装置入 E01F 9/00）〔2006.01〕
G06Q 50/00	特别适用于特定商业行业的系统或方法，例如公用事业或旅游（医疗信息学入 G16H）〔2012.01〕
G06F 30/00	计算机辅助设计（CAD）

新兴软件和新型信息技术服务产业发明专利主要申请人的合作情况如表 7 - 3 - 4 所示。可以看出，部分申请人与其他机构保持着密切的合作，其中国家电网有限公司的合作机构较多，其合作对象主要为同体系内企业和研究院。高校之间也有合作，如清华大学和东南大学。此外，也存在校企合作的现象，如清华大学分别与科大讯飞股份有限公司、国家电网有限公司都存在合作。

表 7 - 3 - 4　2017～2021 年我国新兴软件和新型信息技术服务产业发明专利主要申请人的合作情况

序号	申请人	合作公司、机构
1	国家电网有限公司	中国电力科学研究院有限公司
		国网江苏省电力有限公司
		全球能源互联网研究院有限公司
		南瑞集团有限公司
		国网山东省电力公司电力科学研究院
		国网湖南省电力有限公司供电服务中心（计量中心）
		国电南瑞科技股份有限公司
		国网天津市电力公司
		国网河北省电力有限公司
		国网信息通信产业集团有限公司
2	北京奇虎科技有限公司	奇智软件（北京）有限公司
		奇安信科技集团股份有限公司
		北京驰马科技有限公司
		奇酷互联网络科技（深圳）有限公司

序号	申请人	合作公司、机构
3	清华大学	国家电网有限公司
		陕西汉德车桥有限公司
		北京辰安科技股份有限公司
		国网北京市电力公司
		清华四川能源互联网研究院
		北京品驰医疗设备有限公司
		科大讯飞股份有限公司
		上海清申科技发展有限公司
		中国三峡建设管理有限公司
		国网甘肃省电力公司
4	东南大学	国家电网有限公司
		国网江苏省电力有限公司
		中国电力科学研究院有限公司
		国网江苏省电力有限公司经济技术研究院
		东南大学无锡集成电路技术研究所
		南京阿尔特交通科技有限公司
		东南大学溧阳研究院
		国网江苏省电力有限公司电力科学研究院
		大唐南京环保科技有限责任公司
		中国能源建设集团江苏省电力设计院有限公司
5	浙江大学	国家电网有限公司
		国网浙江省电力公司
		国网浙江省电力有限公司经济技术研究院
		浙江浙能技术研究院有限公司
		国网浙江省电力公司电动汽车服务分公司
		国网浙江省电力有限公司
		国网浙江省电力有限公司电力科学研究院
		国网浙江省电力有限公司绍兴供电公司
		中国电力科学研究院有限公司
		中海油信息科技有限公司

续表

序号	申请人	合作公司、机构
6	北京航空航天大学	北京市交通信息中心
		上海空间电源研究所
		中国科学院数学与系统科学研究院
		航天恒星科技有限公司
		中国北方车辆研究所
		中国航发商用航空发动机有限责任公司
		北京天创凯睿科技有限公司
		北方工业大学
		国家卫生健康委科学技术研究所
		民航数据通信有限责任公司
7	电子科技大学	南方电网科学研究院有限责任公司
		电子科技大学广东电子信息工程研究院
		中国电子科技集团公司第五十四研究所
		内江市云启科技有限公司
		成都海威华芯科技有限公司
		电子科技大学天府协同创新中心
		国家电网有限公司
		国网四川省电力公司电力科学研究院
		成都连合软件科技有限公司
		电子科技大学成都研究院
8	西安交通大学	国家电网有限公司
		国网陕西省电力公司电力科学研究院
		国网江苏省电力有限公司
		华北电力科学研究院有限责任公司
		国网江苏省电力有限公司检修分公司
		中国南方电网有限责任公司超高压输电公司检修试验中心
		中国电力科学研究院有限公司
		华为技术有限公司
		国家电网有限公司西北分部
		国网经济技术研究院有限公司

序号	申请人	合作公司、机构
9	华为技术有限公司	中国科学院计算技术研究所
		北京邮电大学
		武汉大学
		清华大学
		东南大学
		西安交通大学
		西安电子科技大学
		上海交通大学
		北京大学
		北京航空航天大学

7.3.3 新兴软件和新型信息技术服务产业授权发明专利的法律事件

表 7 - 3 - 5 展示了 2017 ~ 2021 年新兴软件和新型信息技术服务产业全国和广东专利的法律事件情况。全国范围内共发生新兴软件和新型信息技术服务产业授权发明专利法律事件 16621 件，广东共发生 4471 件，占全国总量的 26.9%。从广东的角度来看，变更类法律事件发生的最多，共有 2373 件，占全国在该类事件中总量的 32.7%；诉讼类法律事件发生的最少，仅有 2 件，但占全国在该类事件中总量的 33.3%，比例较高。转让、质押、许可、保全 4 类法律事件占全国在该类事件中总量的比例均在 10.0% ~ 30.0%。

表 7 - 3 - 5　2017 ~ 2021 年新兴软件和新型信息技术
服务产业全国和广东的授权发明专利法律事件

法律事件	全国专利量/件	广东专利量/件	广东占比/%
转让	8066	1895	23.5
变更	7252	2373	32.7
质押	669	105	15.7
许可	522	77	14.8
保全	106	19	17.9
诉讼	6	2	33.3
合计	16621	4471	26.9

7.3.4　新兴软件和新型信息技术服务产业专利价值度、中国专利奖分析

图 7-3-2 展示了 2017~2021 年新兴软件和新型信息技术服务产业在全国和广东的专利价值度分布情况。从全国范围看，超过 14000 件获得授权的专利集中分布在 70~79 区间，该区间的专利价值度较为优质；另有约 11000 件的专利分布在 60~69 区间，说明该区间的专利价值度良好；还有约 10000 件的专利分布在 1~9 区间，说明该区间的专利价值度极低，还有很大的进步空间。

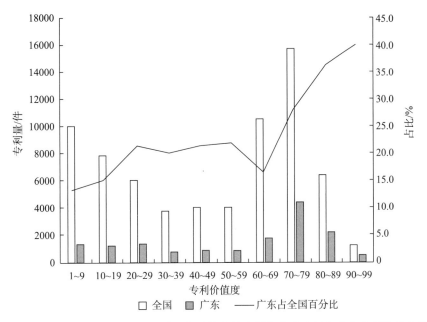

图 7-3-2　2017~2021 年新兴软件和新型信息技术服务产业全国和广东专利价值度分布

从广东的角度来看，新兴软件和新型信息技术服务产业获得授权的发明专利价值度集中在 70~79、80~89 两个区间，与全国分布趋势基本一致。70~79、80~89 两个区间分别占全国同价值度区间的 28.0% 和 35.8%，高价值度专利占全国比重较高，同时低价值度区间的专利占全国比重较低，说明广东在新兴软件和新型信息技术服务产业获得授权的发明专利价值度总体较高，在全国平均水平之上。

表 7-3-6 展示了 2017~2021 年新兴软件和新型信息技术服务产业获中国专利奖的专利在不同地区的分布情况。新兴软件和新型信息技术服务产业获得中国专利奖的专利共有 33 件，其中银奖 4 件，优秀奖 29 件，没有申请人获得金奖。北京获得中国专利奖的专利量最多，共有 13 件，远高于其他地区，排名第一位，具有断层优势；广东位居第二位，共有 5 件专利获奖；其余地区都只有 1~2 件专利获奖。从奖项种类米看，仅有北京、广东、安徽的申请人获得银奖，其中北京有银奖 2 件，广东、安徽各有银奖 1 件。

表 7 - 3 - 6 2017～2021 年新兴软件和新型信息技术服务产业中国专利奖地区分布   单位：件

序号	地区	银奖	优秀奖	合计
1	北京	2	11	13
2	广东	1	4	5
3	安徽	1	1	2
4	四川	0	2	2
5	湖北	0	2	2
6	辽宁	0	2	2
7	上海	0	1	1
8	广西	0	1	1
9	江苏	0	1	1
10	河南	0	1	1
11	浙江	0	1	1
12	湖南	0	1	1
13	陕西	0	1	1
合计		4	29	33

整体来看，新兴软件和新型信息技术服务产业获得中国专利奖发明创造较少，产业创造力有待进一步提升。

图 7 - 3 - 3 展示了 2017～2021 年新兴软件和新型信息技术服务产业获得中国专利获奖排名前十位的申请人的分布的情况。其中，北京京东尚科信息技术有限公司有 2 件专利获得中国专利奖，其他申请人各有 1 件专利获奖。在获奖的企业主体中，信息传输、软件和信息技术服务业企业有 2 家，制造业企业有 1 家，科学研究和技术服务业企业有 3 家，这些行业对新兴软件和新型信息技术服务产业贡献较多。在获奖排名前十位的申请人中，高校有 1 所，为中国地质大学（武汉），科研机构有 3 家，分别是中国核动力研究设计院、中国航空制造技术研究院、交通运输部科学研究院，说明高校及科研院所也是该产业创新发展的重要动力源。

由于新兴软件和新型信息技术服务产业没有获得中国专利奖金奖的专利，表 7 - 3 - 7 展示了 2020～2021 年该产业获得中国专利奖银奖的 4 件专利。获奖专利的申请时间在 2015～2018 年。从地域分布来看，有 2 件专利的申请人位于北京，1 件专利的申请人位于广东，1 件专利的申请人位于安徽，体现了这些地区在该产业高质量专利创造上具有优势地位。

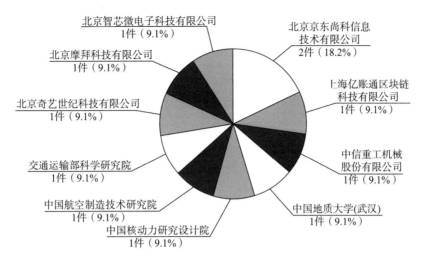

图 7 - 3 - 3　2017 ~ 2021 年新兴软件和新型信息技术服务产业专利获奖排名前十位的申请人

表 7 - 3 - 7　2020 ~ 2021 年新兴软件和新型信息技术服务产业获中国专利奖银奖的专利

地区	奖励届次 （年份）	专利名称 （专利号）	申请日	申请人
广东	第二十二届 （2020 年）	应用程序处理方法和装置 （ZL201610908829.0）	2016 年 10 月 18 日	腾讯科技（深圳）有限公司
安徽	第二十三届 （2021 年）	一种量子密钥中继的方法、量子终端节点及系统 （ZL201511005684.5）	2015 年 12 月 28 日	科大国盾量子技术股份有限公司、山东量子科学技术研究院有限公司
北京	第二十三届 （2021 年）	一种分组加密算法防攻击的掩码方法和装置 （ZL201510149151.8）	2015 年 3 月 31 日	北京智芯微电子科技有限公司、国家电网有限公司、国家密码管理局商用密码检测中心
北京	第二十三届 （2021 年）	一种航空发动机的空心叶片结构及其设计方法 （ZL201810377831.9）	2018 年 4 月 25 日	中国航空制造技术研究院

7.4　互联网与云计算、大数据服务产业

7.4.1　互联网与云计算、大数据服务产业专利授权量分布

表 7 - 4 - 1 展示了 2017 ~ 2021 年我国互联网与云计算、大数据服务产业的发明专

利年度授权趋势。互联网与云计算、大数据服务产业共有 72228 件专利获得授权。其中，北京、广东属于第一梯队，获得授权的专利数量在 10000 件以上，远超其他地区，具有明显优势；江苏、台湾、浙江、上海、山东、四川、湖北、陕西、湖南、福建、安徽、辽宁、河南属于第二梯队，获得授权的专利数量在 1000 ~ 6000 件；重庆、天津、黑龙江、河北、广西、吉林、江西、云南、山西、贵州、甘肃、新疆、内蒙古、香港、海南、宁夏、西藏、青海、澳门属于第三梯队，获得授权的专利数量在 999 件及以下。总的来看，北京、广东在该产业获得授权的专利数量最多，远超其他地区，形成断层优势，是互联网与云计算、大数据服务产业当之无愧的技术中心。

表 7 - 4 - 1　2017 ~ 2021 年我国互联网与云计算、
大数据服务产业的发明专利年度授权趋势

单位：件

序号	地区	2017 年	2018 年	2019 年	2020 年	2021 年	合计
1	北京	3866	4712	3098	2419	3930	18025
2	广东	2112	2869	2267	2473	4103	13824
3	江苏	991	1215	1068	929	1618	5821
4	台湾	1295	1038	905	850	987	5075
5	浙江	585	691	694	1072	1647	4689
6	上海	804	962	836	672	1064	4338
7	山东	392	605	597	364	601	2559
8	四川	381	496	478	430	730	2515
9	湖北	413	473	513	420	616	2435
10	陕西	347	399	583	261	415	2005
11	湖南	220	279	250	256	410	1415
12	福建	264	289	254	218	307	1332
13	安徽	195	244	194	225	318	1176
14	辽宁	204	222	322	147	208	1103
15	河南	118	143	165	199	448	1073
16	重庆	150	162	168	178	240	898
17	天津	165	198	174	98	190	825
18	黑龙江	148	153	171	78	128	678
19	河北	64	85	92	62	90	393
20	广西	82	66	83	56	83	370
21	吉林	51	75	68	58	70	322
22	江西	45	52	37	45	108	287

序号	地区	2017 年	2018 年	2019 年	2020 年	2021 年	合计
23	云南	30	61	70	24	52	237
24	山西	29	37	47	29	50	192
25	贵州	24	30	34	29	39	156
26	甘肃	17	22	18	17	24	98
27	新疆	18	24	21	9	18	90
28	内蒙古	15	13	21	9	19	77
29	香港	15	6	14	13	24	72
30	海南	9	5	9	23	24	70
31	宁夏	5	11	12	8	11	47
32	西藏	1	1	4	4	6	16
33	青海	0	2	5	2	3	12
34	澳门	0	1	0	2	0	3
合计		13055	15641	13272	11679	18581	72228

绝大部分地区在该产业专利授权量逐步增加。与 2017 年相比，2021 年部分地区获得授权的专利数量增加了约 1 倍，如浙江增加了 1.8 倍，广东、四川增加了近 1 倍，说明这些地区在互联网与云计算、大数据服务产业关注较多，发展迅猛。

7.4.2 互联网与云计算、大数据服务产业专利授权量排名前 20 位的申请人

表 7-4-2 展示了 2017~2021 年我国互联网与云计算、大数据服务产业专利授权量排名前 20 位的申请人。其中，华为技术有限公司以 1820 件的发明专利授权量居于榜首，腾讯科技（深圳）有限公司、国家电网有限公司紧随其后，分别排名第二位和第三位，获得授权的专利数量分别为 1714 件和 1408 件，远超排名第四位的申请人（832件），体现了一定的创新实力。

表 7-4-2 2017~2021 年我国互联网与云计算、大数据服务产业专利授权量排名前 20 位的申请人

排名	申请人	专利量/件
1	华为技术有限公司	1820
2	腾讯科技（深圳）有限公司	1714
3	国家电网有限公司	1408
4	百度在线网络技术（北京）有限公司	832
5	北京奇虎科技有限公司	827

排名	申请人	专利量/件
6	奇智软件（北京）有限公司	731
7	OPPO广东移动通信有限公司	727
8	北京航空航天大学	631
9	清华大学	569
10	联想（北京）有限公司	518
11	华中科技大学	515
12	浙江大学	498
13	电子科技大学	494
14	支付宝（杭州）信息技术有限公司	487
15	西安电子科技大学	455
16	东南大学	435
17	北京京东尚科信息技术有限公司	398
18	西安交通大学	377
19	北京京东世纪贸易有限公司	359
20	中国移动通信集团有限公司	358

在发明专利授权量排名前20位的申请人中，企业有12家，高校有8所。在12所企业中，制造业有2家，分别是华为技术有限公司、OPPO广东移动通信有限公司；信息传输、软件和信息技术服务业有7家，分别是腾讯科技（深圳）有限公司、百度在线网络技术（北京）有限公司、奇智软件（北京）有限公司、联想（北京）有限公司、支付宝（杭州）信息技术有限公司、北京京东尚科信息技术有限公司、中国移动通信集团有限公司；电力、热力、燃气及水生产和供应业有1家，是国家电网有限公司；科学研究和技术服务业有1家，是北京奇虎科技有限公司；批发和零售业有1家，是北京京东世纪贸易有限公司。由此可见，信息传输、软件和信息技术服务业与互联网与云计算、大数据服务产业联系最为密切，为互联网与云计算、大数据服务产业提供源源不断的创造活力。

8所高校分别是北京航空航天大学、清华大学、华中科技大学、浙江大学、电子科技大学、西安电子科技大学、东南大学和西安交通大学。这些高校在互联网与云计算、大数据服务产业拥有较强的创新能力。

从地域分布来看，排名前20位的申请人中有一半分布在北京，企业、高校皆有，这说明互联网与云计算、大数据服务产业在北京拥有良好的创新氛围和创造能力，具有明显的地域优势。

互联网与云计算、大数据服务产业主要申请人的专利技术领域分布情况如图7-4-1

所示，该产业相关的技术领域描述如表7－4－3所示。

技术领域	腾讯科技（深圳）有限公司	华为技术有限公司	国家电网有限公司	百度在线网络技术（北京）有限公司	北京奇虎科技有限公司	奇智软件（北京）有限公司	OPPO广东移动通信有限公司	北京航空航天大学	清华大学	联想（北京）有限公司	华中科技大学	支付宝（杭州）信息技术有限公司	浙江大学	西安电子科技大学	东南大学	北京京东尚科信息技术有限公司	电子科技大学	北京京东世纪贸易有限公司	西安交通大学	中国移动通信集团有限公司
G06Q 10/00	20	6	170	10	3	5	2	20	32	0	21	21	18	8	29	12	7	11	10	4
G06Q 50/00	22	2	323	6	5	4	0	17	38	1	25	10	24	7	45	4	10	4	16	2
H04W 4/00	106	175	28	40	35	30	119	23	22	44	16	1	15	46	28	7	29	7	9	117
G06F 3/00	111	470	17	47	46	36	69	12	41	117	116	3	11	7	6	19	5	18	12	13
G06F 9/00	189	363	39	45	89	72	187	38	27	76	64	34	24	25	13	63	24	60	18	53
G06F 8/00	203	95	25	40	67	45	117	16	8	59	8	19	13	3	10	21	4	21	3	20
G06F 21/00	238	73	54	24	94	64	138	17	19	71	33	300	19	63	9	31	35	29	11	30
H04L 29/00	242	155	56	59		8	77		8	54	23	48	10		34	26		31	8	45
G06F 16/00	375	160	91	88	69	39	35	42	42	28	43	194	36	25	22	101	36	100	14	48
G06F 17/00	699	430	981	636	559	558	137	498	380	171	220	17	336	265	311	189	237	153	280	65

申请人

图7－4－1　2017～2021年我国互联网与云计算、大数据服务产业主要申请人的专利技术领域分布情况

注：图中数字表示专利量，单位为件。

表7－4－3　互联网与云计算、大数据服务产业相关的技术领域描述

技术领域	描述
G06F 17/00	特别适用于特定功能的数字计算设备或数据处理设备或数据处理方法
G06F 16/00	信息检索；数据库结构；文件系统结构
H04L 29/00	H04L 1/00 至 H04L 27/00 单个组中不包含的装置、设备、电路和系统
G06F 21/00	防止未授权行为的保护计算机、其部件、程序或数据的安全装置
G06F 8/00	软件工程设计（测试或调试入 G06F 11/36；软件项目管理、规划或组织入 G06Q 10/06）
G06F 9/00	程序控制设计，例如，控制单元（用于外部设备的程序控制入 G06F 13/10）
G06F 3/00	用于将所要处理的数据转变成为计算机能够处理的形式的输入装置；用于将数据从处理机传送到输出设备的输出装置，例如，接口装置
H04W 4/00	专门适用于无线通信网络的业务：其设施

续表

技术领域	描述
G06Q 50/00	特别适用于特定商业领域的系统或方法，例如公用事业或旅游（医疗信息学入 G16H）
G06Q 10/00	行政；管理

从创新主体来看，如图 7-4-1 所示，绝大部分申请人在 G06F 17/00 领域有着较多投入，除了支付宝（杭州）信息技术有限公司、中国移动通信集团有限公司在该领域获得授权的专利不足 100 件，各申请人在该领域获得授权的专利数量普遍较多。部分申请人的专利发明有明显侧重点，如国家电网有限公司致力于 G06F 17/00、G06Q 50/00 领域的创新，支付宝（杭州）信息技术有限公司在 G06F 21/00、G06F 16/00 领域申请较多，中国移动通信集团有限公司对 H04W 4/00 领域关注较多，获得授权的专利数量集中在相应领域内。也有部分领域对各主体吸引力较低，如 G06F 9/00、G06Q 50/00 领域。各高校获得授权的专利集中在 G06F 17/00 领域内。

从创新领域来看，各申请人均在 G06F 17/00 领域着力较多，说明 G06F 17/00 领域热度较高，各申请人对该领域都保持着较高关注。部分申请人对 G06Q 50/00 领域较少涉足，如华为技术有限公司、OPPO 广东移动通信有限公司、联想（北京）有限公司、中国移动通信集团有限公司，该领域内除了国家电网有限公司，其他各申请人对其关注普遍偏少。

表 7-4-4 展示了 2017~2021 年我国互联网与云计算、大数据服务产业发明专利主要申请人的合作情况。部分申请人与其他机构保持着密切的合作，其中国家电网有限公司、中国移动通信集团有限公司的合作机构较多，其合作对象主要为同体系内企业和研究院。不同类型的主体间亦有合作，校企合作较为常见，如华中科技大学、北京航空航天大学、东南大学等与国家电网有限公司下属公司产生合作。

表 7-4-4 2017~2021 年我国互联网与云计算、大数据服务产业发明专利主要申请人合作情况

序号	申请人	合作公司、机构
1	国家电网有限公司	中国电力科学研究院有限公司
		国网江苏省电力有限公司
		国网浙江省电力公司
		国网湖南省电力有限公司供电服务中心（计量中心）
		国网福建省电力有限公司
		国网江苏省电力有限公司电力科学研究院
		国网山东省电力公司电力科学研究院
		国网北京市电力公司

序号	申请人	合作公司、机构
1	国家电网有限公司	南瑞集团有限公司
		全球能源互联网研究院有限公司
2	北京奇虎科技有限公司	奇智软件（北京）有限公司
		奇安信科技集团股份有限公司
		奇酷互联网络科技（深圳）有限公司
		北京奇智商务咨询有限公司
3	北京京东世纪贸易有限公司	北京京东尚科信息技术有限公司
		北京沃东天骏信息技术有限公司
4	北京京东尚科信息技术有限公司	北京京东世纪贸易有限公司
		北京沃东天骏信息技术有限公司
5	中国移动通信集团有限公司	中国移动通信有限公司研究院
		中国移动通信集团浙江有限公司
		中移（杭州）信息技术有限公司
		中移（苏州）软件技术有限公司
		咪咕文化科技有限公司
		中国移动通信集团广东有限公司
		中国移动通信集团河北有限公司
		中国移动通信集团重庆有限公司
		中国移动通信集团湖北有限公司
		中国移动通信集团福建有限公司
6	华为技术有限公司	中国科学院计算技术研究所
		清华大学
		华中科技大学
		北京大学
		中国科学技术大学
		复旦大学
		东南大学
		中国科学院自动化研究所
		北京航空航天大学

序号	申请人	合作公司、机构
7	清华大学	国家电网有限公司
		华为技术有限公司
		国网北京市电力公司
		陕西汉德车桥有限公司
		北京辰安科技股份有限公司
		南方电网科学研究院有限责任公司
		全球能源互联网研究院有限公司
		上海清申科技发展有限公司
		国网浙江省电力公司
		国网浙江省电力有限公司
8	浙江大学	国家电网有限公司
		之江实验室
		南方电网数字电网研究院有限公司
		南方电网科学研究院有限责任公司
		国网浙江省电力有限公司电力科学研究院
		国网浙江省电力公司
		光通天下网络科技股份有限公司
		国网浙江省电力有限公司经济技术研究院
		浙江浙能天然气运行有限公司
		浙江省能源集团有限公司
9	西安交通大学	国家电网有限公司
		国网陕西省电力公司电力科学研究院
		中国电力科学研究院有限公司
		广东顺德西安交通大学研究院
		腾讯科技（深圳）有限公司
		中国南方电网有限责任公司电网技术研究中心
		中国电子科技集团公司第五十四研究所
		国网陕西省电力公司经济技术研究院
		浙江西安交通大学研究院
		深圳供电局有限公司

7.4.3　互联网与云计算、大数据服务产业授权发明专利的法律事件

表 7 - 4 - 5 展示了 2017～2021 年互联网与云计算、大数据服务产业全国和广东的授权发明专利法律事件的分布情况。全国范围内互联网与云计算、大数据服务产业授权发明专利共发生法律事件 20277 件，其中广东发生 4505 件，占全国总量的 22.2%。对广东来说，诉讼类法律事件发生的最多，占全国在该类事件总量的 40.0%，说明广东在互联网与云计算、大数据服务产业获得授权的专利发生争议的情况较多；质押、许可类法律事件出现的较少，分别占全国在该类事件总量的 13.3% 和 13.0%。转让、变更、保全类法律事件占全国在该类事件总量的比例均在 20.0%～30.0%。

表 7 - 4 - 5　2017～2021 年互联网与云计算、大数据服务全国和广东的授权发明专利法律事件

法律事件	全国专利量/件	广东专利量/件	广东占比/%
转让	10076	2157	21.4
变更	8364	2087	25
质押	1086	144	13.3
许可	601	78	13.0
保全	140	35	25.0
诉讼	10	4	40.0
合计	20277	4505	22.2

7.4.4　互联网与云计算、大数据服务产业专利价值度、中国专利奖分析

图 7 - 4 - 2 展示了 2017～2021 年互联网与云计算、大数据服务产业全国和广东的专利价值度分布情况。从全国范围看，我国互联网与云计算、大数据服务产业获得授权的专利价值度集中分布在 60～69、70～79 区间，说明全国范围内该产业专利价值度良好；同时，也有不少专利处于 1～9、10～19、20～29 区间，说明这部分的专利价值度不佳。从广东的角度来看，获得授权的专利价值度普遍分布在 70～79、80～89、90～99，分别占全国总量的 23.6%、34.1%、42.0%，占比较高，说明广东获得授权的发明专利总体质量较高，在全国平均水平之上。

表 7 - 4 - 6 展示了 2017～2021 年互联网与云计算、大数据服务产业获得中国专利奖的地区分布情况。获得中国专利奖的专利共有 71 件，其中金奖 2 件，银奖 4 件，优秀奖 65 件。从地域分布来看，北京、广东获奖专利数量远超其他地区，北京获得中国专利奖的专利最多，共有 25 件，排名第一位；广东紧随其后，共有 16 件专利获奖，排名第二位。2 件金奖分别分布在北京和湖南，4 件银奖分别分布在北京和山东，其中北京获得银奖的专利有 3 件。广东虽有 16 件专利获奖，但没有专利获得金奖、银奖，说明广东的专利质量还有进一步提升的空间。

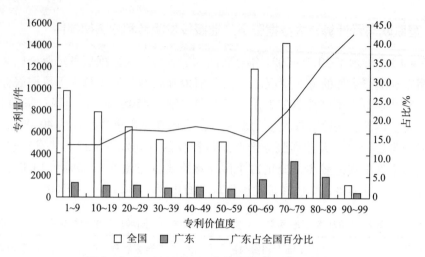

图 7 − 4 − 2 2017 ～ 2021 年我国互联网与云计算、
大数据服务全国和广东的专利价值度分布

表 7 − 4 − 6 2017 ～ 2021 年互联网与云计算、大数据服务产业中国专利奖地区分布　　单位：件

序号	地区	金奖	银奖	优秀奖	合计
1	北京	1	3	21	25
2	广东	0	0	16	16
3	山东	0	1	4	5
4	江苏	0	0	3	3
5	上海	0	0	2	2
6	吉林	0	0	2	2
7	四川	0	0	2	2
8	安徽	0	0	2	2
9	河南	0	0	2	2
10	辽宁	0	0	2	2
11	重庆	0	0	2	2
12	天津	0	0	1	1
13	江西	0	0	1	1
14	浙江	0	0	1	1
15	湖北	0	0	1	1
16	湖南	1	0	0	1
17	福建	0	0	1	1
18	青海	0	0	1	1
19	黑龙江	0	0	1	1
合计		2	4	65	71

图 7 - 4 - 3 展示了 2017 ~ 2021 年互联网与云计算、大数据服务产业专利获奖排名前十位的申请人分布情况。排名第一位的是百度在线网络技术（北京）有限公司，有 3 件专利获奖；东软集团股份有限公司、北京京东尚科信息技术有限公司、国家电网有限公司各有 2 件专利获奖；上海钧正网络科技有限公司、中国人民解放军战略支援部队航天工程大学、中国地质大学（武汉）、中国地质科学院矿产资源研究所、中国民航信息网络股份有限公司、中国水利水电第四工程局有限公司各有 1 件专利获奖。

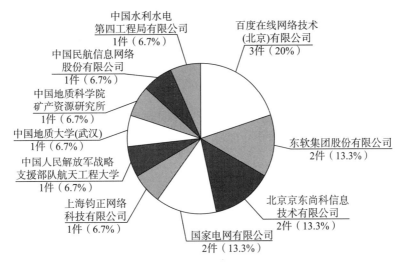

图 7 - 4 - 3　2017 ~ 2021 年互联网与云计算、大数据服务产业专利获奖排名前十位的申请人

在获奖排名前十位的申请人中，企业有 8 家，高校有 2 所，科研院所有 1 家。由此可以看出，目前中国专利奖的获奖主力仍然是企业。企业中属于信息传输、软件和信息技术服务业的有 6 家，分别是百度在线网络技术（北京）有限公司、东软集团股份有限公司、北京京东尚科信息技术有限公司、上海钧正网络科技有限公司、中国民航信息网络股份有限公司；电力、热力、燃气及水生产和供应业有 1 家，是国家电网有限公司；建筑业有 1 家，是中国水利水电第四工程局有限公司。

表 7 - 4 - 7 展示了 2020 ~ 2021 年互联网与云计算、大数据服务获得中国专利奖金奖的 2 件专利。获得金奖的专利申请人分别来自信息传输、软件和信息技术服务业和高校。

表 7 - 4 - 7　2020 ~ 2021 年互联网与云计算、大数据服务获中国专利奖金奖的专利

地区	奖励届次（年份）	专利名称（申请号）	申请日	申请人
北京	第二十二届 （2020 年）	基于人工智能的人机交互方法和系统 （ZL201510563338.2）	2015 年 9 月 7 日	百度在线网络技术（北京）有限公司
湖南	第二十三届 （2021 年）	一种基于动态库拦截的通用计算虚拟化实现方法 （ZL201410034982.6）	2014 年 1 月 25 日	湖南大学

7.5 人工智能产业

7.5.1 人工智能产业专利授权量分布

表7-5-1展示了2017～2021年我国人工智能产业的发明专利年度授权趋势。我国人工智能产业获得授权的发明专利共有91403件。其中，北京、广东属于第一梯队，发明专利授权量在15000件以上，远超其他地区；台湾、江苏、浙江、上海、四川、山东、湖北属于第二梯队，发明专利授权量在3000～9000件；陕西、安徽、湖南、福建、辽宁、重庆、天津、河南属于第三梯队，发明专利授权量在1000～2999件；黑龙江、河北、吉林、江西、广西、云南、山西、香港、贵州、甘肃、内蒙古、海南、新疆、宁夏、青海、西藏、澳门属于第四梯队，发明专利授权量在999件及以下。北京和广东获得授权的专利数量最多，分别排名第一位和第二位，远超其他地区，专利量优势明显，是人工智能产业当之无愧的科技中心。

表7-5-1 2017～2021年我国人工智能产业的发明专利年度授权趋势 单位：件

序号	地区	2017年	2018年	2019年	2020年	2021年	合计
1	北京	1937	2062	2657	5224	8754	20634
2	广东	1412	1841	2552	4295	7552	17652
3	台湾	1679	1290	1420	1684	2019	8092
4	江苏	765	794	1025	1677	3241	7502
5	浙江	407	539	769	1719	2939	6373
6	上海	475	498	675	1138	2090	4876
7	四川	279	317	382	789	1368	3135
8	山东	310	335	433	784	1222	3084
9	湖北	212	253	437	761	1358	3021
10	陕西	333	321	482	680	1036	2852
11	安徽	143	199	252	507	747	1848
12	湖南	105	149	220	387	797	1658
13	福建	161	195	234	328	572	1490
14	辽宁	146	115	222	339	547	1369
15	重庆	114	145	199	343	548	1349

序号	地区	2017 年	2018 年	2019 年	2020 年	2021 年	合计
16	天津	140	139	194	240	493	1206
17	河南	81	82	115	254	472	1004
18	黑龙江	124	109	117	210	433	993
19	河北	52	73	51	143	234	553
20	吉林	52	60	67	105	250	534
21	江西	42	54	58	107	242	503
22	广西	42	54	53	89	169	407
23	云南	22	31	33	59	164	309
24	山西	12	20	30	54	94	210
25	香港	22	24	25	32	65	168
26	贵州	8	10	21	32	75	146
27	甘肃	10	15	17	26	49	117
28	内蒙古	4	5	10	23	37	79
29	海南	1	7	11	17	40	76
30	新疆	7	7	17	21	23	75
31	宁夏	7	12	6	6	20	51
32	青海	2	3	4	1	11	21
33	西藏	1	0	1	4	7	13
34	澳门	0	1	0	0	2	3
合计		9107	9759	12789	22078	37670	91403

我国绝大部分地区发明专利授权量逐年增加。与 2017 年相比，2021 年全国获得授权的专利数量增加了约 3.1 倍。其中，北京增加了约 3.5 倍，广东增加了约 4.3 倍，高于全国平均水平，表明我国技术创新能力不断增强。

7.5.2 人工智能产业专利授权量排名前 20 位的申请人

表 7 – 5 – 2 列出了 2017～2021 年我国人工智能产业发明专利量排名前 20 位的申请人情况。其中，OPPO 广东移动通信有限公司、腾讯科技（深圳）有限公司、联想（北京）有限公司获得授权的专利数量在 1000 件以上。

表 7 – 5 – 2 2017～2021 年我国人工智能产业发明专利授权量排名前 20 位的申请人

排名	申请人	专利量/件
1	OPPO 广东移动通信有限公司	1508
2	腾讯科技（深圳）有限公司	1470
3	联想（北京）有限公司	1388
4	浙江大学	981
5	西安电子科技大学	966
6	北京航空航天大学	958
7	华为技术有限公司	905
8	清华大学	888
9	电子科技大学	876
10	京东方科技集团股份有限公司	682
11	华南理工大学	644
12	华中科技大学	610
13	百度在线网络技术（北京）有限公司	609
14	国家电网有限公司	599
15	浙江工业大学	560
16	北京理工大学	535
17	中国科学院自动化研究所	493
18	西安交通大学	493
19	东南大学	488
20	维沃移动通信有限公司	486

在发明专利授权量排名前 20 位的申请人中，企业有 8 家，高校有 11 所，科研院所有 1 家。企业涉及 4 类行业，其中，制造业有 3 家，分别是 OPPO 广东移动通信有限公司、华为技术有限公司、京东方科技集团股份有限公司；信息传输、软件和信息技术服务业有 3 家，分别是腾讯科技（深圳）有限公司、联想（北京）有限公司、百度在线网络技术（北京）有限公司；电力、热力、燃气及水生产和供应业有 1 家，是国家电网有限公司；批发和零售业有 1 家，是维沃移动通信有限公司。由此可见，制造业、信息传输、软件和信息技术服务业与人工智能产业联系最为紧密。

图 7 – 5 – 1 展示了 2017～2021 年我国人工智能产业主要申请人的专利技术领域分布情况，该产业相关的技术领域描述如表 7 – 5 – 3 所示。

技术领域	OPPO广东移动通信有限公司	腾讯科技（深圳）有限公司	联想（北京）有限公司	浙江大学	西安电子科技大学	北京航空航天大学	华为技术有限公司	清华大学	电子科技大学	京东方科技集团股份有限公司	华南理工大学	华中科技大学	百度在线网络技术（北京）有限公司	浙江工业大学	国家电网有限公司	北京理工大学	中国科学院自动化研究所	西安交通大学	东南大学	维沃移动通信有限公司
G05D 1/00	1	37	28	81	40	284	15	71	41	8	46	37	41	68	45	164	28	26	43	0
G06F 40/00	18	303	28	58	8	30	44	64	25	6	29	13	86	11	22	29	51	26	8	19
A61B 5/00	24	10	38	144	39	74	35	146	82	88	77	65	2	5	3	49	52	89	39	9
G06N 3/00	41	346	16	365	266	232	66	325	340	25	197	224	93	230	184	141	207	142	166	6
G06F 16/00	49	302	23	71	28	53	43	63	52	13	48	27	107	48	46	31	50	29	23	20
G06T 7/00	57	91	12	85	144	70	13	52	85	28	53	60	39	57	27	44	62	29	28	7
G06F 9/00	126	167	135	27	30	40	412	19	24	4	16	38	48	5	62	12	5	15	10	25
G06F 1/00	313	8	445	0	1	3	70	5	1	40	3	0	1	0	3	1	0	1	5	162
G06F 3/00	426	194	697	47	11	46	160	46	27	199	71	20	61	15	9	24	6	45	38	164
G06K 9/00	856	725	179	438	732	354	194	376	503	426	357	305	346	325	250	184	295	222	238	227

申请人

图 7 - 5 - 1 2017 ~ 2021 年我国人工智能产业主要申请人的专利技术领域分布情况

注：图中数字表示专利量，单位为件。

表 7 - 5 - 3 人工智能产业相关的技术领域描述

技术领域	描述
G06K 9/00	识别模式的方法或装置
G06F 3/00	用于将所要处理的数据转变成为计算机能够处理的形式的输入装置；用于将数据从处理机传送到输出设备的输出装置
G06F 1/00	不包括在 G06F 3/00 至 G06F 13/00 和 G06F 21/00 各组的数据处理设备的零部件
G06F 9/00	程序控制装置
G06T 7/00	图像分析
G06F 16/00	信息检索；数据库结构；文件系统结构
G06N 3/00	基于生物学模型的计算机装置
A61B 5/00	用于诊断目的的测量（放射诊断入 A61B 6/00；超声波、声波或次声波诊断入 A61B 8/00）；人的辨识
G06F 40/00	处理自然语言数据（语音分析或综合，语音识别 G10L）
G05D 1/00	陆地、水上、空中或太空中的运载工具的位置、航道、高度或姿态的控制

从创新主体的角度看，部分申请人对某些领域未有涉猎。例如，浙江大学、华中科技大学、浙江工业大学、中国科学院自动化研究所在 G06F 1/00 领域获得授权的专利数量均为 0，维沃移动通信有限公司在 G05D 1/00 领域获得授权的专利数量为 0。部分申请人的专利发明有明显侧重点，例如，联想（北京）有限公司着力于 G06F 1/00、G06F 3/00 领域的创新，华为技术有限公司在 G06F 9/00 领域研究较多，百度在线网络技术（北京）有限公司对 G06K 9/00 领域关注较多。高校普遍致力于 G06K 9/00 和 G06N 3/00 领域的发明创造，获得授权的专利数量集中在这 2 个领域中，同时对 G06F 1/00 领域关注极少，获得授权的专利数量在 10 件以下。

从创新领域来看，部分领域获得了大多数申请人的青睐，例如 G06K 9/00、G06N 3/00 领域，尤其是 G06K 9/00 领域热度较高，各申请人对该领域都保持着较高关注。部分领域仅获得了个别申请人的关注，如 G05D 1/00 领域仅有北京航空航天大学、北京理工大学的专利授权量在 100 件以上，G06F 40/00 领域仅有腾讯科技（深圳）有限公司专利授权量较多，A61B 5/00 领域仅有浙江大学、清华大学专利授权量在 100 件以上。

表 7-5-4 展示了 2017～2021 年我国人工智能产业发明专利主要申请人的合作情况。部分申请人与其他机构保持着密切的合作，其中国家电网有限公司、中国移动通信集团有限公司、京东方科技集团有限公司的合作机构较多，其合作对象主要是同体系内企业或投资控股的企业。不同类型的主体间亦有合作，校企合作较为常见，如北京大学与北大方正集团有限公司、清华大学与国家电网有限公司保持合作关系，说明产学研结合推动了人工智能产业的良性发展。

表 7-5-4　2017～2021 年我国人工智能产业发明专利主要申请人的合作情况

序号	申请人	合作公司、机构
1	国家电网有限公司	国网江苏省电力有限公司
		中国电力科学研究院有限公司
		国网山东省电力公司电力科学研究院
		国网江苏省电力有限公司电力科学研究院
		全球能源互联网研究院有限公司
		国网湖南省电力有限公司供电服务中心（计量中心）
		国网信息通信产业集团有限公司
		国网智能科技股份有限公司
		江苏省电力试验研究院有限公司
		国网福建省电力有限公司

序号	申请人	合作公司、机构
2	京东方科技集团股份有限公司	北京京东方光电科技有限公司
		成都京东方光电科技有限公司
		北京京东方显示技术有限公司
		合肥京东方光电科技有限公司
		合肥鑫晟光电科技有限公司
		北京京东方多媒体科技有限公司
		鄂尔多斯市源盛光电有限责任公司
		重庆京东方光电科技有限公司
		北京京东方技术开发有限公司
		京东方光科技有限公司
3	清华大学	国家电网有限公司
		华为技术有限公司
		同方威视技术股份有限公司
		北京品驰医疗设备有限公司
		中车信息技术有限公司
		北京三快在线科技有限公司
		中国人民解放军海军航空大学
		中车大连机车研究所有限公司
		北京搜狗科技发展有限公司
		北京科技大学
4	浙江大学	之江实验室
		浙江省能源集团有限公司
		浙江浙能天然气运行有限公司
		江苏康缘药业股份有限公司
		瑞立集团瑞安汽车零部件有限公司
		光通天下网络科技股份有限公司
		物产中大集团股份有限公司
		南方电网科学研究院有限责任公司
		国家电网有限公司
		城云科技（中国）有限公司

序号	申请人	合作公司、机构
5	华中科技大学	华中科技大学鄂州工业技术研究院
		广东华中科技大学工业技术研究院
		广东省智能机器人研究院
		长江水利委员会长江科学院
		中国电力科学研究院有限公司
		国家电网有限公司
		国网湖北省电力有限公司
		深圳华中科技大学研究院
		腾讯科技（深圳）有限公司
		华中科技大学同济医学院附属协和医院
6	北京航空航天大学	北京航空航天大学合肥创新研究院
		国家计算机网络与信息安全管理中心
		中国航空系统工程研究所
		北京航天自动控制研究所
		华为技术有限公司
		四川傲势科技有限公司
		中国科学院数学与系统科学研究院
		北京创衡控制技术有限公司
		北京市交通信息中心
		北京理工大学
7	北京理工大学	中国人民解放军总医院
		北理慧动（北京）科技有限公司
		北理慧动（常熟）车辆科技有限公司
		中国空间技术研究院
		北京理工新源信息科技有限公司
		中国航天员科研训练中心
		中国航空工业集团公司洛阳电光设备研究所
		北京博睿维讯科技有限公司

序号	申请人	合作公司、机构
8	华南理工大学	华南理工大学珠海现代产业创新研究院
		广州双悠生物科技有限责任公司
		广州绿松生物科技有限公司
		广州现代产业技术研究院
		中山市华南理工大学现代产业技术研究院
		中新国际联合研究院
		中通服建设有限公司
		佛山纽欣肯智能科技有限公司
		华南智能机器人创新研究院
9	东南大学	国家电网有限公司
		国网江苏省电力有限公司
		东南大学无锡集成电路技术研究所
		国网江苏省电力有限公司电力科学研究院
		全球能源互联网研究院有限公司
		南京云牛智能科技有限公司
		江苏省电力试验研究院有限公司
		江阴市智行工控科技有限公司
		中国电力科学研究院有限公司
		北京全路通信信号研究设计院集团有限公司
10	中国科学院自动化研究所	国家计算机网络与信息安全管理中心
		腾讯科技（深圳）有限公司
		东莞中国科学院云计算产业技术创新与育成中心
		富士通株式会社
		中科南京人工智能创新研究院
		北京能创科技有限公司
		青岛智能产业技术研究院
		上海飞机客户服务有限公司
		中国工程物理研究院激光聚变研究中心
		中国航空工业集团公司成都飞机设计研究所

序号	申请人	合作公司、机构
11	腾讯科技（深圳）有限公司	腾讯云计算（北京）有限责任公司
		中国科学院自动化研究所
		重庆邮电大学
		腾讯大地通途（北京）科技有限公司
		中国科学院深圳先进技术研究院
		北京邮电大学
		华中科技大学
		深圳市中科睿成智能科技有限公司
		清华大学
		华南理工大学
12	华为技术有限公司	中国科学院计算技术研究所
		清华大学
		电子科技大学
		北京航空航天大学
		西安交通大学
		北京大学
		北京邮电大学
		上海交通大学
		中国科学院自动化研究所
		华中科技大学
13	西安电子科技大学	西安中电科西电科大雷达技术协同创新研究院有限公司
		中国电子科技集团公司第五十四研究所
		西安电子科技大学昆山创新研究院
		国家电网有限公司
		国网陕西省电力公司电力科学研究院
		江苏艾道科信息技术有限公司
		西安理工大学
		东莞市三航军民融合创新研究院
		国防科技大学

序号	申请人	合作公司、机构
14	电子科技大学	南方电网科学研究院有限责任公司
		华为技术有限公司
		宜宾电子科技大学研究院
		成都国科海博信息技术股份有限公司
		电子科技大学广东电子信息工程研究院
		东莞市慧眼数字技术有限公司
		中国电子科技集团公司第五十四研究所
		中国科学院空天信息创新研究院
		中电科大数据研究院有限公司

7.5.3　人工智能产业授权发明专利的法律事件

人工智能产业全国和广东授权发明专利法律事件分布情况如表 7-5-5 所示。人工智能产业授权发明专利全国共发生 21714 件法律事件，其中广东共发生 5416 件法律事件，占全国总量的 24.9%。广东诉讼类事件占全国在该类事件总量比例最多，为 33.3%；其次是变更类事件，占全国在该类事件总量 30.4%；许可类法律事件占比最少，为 16.1%。

表 7-5-5　2017~2021 年人工智能产业全国和广东授权发明专利法律事件

法律事件	全国专利量/件	广东专利量/件	广东占比/%
转让	10792	2291	21.2
变更	9231	2804	30.4
质押	939	173	18.4
许可	622	100	16.1
保全	124	46	37.1
诉讼	6	2	33.3
合计	21714	5416	24.9

7.5.4　人工智能产业专利价值度、中国专利奖分析

人工智能产业全国和广东的专利价值度分布如图 7-5-2 所示。在全国范围内，人工智能产业获得授权的专利价值度普遍分布在 60~69、70~79 区间，这部分的专利价值度良好；另外，1~9 区间的专利数量也较多，这部分的专利价值度较低，质量不佳。价值度在 80~89、90~99 区间的专利数量不多，说明高价值专利数量仍然不足，

全国人工智能产业专利价值度仍有很大的提升空间。

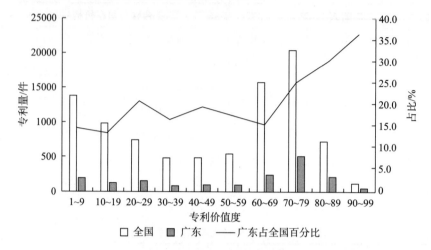

图 7-5-2   2017~2021 年人工智能全国和广东的专利价值度分布

从广东的角度来看，人工智能产业获得授权的专利价值度集中在 70~79 区间，其次是 60~69、80~89 区间。其中，70~79、80~89、90~99 三个区间的专利授权量分别占全国的 25.3%、29.9% 和 36.1%，说明广东人工智能产业获得授权的专利总体价值度较高，较全国平均水平更为优质。

人工智能产业中国专利奖地区分布情况如表 7-5-6 所示。人工智能产业获得中国专利奖的专利共有 59 件，其中金奖 3 件，银奖 4 件，优秀奖 52 件。北京、广东的获奖总量分别排名第一位（17 件）和第二位（16 件），远高于排名第三位的 5 件，获奖量具有明显的优势地位。获得金奖的专利分布在 3 个地区，分别是北京、湖南、甘肃；获得银奖的专利分布在 3 个地区，分别是北京、山东、上海。广东获奖专利总量较高，但没有专利获得金奖、银奖，说明广东在人工智能产业创新仍有提升空间。

表 7-5-6   2017~2021 年人工智能产业中国专利奖地区分布   单位：件

排名	地区	金奖	银奖	优秀奖	合计
1	北京	1	2	14	17
2	广东	0	0	16	16
3	江苏	0	0	5	5
4	安徽	0	0	3	3
5	山东	0	1	2	3
6	浙江	0	0	3	3
7	湖北	0	0	3	3
8	上海	0	1	1	2

续表

排名	地区	金奖	银奖	优秀奖	合计
9	湖南	1	0	1	2
10	四川	0	0	1	1
11	甘肃	1	0	0	1
12	福建	0	0	1	1
13	辽宁	0	0	1	1
14	陕西	0	0	1	1
合计		3	4	52	59

图 7-5-3 展示了 2017~2021 年我国人工智能产业专利获奖排名前十位的申请人。北京旷视科技有限公司、百度在线网络技术（北京）有限公司各有 3 件专利获奖；中国科学技术大学、北京大学、北京百度网讯科技有限公司、平安科技（深圳）有限公司、深圳云天励飞技术有限公司各有 2 件专利获奖；上海新跃仪表厂、上海联影医疗科技有限公司、东软集团股份有限公司各有 1 件专利获奖。

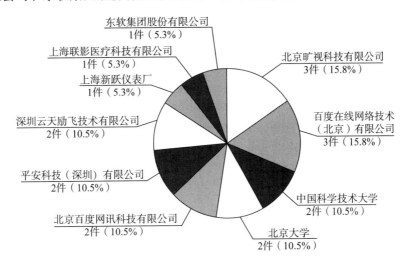

图 7-5-3 2017~2021 年我国人工智能产业专利获奖排名前十位的申请人

在获奖排名前十位的申请人中，企业有 8 家，高校有 2 所。可以看出，中国专利奖的获奖机构主力仍然是企业，企业依然是创造创新的源头活水。企业中，科学研究和技术服务业有 2 家，分别是北京旷视科技有限公司、北京百度网讯科技有限公司；信息传输、软件和信息技术服务业有 4 家，分别是百度在线网络技术（北京）有限公司、平安科技（深圳）有限公司、深圳云天励飞技术股份有限公司、东软集团股份有限公司；制造业有 2 家，分别是上海新跃仪表厂、上海联影医疗科技股份有限公司。

表 7-5-7 展示了 2019~2021 年人工智能产业获中国专利奖金奖的专利情况。申请人中，企业有 1 家，高校有 2 所。获金奖的企业是百度在线网络技术（北京）有限

公司，获金奖的高校分别是兰州大学和湖南大学。

表 7－5－7　2019～2021 年人工智能产业获中国专利奖金奖的专利

地区	奖励届次（年份）	专利名称（专利号）	申请日	申请人
甘肃	第二十一届 （2019 年）	一种脑电与温度相结合的抑郁人群判定方法 （ZL201610709400.9）	2016 年 8 月 23 日	兰州大学
北京	第二十二届 （2020 年）	基于人工智能的人机交互方法和系统 （ZL201510563338.2）	2015 年 9 月 7 日	百度在线网络技术（北京）有限公司
湖南	第二十三届 （2021 年）	一种基于动态库拦截的通用计算虚拟化实现方法 （ZL201410034982.6）	2014 年 1 月 25 日	湖南大学

7.6　数字创意产业

7.6.1　数字创意产业专利授权量分布

我国数字创意产业的发明专利年度授权趋势如表 7－6－1 所示。可以看出，2017～2021 年，我国数字创意产业获得授权的专利总数为 49135 件。其中，广东、北京属于第一梯队，获得授权的专利数量在 10000 件及以上；台湾属于第二梯队，获得授权的专利数量在 5000～9999 件；浙江、江苏、上海、湖北、四川、山东、陕西属于第三梯队，获得授权的专利数量在 1000～4999 件；福建、安徽、天津、湖南、辽宁、重庆、河南、黑龙江、香港、吉林、江西、河北、广西、贵州、云南、山西、甘肃、海南、新疆、内蒙古、宁夏、西藏、青海、澳门属于第四梯队，获得授权的专利数量在 1000 件以下。整体来看，广东、北京获得授权的专利数量最多，远超其他地区，呈现断层优势，是我国数字创意产业当之无愧的技术中心，体现出强大的自主创新能力。

表 7－6－1　2017～2021 年我国数字创意产业的发明专利年度授权趋势　　单位：件

序号	地区	2017 年	2018 年	2019 年	2020 年	2021 年	合计
1	广东	1089	1406	2080	2600	4177	11352
2	北京	1085	1425	1740	2317	3485	10052
3	台湾	1754	1434	1331	1467	1659	7645
4	浙江	280	295	483	830	1317	3205

续表

序号	地区	2017 年	2018 年	2019 年	2020 年	2021 年	合计
5	江苏	350	436	483	578	871	2718
6	上海	233	291	388	568	857	2337
7	湖北	130	179	333	484	730	1856
8	四川	174	236	264	390	544	1608
9	山东	159	237	300	434	471	1601
10	陕西	231	189	226	270	359	1275
11	福建	110	156	160	196	233	855
12	安徽	72	95	96	175	190	628
13	天津	127	92	105	103	157	584
14	湖南	47	71	67	119	248	552
15	辽宁	62	73	107	99	146	487
16	重庆	39	45	61	104	147	396
17	河南	45	54	50	84	115	348
18	黑龙江	51	46	50	64	85	296
19	香港	24	36	33	52	90	235
20	吉林	38	25	33	49	70	215
21	江西	13	12	26	33	85	169
22	河北	24	25	22	38	55	164
23	广西	17	22	29	37	45	150
24	贵州	4	7	15	24	45	95
25	云南	7	16	16	23	30	92
26	山西	13	6	11	23	26	79
27	甘肃	8	6	3	5	13	35
28	海南	2	5	9	7	10	33
29	新疆	4	6	4	3	9	26
30	内蒙古	4	7	4	3	5	23
31	宁夏	1	1	4	4	2	12
32	西藏	0	1	1	2	0	4
33	青海	0	0	0	2	2	4
34	澳门	4	0	0	0	0	4
合计		6201	6935	8534	11187	16278	49135

放眼全国，2017～2021 年，我国数字创意产业获得授权的专利总量逐年增加。与 2017 年相比，2021 年我国数字创意产业专利授权量增加了 1.6 倍。其中，广东增加了 3.8 倍，浙江增加了 3.7 倍，上海增加了 2.7 倍，这些地区在数字创意产业的创新能力高于全国总水平，是数字创意产业的领军者，产业发展动力十足。

7.6.2　数字创意产业专利授权量排名前 20 位的申请人

表 7-6-2 展示了我国数字创意产业发明专利授权量排名前 20 位的申请人。腾讯科技（深圳）有限公司排名第一位，获得授权的专利共有 2164 件，远超其他申请人，具有断层优势。

表 7-6-2　2017～2021 年数字创意产业专利授权量排名前 20 位的申请人

排名	申请人	专利量/件
1	腾讯科技（深圳）有限公司	2164
2	OPPO 广东移动通信有限公司	695
3	武汉斗鱼网络科技有限公司	598
4	华为技术有限公司	557
5	网易（杭州）网络有限公司	473
6	北京奇艺世纪科技有限公司	467
7	西安电子科技大学	407
8	浙江大学	383
9	海信视像科技股份有限公司	366
10	联想（北京）有限公司	334
11	四川长虹电器股份有限公司	286
12	北京航空航天大学	279
13	百度在线网络技术（北京）有限公司	278
14	清华大学	267
15	广州华多网络科技有限公司	259
16	北京小米移动软件有限公司	249
17	维沃移动通信有限公司	238
18	电子科技大学	234
19	视联动力信息技术股份有限公司	229
20	深圳 TCL 数字技术有限公司	224

在发明专利授权量排名前 20 位的申请人中，企业有 15 家，高校有 5 所。15 家企业涉及个行业。其中，信息传输、软件和信息技术服务业有 7 家，分别是腾讯科技

（深圳）有限公司、武汉斗鱼网络科技有限公司、网易（杭州）网络有限公司、联想（北京）有限公司、百度在线网络技术（北京）有限公司、北京小米移动软件有限公司、视联动力信息技术股份有限公司；制造业有 4 家，分别是 OPPO 广东移动通信有限公司、华为技术有限公司、海信视像科技股份有限公司、四川长虹电器股份有限公司；科学研究和技术服务业有 2 家，分别是北京奇艺世纪科技有限公司、广州华多网络科技有限公司；批发和零售业有 2 家，分别是维沃移动通信有限公司、深圳 TCL 数字技术有限公司。总的来看，信息传输、软件和信息技术服务业与数字创意产业的联系最为紧密。同时，制造业与数字创业产业也保持着较为密切的联系。

5 所高校分别是西安电子科技大学、浙江大学、北京航空航天大学、清华大学、电子科技大学。其中西安电子科技大学、浙江大学分别排名第七位和第八位，说明这两所高校的创新能力较强。

从地域分布来看，位于北京和广东的申请人较多，此外，还有位于浙江、四川、陕西、山东、湖北的申请人。说明从地域来看，北京数字创意产业的创新能力较好，区域优势较强。

图 7 - 6 - 1 展示了 2017 ~ 2021 年我国数字创意产业发明授权量排名前 20 位的申请人合作情况，该产业相关的技术领域描述如表 7 - 6 - 3 所示。

技术领域	腾讯科技（深圳）有限公司	OPPO广东移动通信有限公司	武汉斗鱼网络科技有限公司	华为技术有限公司	北京奇艺世纪科技有限公司	网易（杭州）网络有限公司	海信视像科技股份有限公司	西安电子科技大学	浙江大学	联想（北京）有限公司	四川长虹电器股份有限公司	广州华多网络科技有限公司	清华大学	百度在线网络技术（北京）有限公司	北京航空航天大学	北京小米移动软件有限公司	视联动力信息技术股份有限公司	维沃移动通信有限公司	深圳TCL数字技术有限公司	电子科技大学
G06T 17/00	48	26	2	16	3	8	0	33	96	24	3	0	84	29	94	2	0	6	1	35
G06T 7/00	77	90	3	16	12	10	2	87	97	24	3	3	81	20	69	19	0	16	1	70
G06T 11/00	83	17	10	12	6	11	3	14	44	13	1	1	23	20	22	12	0	14	0	10
G06T 5/00	97	222	9	57	20	8	7	230	121	46	5	7	73	22	90	35	0	49	0	103
G06T 3/00	108	81	5	37	17	15	5	67	54	31	4	7	32	24	38	37	1	49	1	34
G06K 9/00	124	83	19	19	29	6	3	48	39	12	7		32	40	24	2		23	0	28
H04L 29/00	153	22	81	60	27	21	6	14	5	8	21	26	5	12	1	24	74	4	2	4
G06Q 30/00	233	24	23	39	3		5		24		9	6		11	52	3	26	1		6		5
A63F 13/00	615	40	16	4	3	350	2	0	3	1	13	6	0		2	0	12	0	3	
H04N 21/00	871	294	551	353	383	54	350	21	21	170	266	224	33	94	7	137	227	105	221	24

申请人

图 7 - 6 - 1　2017 ~ 2021 年我国数字创意产业主要申请人的专利技术领域分布情况

注：图中数字表示专利量，单位为件。

表 7 - 6 - 3　数字创意产业相关的技术领域描述

技术领域	描述
H04N 21/00	可选的内容分发
A63F 13/00	视频游戏，即使用二维或多维电子显示器的游戏
G06Q 30/00	商业
H04L 29/00	H04L 1/00 至 H04L 27/00 单个组中不包含的装置、设备、电路和系统
G06K 9/00	识别模式的方法或装置
G06T 3/00	在图像平面内的图形图像转换
G06T 5/00	图像的增强或复原［2006.01］
G06T 11/00	2D〔二维〕图像的生成
G06T 7/00	图像分析
G06T 17/00	用于计算机制图的 3D 建模

　　从创新主体来看，部分申请人对某些领域未曾涉猎，如海信视像科技股份有限公司对 G06T 17/00、G06Q 30/00 领域未有涉猎；西安电子科技大学对 A63F 13/00 领域缺乏关注；视联动力信息技术股份有限公司在 G06T 17/00、G06T 7/00、G06T 11/00、G06T 5/00、A63F 13/00 领域的专利授权量为 0。部分申请人在数字创意产业的创新集中在某些领域上，如视联动力信息技术股份有限公司获得授权的专利数量集中分布在 H04L 29/00、H04N 21/00 领域，深圳 TCL 数字技术有限公司获得授权的专利数量高度集中在 H04N 21/00 领域。也有部分申请人对各技术领域保持着较为均衡的关注，如百度在线网络科技（北京）有限公司。

　　从创新领域来看，大部分申请人对 H04N 21/00 领域保持着持续的关注，且获得授权的专利数量最多，说明 H04N 21/00 领域热度较高，各申请人对该领域都保持着较高关注。另外，高校普遍对 G06T 5/00 领域关注较多。

　　表 7 - 6 - 4 展示了 2017～2021 年我国数字创意产业发明专利授权量排名前 20 位的申请人合作情况。部分申请人与其他机构保持着密切的合作，合作对象主要是同体系内企业或投资控股的企业，如京东方科技集团股份有限公司。同时，也存在校企合作的现象。

表 7 - 6 - 4　2017～2021 年我国数字创意产业发明主要申请人的合作情况

序号	申请人	合作公司、机构
1	清华大学	同方威视技术股份有限公司
		深圳市腾讯计算机系统有限公司
		腾讯科技（深圳）有限公司
		北京航空航天大学
		华为技术有限公司

序号	申请人	合作公司、机构
1	清华大学	清华大学深圳研究生院
		上海交通大学
		中国人民解放军总医院
		中国人民解放军海军航空大学
		中国科学技术大学
2	华为技术有限公司	西蒙埃克斯特兰德
		中国科学技术大学
		清华大学
		国家广播电视总局广播科学研究院
		深圳市海思半导体有限公司
		清华大学深圳研究生院
		上海交通大学
		中国科学院自动化研究所
		剑桥实业有限公司
		北京大学
3	西安电子科技大学	西安中电科西电科大雷达技术协同创新研究院有限公司
		上海数字电视国家工程研究中心有限公司
		中国电子科技集团公司第五十四研究所
		中国科学院西安光学精密机械研究所
		西安电子科技大学昆山创新研究院
		西安航天天绘数据技术有限公司
		中兴通讯股份有限公司
		中国极地研究中心
		北京市第八中学
		北京遥测技术研究所
4	北京航空航天大学	北京航空航天大学青岛研究院
		清华大学
		公安部物证鉴定中心
		北京航空航天大学江西研究院
		深圳市佳创视讯技术股份有限公司
		上海飞机制造有限公司

序号	申请人	合作公司、机构
4	北京航空航天大学	上海飞机客户服务有限公司
		中国国土资源航空物探遥感中心
		中国资源卫星应用中心
5	浙江大学	杭州相芯科技有限公司
		红河创新技术研究院有限责任公司
		联想（北京）有限公司
		中国海洋石油集团有限公司
		中海油能源发展股份有限公司
		中海油能源发展装备技术有限公司
		北方夜视技术股份有限公司
		华为技术有限公司
		国网浙江省电力有限公司
		广州品唯软件有限公司
6	维沃移动通信有限公司	维沃移动通信有限公司北京分公司
7	电子科技大学	电子科技大学广东电子信息工程研究院
		国家电网有限公司
		国网四川省电力公司电力科学研究院
		宁波摩米创新工场电子科技有限公司
		成都宋元光电科技有限公司
		成都牙贝美塑科技有限公司
8	北京小米移动软件有限公司	北京疯景科技有限公司
		小米科技有限责任公司
		深圳小米通讯技术有限公司
		秒秒测科技（北京）有限公司
9	中国科学技术大学	华为技术有限公司
		清华大学
10	百度在线网络技术（北京）有限公司	上海小度技术有限公司
11	联想（北京）有限公司	浙江大学
		中国科学院计算技术研究所

7.6.3　数字创意产业授权发明专利的法律事件

表 7 - 6 - 5 展示了 2017 ～ 2021 年数字创意产业全国和广东的授权发明专利法律事件的分布情况。全国范围内数字产业共发生法律事件 11669 件，其中广东发生 3220 件，占全国总量的 27.6%，可见广东发生的法律事件总体较多，在全国位居前列。在转让、变更、质押、许可、保全、诉讼 6 类法律事件中，广东发生的变更类事件最多，共有 1636 件，占全国在该类事件总量的 32.6%；保全类事件较少，占全国在该类事件总量的 7.9%。其余 4 类法律事件占全国在该类事件总量比例均在 20.0% ～ 30.0%。

表 7 - 6 - 5　2017 ～ 2021 年数字创意产业全国和广东的授权发明专利法律事件

法律事件	全国专利量/件	广东专利量/件	广东占比/%
转让	5277	1282	24.3
变更	5012	1636	32.6
质押	763	175	22.9
许可	456	113	24.8
保全	152	12	7.9
诉讼	9	2	22.2
合计	11669	3220	27.6

7.6.4　数字创意产业专利价值度、中国专利奖分析

数字创意产业在全国和广东的专利价值度分布如图 7 - 6 - 2 所示。全国范围内数字创意产业专利价值度集中分布在 70 ～ 79 区间，且数量最多，在 10000 件及以上；60 ～ 69 区间的数量也较多，为 6000 ～ 8000 件；另外，还有部分专利质量不高，价值度在 1 ～ 9 区间。

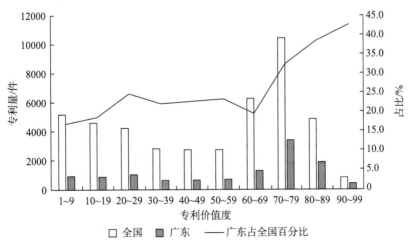

图 7 - 6 - 2　2017 ～ 2021 年数字创意产业全国和广东的专利价值度分布

从广东的角度看，数字创意产业获得授权的专利高度集中在 70~79 区间，与全国趋势相符合。70~79、80~89、90~99 三个区间的专利数量占全国比重较高，分别是 32.1%、38.6%、42.6%，尤其是价值度在 90~99 的专利全国总数的近一半，说明广东数字创意产业高质量专利较多，展现了独特优势。同时，低质量专利占比较少，说明广东数字创新产业专利总体质量较优。

2017~2021 年数字创意产业中国专利奖地区分布情况如表 7-6-6 所示，仅有来自 8 个地区的申请人获得过中国专利奖。数字创意产业共有 30 件专利获得中国专利奖，其中金奖 1 件，银奖 2 件，优秀奖 27 件。北京、广东获得中国专利奖的专利数量最多，远高于排名第三位的安徽，具有断层优势。1 件金奖专利分布在浙江，2 件银奖分布在北京，说明浙江和北京的专利质量较高。

表 7-6-6　2017~2021 年数字创意产业中国专利奖地区分布　　　　单位：件

排名	地区	金奖	银奖	优秀奖	合计
1	北京	0	2	10	12
2	广东	0	0	8	8
3	安徽	0	0	3	3
4	江苏	0	0	3	3
5	上海	0	0	1	1
6	山东	0	0	1	1
7	浙江	1	0	0	1
8	辽宁	0	0	1	1
合计		1	2	27	30

图 7-6-3 展示了 2017~2021 年我国数字创意产业专利获奖排名前十位的申请人。苏州工业园区格网信息科技有限公司有 2 件专利获奖，上海联影医疗科技有限公司、中国地质科学院矿产资源研究所、中国科学技术大学、北京三快在线科技有限公司、北京京东尚科信息技术有限公司、北京天睿空间科技股份有限公司、北京空间飞行器总体设计部、北京达佳互联信息技术有限公司、华为技术有限公司各有 1 件专利获奖。

高校有 1 所，为中国科学技术大学；研究所有 2 家，分别是中国地质科学院矿产资源研究所、北京空间飞行器总体设计部。企业有 7 家。从所处行业来看，制造业有 2 家，分别是上海联影医疗科技有限公司、华为技术有限公司；信息传输、软件和信息技术服务业有 3 家，分别是苏州工业园区格网信息科技有限公司、北京三快在线科技有限公司、北京京东尚科信息技术有限公司；科学研究和技术服务业有 2 家，分别是北京天睿空间科技股份有限公司、北京达佳互联信息技术有限公司。

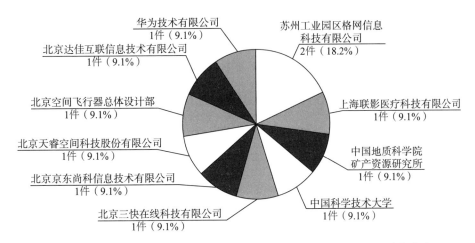

图 7 - 6 - 3　2017 ~ 2021 年我国数字创意产业专利获奖排名前十位的申请人

　　2021 年数字创意产业获中国专利奖金奖的专利奖励届次为第二十三届，专利名称为一种媒体流可靠传输和接收的方法以及装置（ZL201310426244.1），申请日为 2013 年 9 月 17 日，申请人浙江宇视科技有限公司是一家信息传输、软件和信息技术服务业企业。

第 8 章　基于专利的 "东数西算" 八大枢纽节点创新能力分析

自 2022 年 "东数西算" 工程正式启动以来，八大枢纽正式确立，目前八大枢纽节点的专利授权总量还在稳步上升，本章将从产业、技术、创新主体、专利运营、中国专利奖五种角度来对八大枢纽节点的创新能力进行统计分析。

8.1　八大枢纽节点产业优势与短板

2017～2021 年八大枢纽节点一体化算力网络领域授权发明专利的产业分布如图 8 - 1 - 1 所示（见文前彩色插图第 4 页），京津冀枢纽、长三角枢纽和粤港澳大湾区枢纽在 6 个产业技术积累优势明显，在下一代信息网络产业，电子核心产业，新兴软件和新型信息技术服务产业，互联网与云计算、大数据服务产业，人工智能产业及数字创意产业中专利授权量远超其他枢纽节点，属于第一梯队；成渝枢纽属于第二梯队；西部四大枢纽：内蒙古枢纽、贵州枢纽、甘肃枢纽和宁夏枢纽属于第三梯队。第一梯队中，京津冀枢纽在新兴软件和新型信息技术服务产业，互联网与云计算、大数据服务产业，人工智能产业的技术发展迅速，专利积累最多，授权专利总量分别为 17626 件、19243 件、22393 件；长三角枢纽在电子核心产业技术发展迅速，专利积累最多，授权专利数量为 43702 件；粤港澳大湾区枢纽在下一代信息网络产业、数字创意产业技术发展迅速，专利积累最多，授权专利总量分别为 82225 件、11591 件。成渝枢纽在 6 个产业中处于技术快速发展阶段，在新型信息技术服务产业，互联网与云计算、大数据服务产业与第一梯队专利授权数量差距逐渐缩小，其他产业均衡发展。西部四大枢纽还处于技术积累阶段，授权专利积累量较少。由此可见，2017～2021 年，以京津冀枢纽、长三角枢纽、粤港澳大湾区枢纽为主要技术中心，在下一代信息网络产业，电子核心产业，新兴软件和新型信息技术服务产业，互联网与云计算、大数据服务产业，人工智能产业及数字创意产业积累大量专利，这与三大枢纽本就是东部重点经济圈不无关系。

单独来看八大枢纽节点在各产业中授权专利数量分布，贵州枢纽在下一代信息网络产业、电子核心产业、新兴软件和新型信息技术服务产业技术发展较快，为优势产业，而在互联网与云计算、大数据服务产业，人工智能产业及数字创意产业技术发展较缓。内蒙古枢纽则在下一代信息网络产业中技术发展较为迅猛，其他产业发展较为缓慢。甘肃枢纽在下一代信息网络产业、电子核心产业技术发展较快，其他产业发展较为缓慢。成渝枢纽、宁夏枢纽的优势产业为下一代信息网络产业，专利授权量明显高于其他产业。京津冀枢纽、长三角枢纽及粤港澳枢纽虽然在各产业均有较多的授权专利量，但还是各有侧重，京津冀枢纽和粤港澳大湾区枢纽在下一代信息网络产业中发展最为成熟，其他产业相对发展较缓；长三角枢纽则有下一代信息网络产业、电子核心产业两个优势产业。整体来看，各枢纽节点在下一代信息网络产业发展迅猛，说明该产业与一体化算力网络领域联系最为密切，且受到广泛重视，这与各地方政策存在一定关系。

八大枢纽节点在各产业授权专利量不断增长，表明我国在一体化算力网络领域的技术实力不断增强。各枢纽节点在产业发展上各有侧重，且各有优势产业，各枢纽之间可以更好地协调发展，弥补产业上的技术差距，促进创新，增强一体化算力网络领域内的技术成长。

8.2　八大枢纽节点技术主题分析

如图 8 - 2 - 1（见文前彩色彩图第 4 页）和表 8 - 2 - 1 所示，八大枢纽节点在一体化算力网络领域中技术发展以 G06（计算；推算或计数）、H04（电通信技术）、H01（基本电气元件）、G01（测量；测试）、G09（教育；密码术；显示；广告；印鉴）、G02（光学）、H05（其他类目不包含的电技术）、G08（信号装置）、G05（控制；调节）、H03（基本电子电路）为主要方向。其中京津冀枢纽在 G06 领域中申请最多，累计授权专利 70132 件，占该技术领域八大枢纽节点专利授权总量的 36.8%。粤港澳大湾区枢纽则在 H04、H05 两大电学大类中拥有最多授权专利，授权专利量分别为 62717 件、4058 件，分别占该技术领域八大枢纽节点专利授权总量的 42%、49%。H01、G01、G08、G05、H03 领域中，长三角枢纽积累的授权专利最多，授权专利量分别为 23418 件、9040 件、6111 件、3418 件、3204 件，分别占所属领域八大枢纽专利授权总量的 48.4%、38.5%、44.3%、36.6%、38.8%。授权专利最多的三大枢纽在 G09 与 G02 领域中授权专利差距不大，京津冀枢纽、长三角枢纽、粤港澳大湾区枢纽在 G09 领域中的授权专利量分别为 4370 件、3562 件、4344 件；在 G02 领域中的授权专利量分别为 4377 件、4338 件、4312 件。成渝枢纽整体技术储备稳步提升，在 G06、H04 领域提升速度较快，已累计授权专利 11244 件、8786 件。西部四大枢纽仍处于技术起步积累阶段，各技术领域专利不多，但仍与主流技术发展趋势一致。贵州枢纽在 G06、H04、H01 领域中获得授权专利量分别为 498 件、315 件、194 件。内蒙古枢纽在 G06、H04 两领域中发展较快，积累专利权分别为 211 件、120 件。甘肃枢纽与贵州枢纽相似，在 G06、H04、H01 发展较快，授权专利量分别为 273 件、128 件、102 件。宁夏枢纽发展速度较缓，只在 G06 累计 114 件专利。

表 8 - 2 - 1　八大枢纽节点在一体化算力网络涉及的技术领域描述

技术领域	描述
G06	计算；推算或计数
H04	电通信技术
H01	基本电气元件
G01	测量；测试
G09	教育；密码术；显示；广告；印鉴
G02	光学
H05	其他类目不包含的电技术
G08	信号装置
G05	控制；调节
H03	基本电子电路

从整体来看，八大枢纽节点在 G06 布局最多，H04 次之，这 2 个领域授权专利量远高于其他技术领域，体现出 G06 和 H04 是一体化算力网络的核心技术领域。反之在 H03 领域中专利授权量较少，说明该分支内技术实力相较薄弱，也体现了该领域不是一体化算力网络的主要技术领域分布。由此可以将京津冀枢纽、长三角枢纽、粤港澳大湾区枢纽作为主要创新区域，带动其他枢纽发展一体化算力网络的核心技术，当然，也需提升技术弱势领域。

8.3　八大枢纽节点创新主体竞争力

如表 8 - 3 - 1 所示，京津冀枢纽的创新主体主要由高校与企业组成，在一体化算力网络领域授权专利量排名前 20 位的申请人中，除了作为科研院所的电信科学研究院有限公司，还有 13 家企业，其中，龙头企业有 10 家；高校有 6 所。这 13 家企业作为京津冀枢纽核心创新主体，共获得 58375 件专利，是京津冀枢纽的主要技术来源，13 家企业技术储备雄厚，占京津冀枢纽专利授权总量前 20 位机构授权专利总量的 71.9%。其中制造业龙头企业京东方科技集团股份有限公司共获得 12568 件专利；信息传输、软件和信息技术服务业龙头企业有 8 家，分别为联想（北京）有限公司、百度在线网络技术（北京）有限公司、北京小米移动软件有限公司、中国移动通信集团有限公司、中国联合网络通信集团有限公司、奇智软件（北京）有限公司、中国电信股份有限公司、北京京东尚科信息技术有限公司；电力、热力、燃气及水生产和供应业龙头企业有 1 家，为国家电网有限公司；科学研究和技术服务业龙头企业有 2 家，分别为北京奇虎科技有限公司、小米科技有限责任公司。可见京津冀枢纽龙头创新企业主要以信息传输、软件和信息技术服务业企业为主，共获得 29508 件专利，占 13 家企业授权专利总量的 50.5%。高校共获得 21184 件专利，以清华大学为主，累计授权专利 5400 件专利。总体来看，京津冀枢纽技术储备雄厚，创新主体竞争力强劲。

表 8-3-1　京津冀枢纽在一体化算力网络领域授权专利量排名前 20 位的申请人

排名	申请人	专利量/件
1	京东方科技集团股份有限公司	12568
2	国家电网有限公司	7747
3	联想（北京）有限公司	7201
4	清华大学	5400
5	北京航空航天大学	5047
6	百度在线网络技术（北京）有限公司	4422
7	中国移动通信集团有限公司	4290
8	北京奇虎科技有限公司	3997
9	北京小米移动软件有限公司	3561
10	北京邮电大学	3496
11	奇智软件（北京）有限公司	3246
12	北京理工大学	2862
13	中国联合网络通信集团有限公司	2835
14	小米科技有限责任公司	2631
15	天津大学	2346
16	北京京东尚科信息技术有限公司	2044
17	北京大学	2033
18	北京京东世纪贸易有限公司	1924
19	中国电信股份有限公司	1909
20	电信科学技术研究院有限公司	1653

如表 8-3-2 所示，京津冀枢纽的主要申请人在下一代信息网络产业，电子核心产业，新兴软件和新型信息技术服务产业，互联网与云计算、大数据服务产业，人工智能产业及数字创意产业中侧重不同，13 家企业创新主体中，京东方科技集团股份有限公司在电子核心产业获得 10420 件专利，是该产业拥有最多专利的创新主体，且占其在一体化算力网络领域中专利总量的 82.9%，不但显示出京东方科技集团股份有限公司在该产业中极强的技术实力，同时也展示出在该产业中的技术统治地位。国家电网有限公司在下一代信息网络产业中拥有 3676 件专利，在新兴软件和新型信息技术服务产业中拥有 1112 件专利，在互联网与云计算、大数据服务产业中拥有 1408 件专利，是这三大产业中获得授权专利最多的创新主体，体现国家电网有限公司的技术布局均衡，且有一定技术积累。联想（北京）有限公司在人工智能产业中拥有

1387 件专利，数字创意产业拥有 334 件专利，为京津冀枢纽在一体化算力网络领域主要申请人中这两大产业拥有最多专利的申请人，这与联想（北京）有限公司近年来在人工智能产业、数字创意产业加大研发投入不无关系，说明效果明显，且技术已有一定程度的发展。

表 8-3-2　京津冀枢纽在一体化算力网络领域主要专利申请人的产业分布情况　单位：件

申请人	下一代信息网络产业	电子核心产业	新兴软件和新型信息技术服务产业	互联网与云计算、大数据服务产业	人工智能产业	数字创意产业	合计
京东方科技集团股份有限公司	1128	10420	132	62	682	144	12568
国家电网有限公司	3676	811	1112	1408	599	141	7747
联想（北京）有限公司	3214	646	1102	518	1387	334	7201
清华大学	2110	1025	543	568	887	267	5400
北京航空航天大学	1971	528	680	631	958	279	5047
百度在线网络技术（北京）有限公司	2224	65	415	831	609	278	4422
中国移动通信集团有限公司	3068	278	241	358	215	130	4290
北京奇虎科技有限公司	2165	125	427	827	232	221	3997
北京小米移动软件有限公司	2026	307	377	176	426	249	3561
北京邮电大学	2267	253	242	240	398	96	3496
奇智软件（北京）有限公司	1808	103	324	731	152	128	3246
北京理工大学	1180	340	304	304	535	199	2862
中国联合网络通信集团有限公司	1981	211	177	288	105	73	2835
小米科技有限责任公司	1297	169	336	343	313	173	2631
天津大学	835	423	171	230	476	211	2346
北京京东尚科信息技术有限公司	1073	42	205	398	189	137	2044
北京大学	748	466	149	198	305	167	2033
北京京东世纪贸易有限公司	1025	40	192	359	181	127	1924
中国电信股份有限公司	1338	131	92	165	70	113	1909
电信科学技术研究院有限公司	1595	46	8	1	1	2	1653

在 6 所高校中，北京邮电大学在下一代信息网络产业中拥有 2267 件专利，是该产业拥有最多专利的高校。电子核心产业中专利量最多的高校是清华大学，共获得 1025 件专利。北京航空航天大学在新兴软件和新型信息技术服务产业拥有 680 件专利，在互联网与云计算、大数据服务产业拥有 631 件专利，在人工智能产业中拥有 958 件专利，在数字创意产业中拥有 279 件专利，为这四大产业中专利量最多的高校，也是技术储备最为均衡的高校。

可以看出，以企业、高校为主要创新主体的京津冀枢纽中，在 6 个产业均有丰富的专利储备，是东部枢纽主要的技术中心，且高校、企业的技术各有侧重，显示京津冀有很强的竞争力。

如表 8 - 3 - 3 所示，长三角枢纽的创新主体主要由高校与企业组成，在一体化算力网络领域授权专利量排名前 20 位的申请人中，企业有 9 家，均为龙头企业；高校有 11 所。企业中，制造业为重点企业类型，制造业企业有 5 家，分别为中芯国际集成电路制造（上海）有限公司、新华三技术有限公司、中芯国际集成电路制造（北京）有限公司、上海华虹宏力半导体制造有限公司与上海天马微电子有限公司，共获得 10504 件专利；信息传输、软件和信息技术服务业龙头企业有 3 家，分别为苏州浪潮智能科技有限公司、展讯通信（上海）有限公司、网易（杭州）网络有限公司；科学研究和技术服务业企业有 1 家，为上海斐讯数据通信技术有限公司。与其他枢纽不同，长三角枢纽以制造业企业为区域创新中心，与其大力扶持高端制造业不无关系。高校作为长三角枢纽另一大核心创新主体，共获得 26063 件专利，占长三角枢纽在一体化算力网络领域排名前 20 位的申请人授权专利总量的 61.5%，其中以东南大学、浙江大学最为突出，两所高校共获得 9044 件专利。总体来看，长三角枢纽技术储备雄厚，创新主体竞争力强劲。

表 8 - 3 - 3　长三角枢纽在一体化算力网络领域授权专利量排名前 20 位的申请人

排名	申请人	专利量/件
1	浙江大学	4534
2	东南大学	4510
3	中芯国际集成电路制造（上海）有限公司	4197
4	上海交通大学	2637
5	南京航空航天大学	2401
6	南京邮电大学	2372
7	新华三技术有限公司	2197
8	浙江工业大学	1845
9	杭州电子科技大学	1744
10	河海大学	1680
11	苏州浪潮智能科技有限公司	1671

排名	申请人	专利量/件
12	上海斐讯数据通信技术有限公司	1546
13	南京大学	1491
14	中芯国际集成电路制造（北京）有限公司	1487
15	同济大学	1441
16	上海华虹宏力半导体制造有限公司	1418
17	南京理工大学	1408
18	网易（杭州）网络有限公司	1334
19	展讯通信（上海）有限公司	1276
20	上海天马微电子有限公司	1205

如表 8-3-4 所示，长三角枢纽的主要申请人在下一代信息网络产业，电子核心产业，新兴软件和新型信息技术服务产业，互联网与云计算、大数据服务产业，人工智能产业及数字创意产业中侧重不同，9 家企业创新主体中，新华三技术有限公司在下一代信息网络产业储备 1871 件授权专利，是该产业中授权专利最多的创新主体。中芯国际集成电路制造（上海）有限公司在电子核心产业获得 3849 件专利，是该产业拥有最多专利的创新主体，说明其创新能力强，具有较强研发实力，且积累了一定技术优势。在新兴软件和新型信息技术服务产业中，网易（杭州）网络有限公司是拥有该产业中最多专利权的创新主体，共获得 294 件专利。苏州浪潮智能科技有限公司在互联网与云计算、大数据服务产业和人工智能产业中分别拥有专利 306 件和 96 件，是这两个产业中拥有最多专利量的创新主体。在数字创意产业中，网易（杭州）网络有限公司是拥有该产业中最多专利量的创新主体，共获得 473 件专利。

表 8-3-4　长三角枢纽在一体化算力网络领域主要申请人的各产业分布情况　　单位：件

申请人	下一代信息网络产业	电子核心产业	新兴软件和新型信息技术服务产业	互联网与云计算、大数据服务产业	人工智能产业	数字创意产业	合计
浙江大学	1594	663	445	484	968	380	4534
东南大学	1883	1069	522	435	488	113	4510
中芯国际集成电路制造（上海）有限公司	243	3849	26	65	13	1	4197
上海交通大学	1094	442	257	281	413	150	2637
南京航空航天大学	990	233	358	285	462	73	2401

申请人	下一代信息网络产业	电子核心产业	新兴软件和新型信息技术服务产业	互联网与云计算、大数据服务产业	人工智能产业	数字创意产业	合计
南京邮电大学	1133	470	167	190	315	97	2372
新华三技术有限公司	1871	100	63	93	66	4	2197
浙江工业大学	626	198	169	152	560	140	1845
杭州电子科技大学	668	281	162	146	391	96	1744
河海大学	723	76	281	271	243	86	1680
苏州浪潮智能科技有限公司	1009	139	114	306	96	7	1671
上海斐讯数据通信技术有限公司	1020	119	182	121	84	20	1546
南京大学	540	278	161	160	262	90	1491
中芯国际集成电路制造（北京）有限公司	102	1337	18	27	3	0	1487
同济大学	562	247	183	179	221	49	1441
上海华虹宏力半导体制造有限公司	294	1011	14	94	3	2	1418
南京理工大学	491	331	143	126	203	114	1408
网易（杭州）网络有限公司	374	26	294	73	94	473	1334
展讯通信（上海）有限公司	1029	103	30	51	17	46	1276
上海天马微电子有限公司	37	1106	7	1	53	1	1205

在 11 所高校中，东南大学和浙江大学作为长三角枢纽中核心技术创新中心，东南大学在下一代信息网络产业、电子核心产业、新兴软件和新型信息技术服务产业获得专利分别为 1883 件、1069 件、522 件，均是相关产业拥有最多专利量的高校。浙江大学则是互联网与云计算、大数据服务产业，人工智能产业和数字创意产业中拥有最多的专利量的高校，分别获得专利 484 件、968 件、380 件。两所高校共拥有 9044 件专利，占长三角枢纽高校授权专利量的 34.7%。

可以看出，长三角枢纽中以企业、高校为主的创新主体之间授权专利量差距并不大，可以促进该区域技术良性竞争，提升区域整体的技术竞争力。

如表 8-3-5 所示，粤港澳大湾区枢纽的创新主体主要由企业与高校组成，在一体化算力网络领域授权专利量排名前 20 位的申请人中，企业有 16 家，共获得 83395 件专利，占申请人授权专利总量的 91.8%。其中，制造业龙头企业有 11 家，占总企业授权专利总量的 70.4%。华为技术有限公司拥有最多的授权专利，共获得 24422 件专利。还有 10 家制造业企业，分别为 OPPO 广东移动通信有限公司、中兴通讯股份有限公司、努比亚技术有限公司、珠海格力电器股份有限公司、宇龙计算机通信科技（深圳）有限公司、惠州 TCL 移动通信有限公司、深圳市华星光电半导体显示技术有限公司、广东小天才科技有限公司、惠科股份有限公司、京信网络系统股份有限公司；信息传输、软件和信息技术服务业企业有 2 家，分别为腾讯科技（深圳）有限公司和平安科技（深圳）有限公司；科学研究和技术服务业企业有 2 家，分别为 TCL 华星光电技术有限公司与广州视源电子科技股份有限公司，批发和零售业企业有 1 家，为维沃移动通信有限公司。4 所高校共有 7489 件授权专利，其中华南理工大学最为突出，累积 3044 件专利。整体来看，企业是粤港澳大湾区枢纽中当之无愧的核心创新主体，尤其是制造业企业，这与粤港澳大湾区枢纽为我国重要科技创新中心有关，其技术实力雄厚。

表 8 - 3 - 5　粤港澳大湾区枢纽在一体化算力网络领域授权专利量排名前 20 位的申请人

排名	申请人	专利量/件
1	华为技术有限公司	24422
2	腾讯科技（深圳）有限公司	13821
3	OPPO 广东移动通信有限公司	13448
4	中兴通讯股份有限公司	7341
5	维沃移动通信有限公司	6048
6	TCL 华星光电技术有限公司	3157
7	华南理工大学	3044
8	努比亚技术有限公司	2836
9	珠海格力电器股份有限公司	2051
10	平安科技（深圳）有限公司	1861
11	宇龙计算机通信科技（深圳）有限公司	1847
12	中山大学	1621
13	广东工业大学	1548
14	惠州 TCL 移动通信有限公司	1299
15	广东小天才科技有限公司	1290
16	广州视源电子科技股份有限公司	1286
17	深圳大学	1276
18	深圳市华星光电半导体显示技术有限公司	1019
19	惠科股份有限公司	883
20	京信网络系统股份有限公司	786

　　如表 8 - 3 - 6 所示，粤港澳大湾区枢纽的主要申请人在 6 个产业中拥有的专利量差距明显，如华为技术有限公司，在下一代信息网络产业中拥有最多的专利权，获得 18164 件专利，相较第二名的 OPPO 广东移动通信有限公司，多出 1 万余件专利，足以显示华为技术有限公司在该产业拥有一定技术优势，存在一定技术统治力。在电子核心产业中，TCL 华星光电技术有限公司显示出极强的技术竞争力，在该产业拥有 3025 件专利，是其在一体化算力网络领域内专利总量的 95.8%，可见 TCL 华星光电技术有限公司在电子核心产业投入巨大。在新兴软件和新型信息技术服务产业，互联网与云计算、大数据服务产业，人工智能产业及数字创意产业中，腾讯科技（深圳）有限公司投入研发较高，拥有这四大产业最多的专利，分别获得专利 1923 件、1708 件、1468 件及 2158 件。说明腾讯科技（深圳）有限公司在一体化算力网络领域中技术发展均衡，各产业均有一定技术实力。

表 8 - 3 - 6　粤港澳大湾区枢纽在一体化算力网络领域主要申请人的产业分布情况 单位：件

申请人	下一代信息网络产业	电子核心产业	新兴软件和新型信息技术服务产业	互联网与云计算、大数据服务产业	人工智能产业	数字创意产业	合计
华为技术有限公司	18164	2117	867	1817	903	554	24422
腾讯科技（深圳）有限公司	6297	267	1923	1708	1468	2158	13821
OPPO 广东移动通信有限公司	7754	1477	1300	715	1507	695	13448
中兴通讯股份有限公司	6009	428	243	340	121	200	7341
维沃移动通信有限公司	3740	486	875	223	486	238	6048
TCL 华星光电技术有限公司	76	3025	8	10	4	34	3157
华南理工大学	941	745	284	264	644	166	3044
努比亚技术有限公司	1624	204	531	155	170	152	2836
珠海格力电器股份有限公司	984	211	255	191	356	54	2051
平安科技（深圳）有限公司	921	27	318	216	298	81	1861
宇龙计算机通信科技（深圳）有限公司	1108	176	220	181	131	31	1847
中山大学	629	302	127	139	310	114	1621
广东工业大学	510	281	191	189	279	98	1548
惠州 TCL 移动通信有限公司	758	150	159	94	92	46	1299
广东小天才科技有限公司	675	66	149	109	228	63	1290

申请人	下一代信息网络产业	电子核心产业	新兴软件和新型信息技术服务产业	互联网与云计算、大数据服务产业	人工智能产业	数字创意产业	合计
广州视源电子科技股份有限公司	425	108	224	87	251	191	1286
深圳大学	456	291	104	103	236	86	1276
深圳市华星光电半导体显示技术有限公司	17	971	4	2	4	21	1019
惠科股份有限公司	37	830	3	4	3	6	883
京信网络系统股份有限公司	642	88	20	31	4	1	786

在4所高校中，华南理工大学无论是专利总量，还是6个产业中拥有的专利量，在高校专利量中均排名第一位，说明华南理工大学在粤港澳大湾区枢纽中拥有一定技术实力，在一体化算力网络领域中技术发展全面。

由此可见，粤港澳大湾区枢纽的创新主体已在细分产业中有一定的技术优势，说明粤港澳大湾区枢纽的创新主体已经有极强的技术竞争力，使得粤港澳大湾区枢纽在八大枢纽中拥有一定技术优势，可以更好地促进其他枢纽的技术发展。

如表8-3-7所示，成渝枢纽的创新主体主要由企业、高校及科研院所组成，在一体化算力网络领域授权专利量排名前20位申请人中，共获得17351件专利，其中8所高校拥有13660件专利，占主要创新主体授权专利量的78.7%，是成渝枢纽中当之无愧的核心创新主体。8家企业拥有2964件专利，作为成渝枢纽中另一个重要创新主体，其中制造业企业有5家，分别为四川长虹电器股份有限公司、业成科技（成都）有限公司、业成光电（深圳）有限公司、英特盛科技股份有限公司与四川九洲电器集团有限责任公司；信息传输、软件和信息技术服务业企业有2家，分别为OPPO（重庆）智能科技有限公司与迈普通信技术股份有限公司；科学研究和技术服务业企业有1家，为成都鼎桥通信技术有限公司。4所科研院所分别为中国科学院光电技术研究所、中国电子科技集团有限公司第二十九研究所、中国电子科技集团有限公司第二十四研究所与西南电子技术研究所。由此可见成渝枢纽制造业企业发展速度较快，已成为该区域核心的创新主体之一。高校作为主要的创新主体，技术实力雄厚，从而体现出成渝枢纽较为均衡的创新主体分布现状，也促进该枢纽形成核心竞争力。

表 8 - 3 - 7　成渝枢纽在一体化算力网络领域授权专利量排名前 20 位的申请人

排名	申请人	专利量/件
1	电子科技大学	6720
2	重庆邮电大学	1831
3	重庆大学	1435
4	四川大学	1230
5	西南交通大学	1184
6	四川长虹电器股份有限公司	977
7	西南石油大学	618
8	OPPO（重庆）智能科技有限公司	459
9	迈普通信技术股份有限公司	397
10	成都信息工程大学	368
11	成都鼎桥通信技术有限公司	346
12	成都理工大学	274
13	业成科技（成都）有限公司	207
14	业成光电（深圳）有限公司	207
15	中国科学院光电技术研究所	201
16	四川九洲电器集团有限责任公司	192
17	中国电子科技集团公司第二十九研究所	191
18	英特盛科技股份有限公司	179
19	西南电子技术研究所（中国电子科技集团公司第十研究所）	171
20	中国电子科技集团公司第二十四研究所	164

　　如表 8 - 3 - 8 所示，成渝枢纽的技术创新主要来自高校，其中以电子科技大学最为突出。电子科技大学在一体化算力网络领域中共获得 6720 件专利，占高校专利授权量的 49.2%，其在下一代信息网络产业，电子核心产业，新兴软件和新型信息技术服务产业，互联网与云计算、大数据服务产业，人工智能产业及数字创意产业中的累积专利数量均有一定优势，说明电子科技大学的技术实力雄厚，且技术发展均衡。企业方面，以四川长虹电器股份有限公司最为突出，共获得 977 件专利，占成渝枢纽企业授权专利总量的 33.0%，且在下一代信息网络产业，电子核心产业，新兴软件和新型信息技术服务产业，互联网与云计算、大数据服务产业，人工智能产业及数字创意产业六大产业中的累积专利数量均有一定优势，体现了该企业在成渝枢纽的企业群体中有一定的技术优势。

表 8-3-8　成渝枢纽在一体化算力网络领域主要申请人的产业分布情况　　　单位：件

申请人	下一代信息网络产业	电子核心产业	新兴软件和新型信息技术服务产业	互联网与云计算、大数据服务产业	人工智能产业	数字创意产业	合计
电子科技大学	2615	2061	440	494	876	234	6720
重庆邮电大学	1152	148	120	134	212	65	1831
重庆大学	555	201	166	195	233	85	1435
四川大学	424	178	166	98	236	128	1230
西南交通大学	463	142	225	135	175	44	1184
四川长虹电器股份有限公司	340	56	115	90	90	286	977
西南石油大学	251	22	181	93	50	21	618
OPPO（重庆）智能科技有限公司	285	52	42	9	56	15	459
迈普通信技术股份有限公司	308	19	20	35	9	6	397
成都信息工程大学	131	31	83	42	65	16	368
成都鼎桥通信技术有限公司	294	18	2	12	0	20	346
成都理工大学	119	19	46	44	35	11	274
业成科技（成都）有限公司	21	165	1	0	20	0	207
业成光电（深圳）有限公司	21	165	1	0	20	0	207
中国科学院光电技术研究所	39	126	2	9	10	15	201
四川九洲电器集团有限责任公司	110	43	12	9	12	6	192
中国电子科技集团公司第二十九研究所	74	87	10	9	9	2	191
英特盛科技股份有限公司	16	153	1	0	9	0	179
西南电子技术研究所（中国电子科技集团公司第十研究所）	95	49	11	7	8	1	171
中国电子科技集团公司第二十四研究所	12	139	0	13	0	0	164

　　成渝枢纽正处于技术快速发展阶段，由高校作为主要创新主体，带动其他创新主体发展相关技术，可见成渝枢纽正逐步形成自身区域的竞争力。

　　如表 8-3-9 所示，内蒙古枢纽的创新主体主要由企业与高校组成，在一体化算力网络领域授权专利量排名前 20 位的申请人中，企业有 13 家，高校有 4 所，科研院所有 2 家，暂无龙头企业。企业作为创新主体，共获得 133 件专利，其中民营企业有 7 家，制造业企业有 3 家，分别为京东方科技集团股份有限公司、赤峰拓佳光电有限公司、赤峰埃晶电子科技有限公司；批发和零售业企业有 1 家，为鄂尔多斯市源盛光电有限责任公司；科学研究和技术服务业企业有 2 家，分别为鄂尔多斯市普渡科技有限公司、内蒙古智牧溯源技术开发有限公司；信息传输、软件和信息技术服务业企业有 1 家，为华讯高科股份有限公司。国有企业有 5 家，共获得 80 件专利。国有企业中，信息传输、软件和信息技术服务业企业有 2 家，分别为中国移动通信集团内蒙古有限公司、中国移动通信集团有限公司；电力、热力、燃气及水生产和供应业企业有 2 家，分别为国网内蒙古东部电力有限公司、国家电网有限公司；制造业有 1 家，为内蒙古包钢钢联股份有限公司。可见在内蒙古枢纽授权专利总量中，国有企业相较于民营企业更具有技术优势，信息传输、软件和信息技术服务业企业为内蒙古枢纽在一体化算力网络领域贡献颇多。高校共获得 150 件专利，内蒙古工业大学累计 61 件专利最为突出。高校在内蒙古枢纽中作为核心创新主体，是内蒙古枢纽的主要技术来源，但各创新主体的有关专利储备较少，总体来看，内蒙古枢纽技术储备薄弱，创新主体竞争力有待提升。

表 8-3-9　内蒙古枢纽在一体化算力网络领域授权专利量排名前 20 位的申请人

排名	申请人	专利量/件
1	内蒙古工业大学	61
2	中国移动通信集团内蒙古有限公司	49
3	内蒙古科技大学	42
4	内蒙古大学	39
5	中国移动通信集团有限公司	14
6	内蒙古电力勘测设计院有限责任公司	11
7	京东方科技集团股份有限公司	10
8	鄂尔多斯市源盛光电有限责任公司	10
9	内蒙古农业大学	8
10	申宇慈	8
11	国网内蒙古东部电力有限公司	8
12	鄂尔多斯市普渡科技有限公司	6
13	国家电网有限公司	5
14	华讯高科股份有限公司	5
15	赤峰学院附属医院	4

排名	申请人	专利量/件
16	赤峰拓佳光电有限公司	4
17	国网内蒙古东部电力有限公司电力科学研究院	4
18	内蒙古包钢钢联股份有限公司	4
19	内蒙古智牧溯源技术开发有限公司	4
20	赤峰埃晶电子科技有限公司	3

如表 8-3-10 所示，贵州枢纽的创新主体主要由企业与高校组成，在一体化算力网络领域授权专利量排名前 20 位的申请人中，企业有 13 家，高校有 3 所，科研院所有 4 家，暂无龙头企业。企业作为主要创新主体，共获得 388 件专利，其中民营企业有 7 家共获得 195 件专利。民营企业中，信息传输、软件和信息技术服务业企业有 4 家，分别为贵阳朗玛信息技术股份有限公司、贵州白山云科技股份有限公司、贵阳动视云科技有限公司、贵阳语玩科技有限公司。批发和零售业企业有 1 家，为贵州省仁怀市西科电脑科技有限公司。科学研究和技术服务业有 1 家，为贵州云侠科技有限公司。建筑业企业有 1 家，为贵州正业工程技术投资有限公司。国有企业有 6 家，共获得 193 件专利。国有企业中，电力、热力、燃气及水生产和供应业企业有 1 家，为贵州电网有限责任公司；制造业企业有 2 家，分别为贵州梅岭电源有限公司与贵州航天电子科技有限公司；信息传输、软件和信息技术服务业企业有 3 家，分别为中国移动通信集团贵州有限公司、中国振华集团云科电子有限公司和贵州航天云网科技有限公司。可见贵州枢纽企业授权专利总量国有企业与民营企业平分秋色，属于信息传输、软件和信息技术服务业的企业为贵州枢纽在一体化算力网络领域技术创新贡献颇多。3 所高校共获得 122 件专利，以贵州大学最为突出，累计授权专利 100 件。4 家科研院所共获得 76 件专利。由此可见，贵州枢纽各创新主体的有关专利储备较少，技术储备相对薄弱，创新主体竞争力有待提升。

表 8-3-10　贵州枢纽在一体化算力网络领域授权专利量排名前 20 位的申请人

排名	申请人	专利量/件
1	贵州大学	100
2	贵州电网有限责任公司	78
3	贵阳朗玛信息技术股份有限公司	61
4	贵州白山云科技股份有限公司	60
5	贵州电网有限责任公司电力科学研究院	41
6	贵州梅岭电源有限公司	34
7	中国移动通信集团贵州有限公司	27

排名	申请人	专利量/件
8	中国振华集团云科电子有限公司	27
9	贵州省仁怀市西科电脑科技有限公司	18
10	贵州云侠科技有限公司	16
11	贵州航天电子科技有限公司	15
12	贵州正业工程技术投资有限公司	15
13	贵阳动视云科技有限公司	13
14	贵阳语玩科技有限公司	12
15	贵州航天计量测试技术研究所	12
16	贵州航天云网科技有限公司	12
17	中国电建集团贵州电力设计研究院有限公司	12
18	贵州理工学院	11
19	贵州民族大学	11
20	中国电建集团贵阳勘测设计研究院有限公司	11

如表 8 - 3 - 11 所示，甘肃枢纽的创新主体主要由高校与科研院所组成，在一体化算力网络领域授权专利量排名前 16 位的申请人中，高校有 5 所，科研院所有 5 家，暂无龙头企业。高校作为创新主体，共获得 287 件专利，以兰州大学、兰州理工大学和兰州交通大学 3 所高校最为突出，分别获得专利 91 件、80 件和 65 件。科研院所共获得 122 件专利，以中国科学院近代物理研究所、兰州空间技术物理研究所最为突出，分别为 48 件、32 件。有 6 家国有企业，共获得 70 件专利。1 家民营企业为天水华天科技股份有限公司，获得 12 件专利。甘肃枢纽作为八大枢纽节点中较为特殊的区域，以高校作为核心创新主体，高校是甘肃枢纽的主要技术来源，这可能与地方政策存在一定关系。甘肃枢纽各创新主体的有关专利储备较少，总体来看，甘肃枢纽技术储备薄弱，创新主体竞争力有待提升。

表 8 - 3 - 11　甘肃枢纽在一体化算力网络领域授权专利量排名前 16 位的申请人

排名	申请人	专利量/件
1	兰州大学	91
2	兰州理工大学	80
3	兰州交通大学	65
4	中国科学院近代物理研究所	48
5	西北师范大学	41

排名	申请人	专利量/件
6	兰州空间技术物理研究所	32
7	国网甘肃省电力公司	18
8	中国科学院寒区旱区环境与工程研究所	18
9	中国移动通信集团甘肃有限公司	15
10	中电万维信息技术有限责任公司	15
11	光大兴陇信托有限责任公司	12
12	中国科学院西北生态环境资源研究院	12
13	天水华天科技股份有限公司	12
14	国网甘肃省电力公司电力科学研究院	12
15	国家电网有限公司	10
16	西北民族大学	10

如表 8-3-12 所示，宁夏枢纽的创新主体主要由企业与高校组成，在一体化算力网络领域授权专利量排名前 18 位的申请人中，企业有 12 家，高校有 3 所，暂无龙头企业。企业共获得 63 件专利，其中国有企业有 7 家，共获得 37 件专利。国有企业中，电力、热力、燃气及水生产和供应业企业有 4 家，分别为国家电网有限公司、国网宁夏电力有限公司、国网宁夏电力有限公司检修公司、国网智能科技股份有限公司；信息传输、软件和信息技术服务业企业有 2 家，分别为中国移动通信集团宁夏有限公司、中国移动通信集团有限公司；科学研究和技术服务业企业有 1 家，为中国电力科学研究院有限公司。民营企业有 5 家，共获得 26 件专利。信息传输、软件和信息技术服务业企业有 2 家，分别为宁夏宁信信息科技有限公司、宁夏灵智科技有限公司；制造业企业有 2 家，分别为宁夏巨能机器人系统有限公司、宁夏隆基宁光仪表股份有限公司，科学研究和技术服务业有 1 家，为宁夏金博乐食品科技有限公司。可见宁夏枢纽企业创新主体中民营企业和国有企业差距并不大，且企业类型区别明显，国有企业以电力、热力、燃气及水生产和供应业企业为主，民营企业以信息传输、软件和信息技术服务业企业为主。高校共获得 44 件专利，以北方民族大学最为突出，共获得 31 件专利。2 家科研院所共获得 19 件专利。宁夏枢纽各创新主体的有关专利储备较少，总体来看，宁夏枢纽技术储备薄弱，创新主体竞争力有待提升。

表 8 – 3 – 12　宁夏枢纽在一体化算力网络领域授权专利量排名前 18 位的申请人

排名	申请人	专利量/件
1	北方民族大学	31
2	国网宁夏电力有限公司电力科学研究院	16
3	国家电网有限公司	11
4	宁夏大学	10
5	中国移动通信集团宁夏有限公司	8
6	宁夏巨能机器人系统有限公司	7
7	宁夏隆基宁光仪表股份有限公司	6
8	宁夏宁信信息科技有限公司	6
9	国网宁夏电力有限公司	5
10	国网宁夏电力有限公司检修公司	4
11	宁夏灵智科技有限公司	4
12	银川科技学院	3
13	宋宇	3
14	中国移动通信集团有限公司	3
15	宁夏金博乐食品科技有限公司	3
16	国网宁夏电力公司经济技术研究院	3
17	国网智能科技股份有限公司	3
18	中国电力科学研究院有限公司	3

8.4　八大枢纽节点专利运营实力定位

2016 年，国务院发布《"十三五"国家知识产权保护和运用规划》，提出要加强知识产权交易运营体系建设、完善知识产权运营公共服务平台、创新知识产权金融服务、加强知识产权协同运用等一系列促进知识产权运营政策之后，八大枢纽也在一体化算力网络领域里不断尝试专利运营方式，共有 109573 件专利发生法律事件。法律事件包含转让、许可、质押、变更、保全、诉讼共 6 种情况。具体情况如表 8 – 4 – 1 所示，京津冀枢纽的法律事件以转让、变更为主，转让为 15456 件，变更为 13939 件，质押为 1428 件，许可为 835 件，有 14 件专利涉及诉讼，同时保全为 507 件，占比在八大枢纽中最高，为 53.5%。长三角枢纽是最为活跃的专利运营枢纽，共有 40585 件专利发生法律事件，其中转让为 23998 件，变更为 17522 件，质押为 2297 件，许可为 1999 件，保全为 219 件，诉讼为 9 件。粤港澳大湾区枢纽的法律事件以变更、诉讼为主，在八大枢纽中的占比分别为 39.1%、43.8%，转让为 18032 件，变更为 21675 件，质押为

1226 件，许可为 929 件，保全为 209 件，诉讼为 21 件。成渝枢纽也积极尝试专利运营，转让为 2809 件，变更为 2078 件，质押为 356 件，许可为 73 件，保全为 13 件，诉讼为 4 件。内蒙古枢纽的法律事件以转让、变更为主，分别为 73 件、48 件，同时内蒙古枢纽也开始尝试专利质押。贵州枢纽的法律事件以转让、变更为主，分别为 230 件、149 件，同时贵州枢纽也在积极尝试许可、质押等其他方式进行专利运营。甘肃枢纽的法律事件也以转让、变更为主，分别是 100 件、62 件，质押为 6 件，许可为 2 件。宁夏枢纽则的法律事件中，转让为 69 件，变更为 35 件，质押为 3 件。

表 8 - 4 - 1　　八大枢纽节点在一体化算力网络领域的专利法律事件　　单位：件

枢纽名称	转让	变更	质押	许可	保全	诉讼	法律事件
京津冀枢纽	15456	13939	1428	835	507	14	26877
长三角枢纽	23998	17522	2297	1999	219	9	40585
粤港澳大湾区枢纽	18032	21675	1226	929	209	21	36813
成渝枢纽	2809	2078	356	73	13	4	4626
内蒙古枢纽	73	48	8	0	0	0	101
贵州枢纽	230	149	19	17	0	0	349
甘肃枢纽	100	62	6	2	0	0	136
宁夏枢纽	69	35	3	0	0	0	86

注：表中因同一件专利可能有不同的法律事件，故合计数据大于各项的加值。

总体来看，东部枢纽专利运营更具优势，尤其以东部枢纽中长三角枢纽最为突出，不论是运营总量还是转让、许可、质押数量都在八大枢纽位列榜首，占比最多，这与其拥有的专利量有关，也与该枢纽存在许多像长三角知识产权发展联盟这种推动知识产权发展的团体密切相关。

8.5　八大枢纽节点中国专利奖获奖情况

八大枢纽节点在一体化算力网络领域中国专利奖获奖情况如表 8 - 5 - 1 所示，2018～2021 年以来的中国专利奖评选中，以东部枢纽获奖最为频繁，西部枢纽中仅有甘肃枢纽荣获 1 次金奖。东部枢纽中粤港澳大湾区枢纽获奖最多，共获得 147 次中国专利奖，其中荣获 6 次金奖，为八大枢纽中金奖斩获最多的枢纽，并荣获 8 次银奖，133 次优秀奖。京津冀枢纽共获得 113 次中国专利奖，其中荣获 5 次金奖，19 次银奖，89 次优秀奖。长三角枢纽共获得 82 次中国专利奖，其中 4 次金奖，5 次银奖，73 次优秀奖。成渝枢纽则获得 11 次优秀奖。

表 8 - 5 - 1　八大枢纽节点在一体化算力网络领域中国专利奖获奖情况　　单位：次

枢纽名称	金奖	银奖	优秀奖	合计
京津冀枢纽	5	19	89	113
长三角枢纽	4	5	73	82
粤港澳大湾区枢纽	6	8	133	147
成渝枢纽	0	0	11	11
内蒙古枢纽	0	0	0	0
贵州枢纽	0	0	0	0
甘肃枢纽	1	0	0	1
宁夏枢纽	0	0	0	0

由此可见，东部枢纽专利不但授权量多，而且质量优，共荣获 353 次中国专利奖，特别是粤港澳大湾区枢纽、长三角枢纽、京津冀枢纽，获得中国专利奖金奖次数较多。成渝枢纽与甘肃枢纽虽获奖不多，但两个枢纽创新能力仍有很大潜力。

如表 8 - 5 - 2 所示，从八大枢纽节点在一体化算力网络领域以往中国专利奖金奖获奖情况来看，获奖专利的申请日集中在 2012 ~ 2017 年，说明该期间是各大枢纽技术发展的黄金时期。获奖申请人所在枢纽主要集中在京津冀枢纽、长三角枢纽及粤港澳大湾区枢纽，说明这三个枢纽是一体化算力网络主要技术创新区域，且在高质量专利创造上具有优势地位。获奖申请人主要以企业和科研院所为主。值得注意的是，中兴通讯股份有限公司作为专利权人共获得两次专利金奖，分别在第二十一届以调制处理方法及装置（ZL201310019608.4）获得金奖，在第二十三届以切换方法及装置（ZL201610951190.4）获得金奖，所属领域为 H04（电通信技术），足以体现中兴通讯股份有限公司在该领域的技术实力。

表 8 - 5 - 2　2018 ~ 2021 年八大枢纽节点在一体化算力网络领域的中国专利奖部分金奖分布情况

枢纽名称	奖励届次（年份）	专利名称（专利号）	申请日	申请人
京津冀枢纽	第二十一届（2019 年）	一种传输导频信号和信号测量的方法、系统及设备（ZL201210476801.6）	2012 年 11 月 20 日	电信科学技术研究院有限公司
	第二十一届（2019 年）	一种实现 CPT 原子频率标准的方法及装置（ZL201510956144.9）	2015 年 12 月 17 日	北京无线电计量测试研究所

枢纽名称	奖励届次（年份）	专利名称（专利号）	申请日	申请人
京津冀枢纽	第二十二届（2020 年）	基于人工智能的人机交互方法和系统（ZL201510563338.2）	2015 年 9 月 7 日	百度在线网络技术（北京）有限公司
	第二十二届（2020 年）	一种倒装焊耐潮湿防护工艺方法（ZL201410827891.8）	2014 年 12 月 26 日	北京时代民芯科技有限公司、北京微电子技术研究所
	第二十三届（2021 年）	一种基于频域互相关的分布式时差测量方法（ZL201710549903.9）	2017 年 7 月 6 日	中国人民解放军火箭军研究院、中国航天科工集团八五一一研究所
粤港澳大湾区枢纽	第二十届（2018 年）	腔体式微波器件（ZL201410225678.X）	2014 年 5 月 26 日	京信通信系统（中国）有限公司、京信通信技术（广州）有限公司、京信通信系统（广州）有限公司、天津京信通信系统有限公司
	第二十一届（2019 年）	调制处理方法及装置（ZL201310019608.4）	2013 年 1 月 18 日	中兴通讯股份有限公司
	第二十一届（2019 年）	天线控制系统和多频共用天线（ZL201280065830.1）	2012 年 12 月 28 日	京信网络系统股份有限公司
	第二十三届（2021 年）	一种射频接收机及接收方法（ZL201410387196.4）	2014 年 8 月 7 日	华为技术有限公司
	第二十三届（2021 年）	用于并行冗余协议网络中的时钟输出控制方法和系统（ZL201710115849.7）	2017 年 2 月 28 日	南方电网科学研究院有限责任公司、北京四方继保自动化股份有限公司
	第二十三届（2021 年）	切换方法及装置（ZL201610951190.4）	2016 年 11 月 2 日	中兴通讯股份有限公司

续表

枢纽名称	奖励届次 （年份）	专利名称 （专利号）	申请日	申请人
长三角枢纽	第二十二届 （2020 年）	一种闪烁脉冲的数字化方法 （ZL201510003057.1）	2015 年 1 月 5 日	苏州瑞派宁科技有限公司
	第二十二届 （2020 年）	液晶组合物及液晶显示器件 （ZL201510197266.4）	2015 年 4 月 23 日	江苏和成显示科技股份有限公司
	第二十三届 （2021 年）	子带配置的指示方法及装置、子带接入方法及装置 （ZL201610615466.1）	2016 年 7 月 29 日	展讯通信（上海）有限公司
	第二十三届 （2021 年）	一种媒体流可靠传输和接收的方法以及装置 （ZL201310426244.1）	2013 年 9 月 17 日	浙江宇视科技有限公司
甘肃枢纽	第二十一届 （2019 年）	一种脑电与温度相结合的抑郁人群判定方法 （ZL201610709400.9）	2016 年 8 月 23 日	兰州大学

参考文献

［1］习近平. 习近平谈治国理政［M］. 4卷. 北京：外文出版社，2022.

［2］王群. 我国算力规模全球第二［EB/OL］.（2022－08－02）［2022－11－12］. https：//www. workercn. cn/c/2022－08－02/7121103. shtml.

［3］方正梁. 算力：数字经济的核心生产力［EB/OL］.（2022－06－29）［2022－11－12］. http：//www. cbdio. com/BigData/2022－06/29/content_6169395. htm.

［4］IDC，浪潮信息，清华大学全球产业研究院. 2021年全球计算力指数评估分析［J］. 软件和集成电路，2022（4）：79－90.

［5］中国信息通信研究院. 中国算力发展指数白皮书（2022年）［EB/OL］.（2022－11－05）［2022－11－12］. http：//www. caict. ac. cn/kxyj/qwfb/bps/202211/P020221105727522653499. pdf.

［6］远川科技评论. 算力成为电力，还要多远［EB/OL］.（2022－08－06）［2022－11－13］. https：//baijiahao. baidu. com/s? id=1740330810425881161&wfr=spider&for=pc.

［7］中国信息通信研究院. 中国算力发展指数白皮书［EB/OL］.（2021－09－18）［2022－11－05］. http：//www. caict. ac. cn/kxyj/qwfb/bps/202109/P020210918521091309950. pdf.

［8］孙凝晖，张云泉，张福波. 算力的英文如何翻译？［J］. 中国计算机学会通讯，2022，18（8）：87.

［9］中国信通院. 中国算力发展指数白皮书［EB/OL］.（2021－09－18）［2023－06－20］. http：//www. caict. ac. cn/kxyj/qwfb/bps/202109/P020210918521091309950. pdf.

［10］CAICT算力. 中国信通院院长余晓晖解读《中国综合算力指数（2022年）》［EB/OL］.（2022－07－31）［2022－11－07］. https：//www. zsdh. org. cn/news/713559784397467648. html.

［11］中国信通院CAICT. 中国信通院李洁："算力五力模型"全面评价数据中心算力［EB/OL］.（2022－08－02）［2022－11－07］. https：//www. zsdh. org. cn/news/714386564465291264. html.

［12］IDC，浪潮信息，清华全球产业研究院. 2020—2021全球计算力指数评估报告［EB/OL］.（2022－07－06）［2022－11－14］. https：//app. ma. scrmtech. com/resources/resourceFront/resourceInfo? pf_uid=10736_1438&sid=30243&source=1&pf_type=3&channel_id=23723&channel_name=article&tag_id=b77aba07c5d964a3&id=30243&jump_register_type=&wx_open_off=.

［13］中国信通院CAICT. 中国信通院郭亮：数据存力聚焦四大特性［EB/OL］.（2022－08－02）［2022－11－07］. https：//www. zsdh. org. cn/news/714390382422781952. html.

［14］贾庆民，丁瑞，刘辉，等. 算力网络研究进展综述［J］. 网络与信息安全学报，2021，7（5）：1－12.

［15］中国联通研究院. 算力网络可编程服务白皮书［EB/OL］.（2022－09－23）［2022－11－14］. http：//221. 179. 172. 81/images/20220923/65201663912503176. pdf.

［16］耿迪. 高校科技创新能力评价研究［D］. 武汉：武汉理工大学，2013.

［17］王章豹，徐枞巍. 高校科技创新能力综合评价：原则、指标、模型与方法［J］. 中国科技论坛，2005（2）：56－60.

［18］孙志茹，张志强．文献计量法在战略情报研究中的应用分析［J］．情报理论与实践，2008
（5）：706 – 710.

［19］邱均平．文献计量学［M］．北京：科学技术文献出版社，1988：13.

［20］李欣，黄鲁成．战略性新兴产业研发竞争态势分析理论方法与应用［M］．北京：科学出版社，
2016：57.

［21］李玉凤，杨芳．基于论文指标的宁夏科技创新主体创新能力评价研究［J］．科技管理研究，
2016，36（22）：72 – 77.

［22］VAN ZEEBROECK N，STEVNSBORG N，VAN POTTELSBERGHE DE LA POTTERIE B，et al. Patent inflation in Europe［J］．World Patent Information，2008，30（1）：43 – 52.

［23］李欣，黄鲁成．战略性新兴产业研发竞争态势分析理论方法与应用［M］．北京：科学出版社，
2016：58.

［24］陈兰杰，崔国芳，李继存．数字信息检索与数据分析［M］．保定：河北大学出版社，2016：
212.

［25］GRILICHES Z. Patent statistics as economic indicators：a survey［J］．Journal of Economic Literature，1990，28（4）：1661 – 1707.

［26］陆勤虎．基于专利分析方法的区域科技创新能力比较研究［D］．天津：天津大学，2009.

［27］周晓梅，张岩，綦晓卿，等．基于专利视角的城市科技创新能力评价研究［J］．青岛科技大学
学报（社会科学版），2012，28（3）：5 – 8.

［28］陶爱萍，苏婷婷，汤成成．基于专利分析的安徽省高校科技创新能力研究［J］．合肥工业大学
学报（社会科学版），2013，27（6）：15 – 20.

［29］陈振英，陈国钢，殷之明．专利视角下高校科技创新水平比较："十一五"期间我国 C9 大学的
发明专利计量分析［J］．情报杂志，2013，32（7）：143 – 147.

［30］池敏青，曾玉荣，刘健宏．基于专利信息分析的农业科研单位科技创新能力研究：以福建省农
业科学院为例［J］．福建农业学报，2014，29（12）：1251 – 1255.

［31］李建婷，刘明丽，胡娟．基于 Innography 的高校专利成果分析及科技创新能力研究：以北京工
业大学为例［J］．现代情报，2014，34（7）：104 – 110.

［32］曾莉，王明．基于专利视角的重庆高校科技创新能力评价研究［J］．南昌航空大学学报（社会
科学版），2016，18（3）：106 – 112.

［33］国家发展和改革委员会创新和高技术发展司．关于数字经济发展情况的报告提请十三届全国人
大常委会审议［EB/OL］．（2022 – 10 – 31）［2022 – 11 – 15］．https：//www. ndrc. gov. cn/xwdt/
spfg/mtjj/202210/t20221031_1340641. html? code = &state = 123.

［34］天津日报．我市出台政务算力资源一体化调度实施方案［EB/OL］．（2022 – 08 – 25）［2022 –
11 – 16］．https：//www. tj. gov. cn/sy/tjxw/202208/t20220825_5967304. html.

［35］黄雨婷，傅文奇．日本政府数据开放的政策保障及其启示［J］．数字图书馆论坛，2020（9）：
9 – 17.

［36］胡微微，周环珠，曹堂哲．美国数字战略的演进与发展［J］．中国电子科学研究院学报，
2022，17（1）：12 – 18.

［37］王春宇．美国和欧盟的数字经济政策［J］．新经济，2020（Z1）：104 – 106.

［38］王忠．美国推动大数据技术发展的战略价值及启示［J］．中国发展观察，2012（6）：44 – 45.

［39］郎杨琴，孔丽华．美国发布"大数据的研究和发展计划"［J］．科研信息化技术与应用，2012，
3（2）：89 – 93.

[40] 贺晓丽. 美国联邦大数据研发战略计划述评 [J]. 行政管理改革, 2019 (2): 85 – 92.

[41] 田倩飞. 美国发布联邦大数据研发战略计划 [J]. 科研信息化技术与应用, 2016, 7 (4): 95 – 96.

[42] 杨晶, 康琪, 李哲. 美国《联邦数据战略与 2020 年行动计划》的分析及启示 [J]. 情报杂志, 2020, 39 (9): 150 – 156.

[43] 张丽鑫, 吴思竹, 唐明坤, 等.《联邦数据战略与 2020 年行动计划》及其治理逻辑的分析与启示 [J]. 中华医学图书情报杂志, 2021, 30 (2): 13 – 19.

[44] 曾梦岐, 石凯, 陈捷, 等. 美军大数据建设及其安全研究 [J]. 通信技术, 2022, 55 (7): 911 – 918.

[45] 杨卫东. 2017 年美国国家安全战略报告评析 [J]. 人民论坛·学术前沿, 2018 (11): 80 – 87.

[46] 王耀, 李振伟, 程佳, 等. 2020 年《美国国防部数据战略》浅析 [J]. 军民两用技术与产品, 2022 (3): 9 – 14.

[47] 朱伟婧. 美国大数据战略及对我国启示 [J]. 信息安全与通信保密, 2020 (5): 102 – 113.

[48] 徐昊铭. 美国数字战略 (2020—2024) 分析 [D]. 北京: 外交学院, 2021.

[49] 刘婧雯. 北欧国家数字化转型现状与区域合作问题研究 [D] 上海: 华东师范大学, 2022.

[50] 王婧. 欧盟网络安全战略研究 [D]. 北京: 外交学院, 2018.

[51] 闵珊, 郝可意, 刁建超, 等. 数字经济时代全球算力政策走向与中国发展路径探究 [J]. 环渤海经济瞭望, 2022 (1): 7 – 9.

[52] 刘耀华. 欧盟推进数字经济立法, 加快建立单一数字市场 [J]. 中国电信业, 2021 (2): 70 – 72.

[53] 刘霞. 欧盟斥巨资建 8 个世界级超算中心 [EB/OL]. (2019 – 06 – 12) [2022 – 11 – 18]. https: //tech. huanqiu. com/article/9CaKrnKkRYC.

[54] 张亚菲. 英国《数字经济法案》综述 [J]. 网络法律评论, 2013, 16 (1): 232 – 242.

[55] 张勇进, 王璟璇. 主要发达国家大数据政策比较研究 [J]. 中国行政管理, 2014 (12): 113 – 117.

[56] 王能强. 发达国家及我国主要地区大数据发展的政策启示: 以贵州大数据产业发展为例 [J]. 中国管理信息化, 2017, 20 (4): 159 – 160.

[57] 丁声一, 谢思森, 刘晓光. 英国《数字经济战略 (2015—2018)》述评及启示 [J]. 电子政务, 2016 (4): 91 – 97.

[58] 彭锦. 欧盟大数据政策及其在传媒业的应用 [J]. 现代电影技术, 2015 (6): 13 – 17.

[59] 曾彩霞, 尤建新. 警惕算法应用垄断效应 维护数字经济健康生态: 德国与法国《算法与竞争》报告解读 [J]. 中国价格监管与反垄断, 2020 (9): 49 – 50.

[60] 陈美. 政府开放数据的隐私风险评估与防控: 英国的经验 [J]. 中国行政管理, 2020 (5): 153 – 159.

[61] 赵勇, 李晨英. 从高水平国际论文看我国前沿科技的自主创新能力 [J]. 中国科技论坛, 2013 (2): 7.